金商道

The positive thinker sees the invisible, feels the intangible,
and achieves the impossible.

惟正向思考者，能察於未見，感於無形，達於人所不能。——佚名

少了巴菲特，波克夏行不行？

——史上最大企業的未來挑戰

BERKSHIRE BEYOND BUFFETT

The Enduring Value of Values

勞倫斯・康寧漢 Lawrence A. Cunningham／著
許恬寧／譯

CONTENTS

PART 1

CHAPTER 1

CONTENTS

CONTENTS

CONTENTS

CONTENTS

CONTENTS

CONTENTS

PART 3

CONTENTS

〔推薦序〕

巴菲特的成功之道

偉大的公司不僅有偉大的CEO，還要有偉大的文化，才能孕育出偉大的產品。巴菲特一手打造的波克夏王國，在購併市場上叱吒風雲，造就了傑出的績效，也顛覆了企業管理的兩個原則。第一，管理上認為購併是不好的策略。市場是有效率的，市價充分反映了公司的價值。購併時可能犯的錯誤太多，犖犖大者為購併對象錯誤，購併價格太高，購併後整合失敗，因此購併公司發布購併消息時，股價大多會下跌。也因此，購併並不是好策略。但波克夏的成功，幾乎完全建立在購併式的成長（acquisitive growth），這在一般企業中極為少見。第二，高度多角化的策略績效不佳。美國企業在一九六〇年代瘋狂多角化，建立所謂「複合企業」（Conglomerate），經過十年的經營，在八〇年代又紛紛賣出不相關的企業，追求核心事業，複合企業便成為美國股票市場的票房毒藥。但波克夏卻是反面教材，高度多角化公司的績效，居然也能超越股票市場的兩倍。波克夏的管理，為何可以打破這兩個管理迷思？從《少了巴菲特，波克夏行不行？》的分析，可以看出波克夏有其獨到的購併策略和管理哲學。

在購併上，波克夏獨到之處很多，第一，追求長期利益，也就是能穩定帶來現金流的公司，例如保險公司，再利用現金流購併其他能創造現金流的公司，因此能夠源源不絕地透過購併成長。現在波克夏每年可以創造一百二十億美金的現金流。第二，波克夏採取「先併再擴」（buy and build）的購併策略，不僅買下子公司，還在進入的產業督促子公司積極進行購併，拓展版圖。第三，以前極少購併股票上市的公司，避免和市場競爭，但現在不但投資股票上市公司（有品牌、能帶來現金流量的公司），也會趁公司股價短期受到衝擊時，購買有長期持有價值的公司。例如二〇〇八年金融風暴時，出手投資高盛（Goldman Sachs），獲利不貲。最近的大型購併案，如亨氏（Heinz，番茄醬公司）和精密鑄件（Precision Castparts，飛機零件公司），均是上市公司。第四，購併理念相合的公司，並留下高階主管，避免購併後整合的困難。

在管理高度多角化的公司方面，波克夏採取的是充分授權的制度，所以購併後力勸原來的高階經理人留下，並由波克夏提供足夠的銀彈以擴張。所以關鍵不在購併公司，還要購併公司的高階經理人，而且這些高階經理人必須要有波克夏的價值觀，這是公司控制系統中用文化來控制的最高典範。

作者對於波克夏購併的公司都有極為詳細的描述，對於企業賣出的原因和被購併後的發展也有精彩的說明，最後還歸納出波克夏購併管理的準則。對於要以購併為成長方式的企業，這是一本值得研究的書；而巴菲特的管理哲學，更值得所有經營者深入了解。

湯明哲（麻省理工學院企管博士，台灣大學國際企業學系所教授）

〔導讀〕

重新定位巴菲特和他打造的超級企業

長期以來，台灣讀者對於巴菲特，一直存在著不少誤解。

「股神」，是大部分的人對老先生的第一印象，其實，這種買低賣高、靠股票市場賺錢的「投資」生意，早在三十幾年前，就已經不是他領導的波克夏集團獲利的主力，現在純買賣股票的收入，更只占營業額不到一〇%。更正確地說，投資從來不是波克夏的本業，巴菲特愛的是「經營」。其實買股票，只是他取得經營權的手段而已。之所以會誤解，也是因為波克夏這個事業體實在太難被定義了。

首先是商業模式。在過去五十年中，波克夏能從小紡織廠壯大成營業額約六兆台幣、市值超過十一兆台幣（根據二〇一五年八月二十日的收盤價）的大企業，所憑藉最重要的能力，其實只有一個，那就是：「買」對公司。這樣的行為，跟惡名昭彰的私募基金一模一樣，不同的是，波克夏買了公司，既不裁員、也不整併，更不會換經營團隊自己伸手經營。

一般私募基金，在還沒購併前，就會安排好「出場策略」（exit strategy，簡單地說，就是「賣」公司），但「賣」這個詞，從來沒出現在波克夏的收購條件中，在波克夏眼中，最好的購併，就是買進不賣出，憑著卓越的經營能力，源源不斷產生現金，供給集團之後的需求。

再來，就集團架構來看，波克夏與台灣的金控集團一樣，是個控股公司，但集團既沒有所謂的「總部」，也不進行垂直整合，更不強調集團的「綜效」（Synergy）。

波克夏旗下有四家以上的家具公司、兩家頂級珠寶商，從來沒聽說，巴菲特曾經召集過他們，進行統一採購，也從來不曾要求任何一家旗下企業交出客戶名單，讓總部進行整合，完全違背教科書上購併求綜效的理論。一般認定的奧馬哈集團總部，其實規模只有三十人不到，更蝸居在當地建設公司的一棟大樓裡！

就是因為波克夏這麼難被定位，依現有的商業模式及理論，也很難解釋巴菲特為何成功，因此在全球學術論文的資料庫中，有關波克夏的文獻少得可憐。這個缺口，往往得靠著記者或是書籍作者的採訪補足，目前坊間比較有質量的波克夏著作，幾乎都靠第一手採訪才能獲得。

然而，巴菲特已年逾八十，購併腳步不曾變慢，特別是近年來，波克夏胃口愈來愈大，金額最大的幾項購併案，都發生在金融海嘯之後，換句話說，目前書市上有關波克夏的資料，都已經陳舊，無法反映波克夏近年的發展及策略。

所幸，這本《少了巴菲特，波克夏行不行？》彌補了這項缺憾。

作者康寧漢教授，用了兩年左右的時間，藉著深入訪談，把他早就認識的波克夏集團，重新檢視了一遍。也許因為他學的是法律，全書以企業文化的角度出發，把波克夏集團轄下企業，整理出九種不同特質，再依子公司的特性，拆開來一一分析。

最值得台灣家族式集團企業參考的部分，在書中第九十三頁，關於波克夏對於子公司的選擇及管理。作者說：「波克夏的實際情形比較像是一支優秀籃球隊的文化，求勝心強的球員一般速度較快，肌肉較強壯，身材也比較高大，然而不是每位球員一定得具有這三樣特質。有的球員身高不高，但速度快、肌肉強壯；有的球員速度慢，但身材高大，爆發力驚人，隊伍還是能贏」，這樣的球員構成了球隊文化的基礎，但還須經由巴菲特教練灌輸行為準則，不斷反覆練習之後，球隊文化才能定型。

比較難得的是，全書在讚揚波克夏之餘，也點出了家族式企業經營上的兩難：如何在放手之餘，進行監管；如何在投注家族溫情時，也要求績效表現；當明日之星踩到道德紅線時，巴菲特如何痛心地「揮淚斬馬謖」（請看第八章「索科爾事件，對波克夏的自治帶來重大考驗」一節）。

如果你對波克夏集團或巴菲特經營比較陌生，可以從第一部分波克夏渾沌的創始期開始逐頁看起；若是對巴菲特及波克夏架構已經有初步了解的資深讀者，不妨從後面往前看，尤其是第十二章介紹的「馬蒙集團」（Marmon Group），台灣讀者雖對其陌生，卻是非常可讀的章節。波克夏在二〇〇八年購併了這家有百年歷史、但行事低調的公司，因為馬蒙並未上市，一直蒙上一層神秘面紗，康寧漢教授的這本書，第一次讓世人深刻看見這間企業的樣貌，原來深藏不露的馬蒙集團執行長，也是接掌波克夏的熱門人選之一。

沒有了巴菲特，波克夏能否光彩依舊？看完本書，聰明如你，應該會有自己的答案！

王之杰（商業周刊數位內容編輯部總編輯）

本書獻給親愛的史蒂芬妮、瑞貝卡與莎拉，她們帶來了永恆的價值。

序言

作者註：波克夏海瑟威（Berkshire Hathaway，後文簡稱波克夏）二〇一四年的股東大會結束後，我請教華倫．巴菲特（Warren Buffett），本書應該找誰寫序，他立刻表示傳奇企業家湯姆．墨菲（Tom Murphy）是合適人選。墨菲一直是他試圖模仿的榜樣：「我大部分的管理知識都來自墨菲。我感到扼腕，如果能早點運用就好了。」我告訴墨菲，他是巴菲特的偶像，他謙虛地避開所有讚美，不過，仍舊答應替本書寫序，使我深感榮幸。

今日的我們難以回想巴菲特還不是名人的時期，不過，小型的電視台與報社經營者「大都會公司」（Capital Cities），在一九八六年買下廣電龍頭ＡＢＣ時，很少人聽過背後出資一八％的那個人。當時一小群投資者已經知道巴菲特是厲害人物，華爾街也正在認識這個人，但一般大眾尚未聽過這位來自奧馬哈（Omaha）的低調分析師。然而，巴菲特隨即成為美國的企業大師，被全球媒體瘋狂追逐，一般民眾透過他了解商業的世界，美國最優秀的金融界人士也開始關注他的發言。

只是，一九八六年時，沒有人預料到巴菲特即將打造前所未有的帝國。他在接下來的數十年間，靠著一次又一次的購併，打造出價值三千億美元的公司。即使是我們這些老朋友，也對這個龐大的規模深感敬畏。康寧漢的這本書，全面剖析巴菲特經驗所展現的智慧，以及他如何打造出一個屹立不搖的組織。

我在一九六九年時，透過共同的朋友認識巴菲特，那位哈佛商學院的友人當時正跟著他一起投資。認識巴菲特可說是三生有幸，我這輩子還沒碰過這麼聰明的人。不久後我飛到奧馬哈，邀請他一起加入大都會通訊（Capital Cities Communication）的董事會，但最後沒有成功。他說我「乘數（multiple）過高」（編按：乘數愈高，代表公司的負債愈高，財務結構愈糟），我說不會。他說他不當董事，但如果有需要的話，可以當我最好的聽眾，因此我得到最好的結果：擁有全世界最珍貴的「非董事」董事（我怎麼可以如此幸運？）對了，順帶一提，關於乘數的事，我是對的！

我還記得ABC即將成交之際，巴菲特告訴過我的一番話。他提醒我，我以前那種一人打天下、不受矚目的快樂生活即將結束。新責任將在大大小小的事情上改變我的人生，尤其是我即將主持一家電視網，再也無法像從前那樣隱身於幕後，我是否準備好面對這麼重大的轉變？

其實巴菲特自己也一樣，即將展開萬眾矚目的生活。大都會公司變成ABC廣播公司（ABC, Inc.）後，巴菲特加入我們的董事會。他原本就是《華盛頓郵報》（*Washington Post*）的董事，這下子更是經常出現在紐約與華盛頓，在全國媒體面前曝光。他依舊推辭採訪與演講邀約，然而木已成舟，精靈已經被放出瓶外，而且這個精靈唱作俱佳、魅力四射。事後回想起來，我們這些老朋友，早就知道巴菲特多麼獨特、多麼具有魅力。媒體會被他吸引，全美國的民眾會對他產生興趣，一點也不令人意外。

距離大都會公司以三十億美元收購ABC，已經過了近三十年。當時那是史上最大樁的非石油購併案——不過，和今日的購併案相比是小巫見大巫。巴菲特在那段時期打造的事業，更是以超越等比級數的速度成長。由於波克夏一路穩定成長，幾乎無人注意到巴菲特個人的事業轉變。一開始，他是很早就嶄露頭角的「選股人」，接著這位投資者轉型成全球龍頭集團的執行長。康寧漢這本書巧妙記錄了這個轉變，他靠著多年研究波克夏以及書寫巴菲特的經驗，幫助讀者了解巴菲特是如何走到今天的。

我們這些早年就認識巴菲特的人，很清楚為什麼他和別人不同。他曾經說過有需要的話，他可以給我建議，而我的確也尋求他的智慧。我很快就見識到他看企業時除了面面俱到，還著眼於長期的展望。我覺得我們之間的對話，可以開成一堂「初階購併課」——一堂他閉著眼睛都能教的課。當年我把所有的心力都放在大都會身上，一心想讓公司成長。今日已經去世的丹・伯克（Dan Burke）是我在那些日子中非常優秀的夥伴，他負責公司的營運，讓我有時間做夢，巴菲特則協助我美夢成真。我不斷尋找更大型的電視台、電台、報社，以及我們可以買下並進一步提高價值的其他資產，而巴菲特正是這方面的大師，他讓波克夏以驚人的規模購併各式各樣的事業。每當我需要意見時，他永遠在我身邊，我從他身上學到很多，他則謙虛地反過來說是他向我學習。我成為波克夏董事後，他依舊是令人敬佩的導師，給了我許多啟發。

巴菲特喜歡向具有創業精神的人士學習，他敬佩他們靠著好點子、衝勁，以及不屈不撓的精神，一磚一瓦打造自己的事業，也因此我們兩人都贊成權力下放式的管理哲學：謹慎挑選關鍵的管理人才，訂下整體的原則，然後就放手讓組織自己去做決定，拒絕事必躬親的誘惑。換句話說，不要養一條狗看門，然後又自己搶著發出汪汪聲。

不過，權力下放也非萬靈丹。我們時常警惕自己，在錯誤的環境下，權力下放隨後而來的是混亂與脫序狀態。雇錯了一個資深經理，就會一路影響一連串的聘雇決定，我們都曾遇過那種狀態。如果幸運的話，選錯人的事不常發生，而且可以及早發現。但沒那麼幸運的時候……不用我說，大家也知道會有什麼後果。

權力下放的管理方式很適合大都會公司，因為大都會是一個鬆散的組織，由獨立的小型營運單位組成，而且各單位通常距離遙遠。不過，正是因為大都會公司分散各處，我們一定得讓經理人完全明白我們希望他們做什麼。我們讓重視成本的精神，成為公司的DNA。我們要負責營運的人自己做決定，而且向他們保證，會用長期的績效來評估他們，不會只看眼前的結果。每次開管理高層會議時，一定會強調我們的基本原則，強調每個人都有自主權。我們重申的次數，多到大家可以背出我們要說什麼。在每次的重大會議以及年報（年度報告）的開頭，我們首先會指出以下信條：

權力下放是我們最基本的經營理念。我們的目標是竭盡所能找到最優秀的人才，然後把責任交給他們，給予必要的權力，方便他們做事。每個部門自己做決定，由公司管理階層負起基本責任。預算由負責的營運單位自己提出，每年訂定一次，每季審查一次。我們對公司的經理人有很大的期待，期待他們永遠注重成本，而且不能錯過銷售的良機。不過，最重要的是，我們希望他們能以優秀公民的心態管理自己的部門，使其能夠促進社區的福祉。

我們的原則發揮了力量，經理人很自豪自己控管成本的功力。開預算會議時，大家常搶著當最厲害的省錢高手。預算控管是我們最基本的企業文化，也是我們的根基。不過，我們之所以能夠控制預算，還有另外兩個原因，第一是經理人的目標明確，而且他們為自己的專業能力感到自豪。獲利是他們的責任，部門的成敗與信譽也是他們的責任，他們認真看待自己管理的事業，獨當一面。第二個原因則是我們給經理人很高的報酬，我們的制度讓那些有績效、長期為公司奉獻的人，都會得到回報。

接著，在一九八六年時，我們完成ABC的購併案，公司規模一夕之間擴大為四倍，我們知道這是非常重大的轉變，一定得快速找出讓兩間公司快速整合的最佳方式。在交易結束幾天內，我們召集兩間公司的資深經理人，在公司外開了一場會議，重新規畫管理階層，開始適應新的員工數目。

巴菲特也參加了這場會議，並以Q&A的方式，重申我們的經營理念。後來這成為傳統，每年我們都會召開問答座談會，兩百多位經理人開始認識巴菲特獨特的思考模式。巴菲特天生就是做老師的料，說話深入淺出，我們的經理人甘拜下風，佩服他的智慧、他的幽默，以及他分析事情時的引經據典。主管們知道他是一個精明、務實的人，但骨子裡又是樂觀主義者。

除此之外，巴菲特很懂得運用幽默，例如他在解釋用人之道時，告訴我們的主管：「你們應該找同時具備三種條件的人：人品、聰明的頭腦，以及精力。」然後又加上一句：「如果沒有人品，精力旺盛的聰明人會害死你自己。」

巴菲特的這句警語想告訴大家，員工的品格會影響公司成敗，我們的看法和他一樣。巴菲特深知必須由高層傳遞關鍵訊息，讓每個人知道自己該怎麼做。我們也認同這個上行下效的道理，平日靠著宣讀理念傳達訊息。剛才提到的「權力下放是我們最基本的經營理念……」那段話，結尾是：

> 以上都在講盈利的事，然而，沒有達成預算計畫沒關係，犯錯也沒關係，但必須是誠實的錯誤。如果你因為不道德或不誠實的行為，讓自己和公司名譽受損，那麼大都會／ＡＢＣ不會給你第二次機會。

如果我還年輕，我會想在這樣的公司工作，和公司一起成長。我希望你們也是一樣。

我們試圖灌輸給大都會公司與ＡＢＣ的價值觀，很類似波克夏及其子公司擁有的特質。波克夏旗下五花八門的事業，乍看之下沒有交集之處，然而事實上，如同康寧漢這本書告訴我們的，雖然波克夏的子公司跨足各種產業，但它們的共通點，都是具備自主權、創業精神、精打細算與重視誠信等關鍵特質，這並非偶然。

巴菲特想和自己敬佩的人士一起工作，這點對他來說十分重要。他判斷一家公司時，第一個看的是管理階層的價值觀和自己相不相近。此外，他還讓波克夏組織的每個成員，都為了相同的價值觀而努力。

如同本書所述，波克夏之所以能有穩固的地基，得以永續發展，關鍵正是巴菲特打造的價值觀。

湯姆・墨菲

前言

巴菲特深受世人景仰，然而他的崇高地位對他一手打造的波克夏來說，是利也是弊。儘管巴菲特致力於打造波克夏成為永續企業，但是，即使是最崇拜他的人士，也擔心有朝一日他離開後，波克夏將分崩離析。波克夏二〇一三年股東大會上，接班成為重要的討論議題。這些焦慮的聲音促使我著手替本書找資料，我是年資二十年的波克夏股東，編有首度出版於一九九七年的《巴菲特寫給股東的信》（*The Essays of Warren Buffett: Lessons for Corporate America*），我個人所掌握的資料，讓我對波克夏的未來充滿信心，但發出質疑聲浪的人士，也讓我開始思考眾人的關切。

市面上已有各式討論巴菲特的書籍，有的談他的生平，有的談他的投資理念，但很少人直接探討波克夏這個組織。我的基本假設是波克夏擁有與眾不同的特色，也擁有強烈的企業文化，即使巴菲特離去，公司依舊能屹立不搖。我知道如果要解釋波克夏的文化，不能只討論大家熟悉的巴菲特投資哲學，也就是買下由傑出經理人管理的優秀公司。我將從總公司波克夏說起，接著分別探討底下的分枝，尤其是波克夏擁有重要特質的五十間直屬子公司[1]。

1 波克夏究竟擁有多少「直屬子公司」端賴如何定義，例如是從法律層面來看，又或者從經營管理還是功能的角度來看。

我明白自己或許會徒勞無功，或許沒有所謂的「波克夏文化」，各子公司之間也沒有共通點。集團不一定會擁有特殊的企業文化，特別是如果集團底下每一間子公司都獨立運作，也或者母公司的購併原則十分簡單，純粹就是以理想價格買下好企業。

企業文化是一種難以捉摸的東西，即使是再單純的公司也一樣。若想探討波克夏的文化更是難上加難，因為波克夏的子公司不計其數，而且性質各異。要探討它們共同構成的文化，如同要解釋由不計其數的複雜粒子所組成的土星環。我著手的方式是仔細閱讀波克夏年報，以及巴菲特寫給股東的信，特別是提及子公司歷史及其領導者的部分。此外，我也檢視了波克夏所有的媒體新聞稿，特別挑出提到購併的段落，並分析波克夏數十年來的年報聲明，包括公司信條（列於〈股東事業守則〉（owner-related business principles）〉以及購併標準。相關資料讓我得以初步從母公司的角度，探討波克夏大致的文化。

接著我開始研究各個子公司。如果某個子公司被波克夏買下之前為上市公司，我會檢視它們提交給「美國證券交易委員會」（Securities and Exchange Commission, SEC）的申報文件，尤其是揭露波克夏購併事宜的部分。我還閱讀剖析波克夏子公司的書籍，包括傳記以及公司內部人士撰寫的企業史，以求深入了解相關企業，以及企業的創始人與資深管理人員。我研究由獨立檔案人員撰寫的大量百科資料，以及分散於十幾本跟巴菲特相關的重要書籍中的人物介紹。此外，我也以書面調查和訪談的方式，補充上述研究，一共訪問了數十位波克夏子公司過去與現任的主管和董事，以及數百位股東——他們提供的觀點有褒有貶。

我把所有線索加在一起後，立刻發現一個模式。我在描述每間子公司時，同樣的企業特質開始重複出現。這樣的特質總共有九種，不是每一間子公司都擁有全部的九種，但許多的確如此，而且大部分至少擁有九種裡面的五種[2]。除此之外，這九種特質還有一個共通點：都是被管理者化為經濟價值的無形資產。波克夏子公司的共通之處，讓我得以具體描述波克夏的文化。這個文化獨特又歷久不衰，是波克夏的獨門密技。我認為即使巴菲特離開，波克夏的文化依舊會讓波克夏永續經營下去。

波克夏的成功，在於九種關鍵特質

本書的架構如下：序章首先說明波克夏大致的文化，並解釋我提出的「化無形價值為經濟利益」的「價值觀的價值」（the value of values）。書中的第一部分，回顧了波克夏渾沌的創始期，也就是替公司未來文化打下基礎的第一個十年；接著重點將放在波克夏今日的多角化投資，檢視波克夏文化如何凝聚這個大家庭。我將列舉波克夏子公司的例子，勾勒出波克夏文化的輪廓。

第二部分則分別介紹波克夏九種特質的基本精神，並透過實例讓讀者了解各子公司加入

2 波克夏的子公司中，擁有母集團全部的企業文化特質者，包括克萊頓房屋（Clayton Homes）、馬蒙集團（The Marmon Group）、麥克連公司（McLane Co. Inc.）。

波克夏之前的內部文化，以及那些文化為什麼和波克夏一拍即合。各章的主要呈現方式是綜合數家子公司的例子，以相似的企業文化故事來說明單一主題，不過各特質之間也有共通之處，因此各章環環相扣。書中的每則故事解釋了波克夏子公司曾經遭遇的挑戰與挫折，以及波克夏特質在困境中帶來的助力。要談波克夏的成功，不可能不去談這些特質。

第二部分的最後兩章，將介紹幾家代表性的公司，探討它們在傳奇創始人過世後，如何屹立不搖。第十二章比較了波克夏與波克夏子公司「馬蒙集團」。馬蒙集團是另一家由傳奇人物建立的集團，創始人為普利茲克家族的兩兄弟傑伊與羅伯特（Jay and Robert Pritzker）。先前許多人以為在兩人過世後，馬蒙集團將跟著隨風而逝，但大家都猜錯了。第十三章則探討波克夏僅擔任少數股東的上市公司。從財務與企業文化的角度來看，這類公司的重要性較低，但我們也可以從它們的文化中，一窺波克夏的文化。很多這類的公司讓我們看到，優秀的機構有可能超越自己的創始人，例如山姆・沃爾頓（Sam Walton）離開人世後的沃爾瑪（Walmart），以及凱瑟琳・葛蘭姆（Katherine Graham）去世後的華盛頓郵報公司（Washington Post Company）。

第三部分將探討企業本身即使擁有強大的文化，文化也很難自行延續下去，因此需要波克夏文化重視的「持續再投資」來強化。只要繼任者能守住原則，巴菲特其實已經建立了在他離開後依舊能永續的機構。在波克夏的控股股東逐漸把股份移轉到慈善機構的同時，多元的接班計畫將使巴菲特精神歷久不衰。此外，波克夏也擁有大量認同巴菲特哲學的股東，這股力量將協助波克夏抵抗追求短期獲利的投資壓力。

波克夏未來的投資與營運管理者，將是自現任主管之中挑選出來的領袖。他們全都戰功彪炳，不過其接手的工作將比巴菲特當年艱鉅，畢竟波克夏的每個環節都由巴菲特親手打造。第三部分會提供巴菲特的傳人一些建言，希望仿效波克夏模式的企業，可以從波克夏經驗中得到一些啟示。

人們常以錯誤的理由懷疑波克夏的影響力能否持久，但波克夏文化的強大力量，讓內部人士對公司的永續發展懷抱信心。波克夏是傑出的上市集團，公司所受到的威脅其實來自外部，尤其是短線的投資主義。不論巴菲特是昨日就退休，又或是一輩子繼續工作下去，外界要求立即獲利的壓力永遠都在。在近期的紛紛擾擾之中，本書想做的主要是，回顧波克夏如何孕育優秀的企業文化，並回應其面臨的最新挑戰。

寫於紐約州紐約市

二〇一四年十月

致謝

感謝巴菲特先生支持本書的寫作計畫，以及帶來引人入勝的寫作主題。他以一向的慷慨大方，同意波克夏同仁協助我調查，還幫忙修正草稿的錯誤，並允許本書的英文版書封放上波克夏子公司的商標。我有太多事要感謝巴菲特，他先前不但允許我出版《巴菲特寫給股東的信》，讓自己寫給波克夏股東的信件得以呈現於世人面前，還親自出席一九九七年發表該書的座談會。

那年的座談會上，巴菲特把我介紹給波克夏其他內部人士，眾人都為我加油打氣，包括霍華・巴菲特（Howard G. Buffett）以及亞吉特・詹恩（Ajit Jain）。霍華是巴菲特的公子，一九九三年起擔任波克夏董事。詹恩則是未來波克夏董事長的可能人選，自一九八五年起擔任波克夏的保險主管，外界提及接班事宜時，常視他為執行長人選。那次我還見到《財星》（*Fortune*）雜誌的卡洛・羅密士（Carol Loomis），她自一九七三年起便開始編輯巴菲特寫給波克夏股東的信件。此外，查理・蒙格（Charles T. Munger）也是座上嘉賓，他是波克夏董事，一九七八年起擔任副總裁，他力促我在書中強調「自主權」與「績效」之間的密切關聯。

無數人士提供兼具深度與廣度的建議，大幅提升了本書的品質。我由衷感謝喬治・吉爾斯畢三世（George J. Gillespie III），他自一九七三年起擔任巴菲特的顧問，兩人一同擔任各公司的董事，最後結為好友；感謝一九七四年因《華盛頓郵報》而和巴菲特結緣的唐納・葛蘭姆（Donald E. Graham），《華盛頓郵報》是葛蘭姆的家族事業，也是波克夏長期投資的對象，當時他和巴菲特都是《華盛頓郵報》董事；感謝千禧年管理公司（Millennium Management）的賽門・羅恩（Simon M. Lorne），他先前長期擔任頂尖的孟托歐事務所（Munger, Tolles & Olson）合夥人，為波克夏提供服務。我還要感謝墨菲替本書撰寫序言，他自一九六九年起就是巴菲特的好友兼同事，他對巴菲特與波克夏的影響，遠超過大眾的認知。

感謝波克夏子公司前任與現任的主管與董事，他們提供的訪談令本書生色不少。他們還填寫回答我所設計的有關波克夏文化的管理調查，並提出種種建議。我要感謝的人有：小保羅・安德魯斯（Paul E. Andrews Jr.，TTI）、艾德・寶利基〔Ed Bridge，班寶利基珠寶（Ben Bridge Jewelers）〕、威廉・蔡德〔William C. Child，威利（RC Willey），已退休〕、桃瑞絲・克里斯多福〔Doris Christopher，頂級大廚（The Pampered Chef）〕、凱文・克萊頓（Kevin T. Clayton，克萊頓房屋）、崔西・布莉特・庫爾（Tracy Britt Cool，好幾家子公司）、詹姆士・漢布里克〔James L. Hambrick，路博潤（Lubrizol）〕、湯瑪斯・曼內帝（Thomas J. Manenti，MiTek）、法蘭克林・蒙特羅斯〔Franklin（“Tad”）Montross，通用再保集團（General Reinsurance）〕、約翰・穆迪〔John W. Mooty，冰雪皇后（Dairy Queen）前董事長與重要股東〕、羅伯特・門德罕姆〔Robert H. Mundheim，班傑明摩爾油漆（Benjamin Moore）前任董事〕、奧沙・奈斯利〔Olza M.（“Tony”）Nicely，蓋可保險（GEICO）〕、瑪麗・萊哈特〔Mary

K. Rhinehart，佳斯邁威（Johns Manville）〕、理查‧盧伯（Richard Roob，班傑明摩爾油漆，已退休）、格雷迪‧羅齊爾（W. Grady Rosier，麥克連）、理查‧桑圖里〔Richard T. Santulli，利捷航空（NetJets），已退休〕、麥可‧席爾斯（Michael Searles，班傑明摩爾油漆）、凱麗‧史密斯（Kelly Smith，頂級大廚）、朱‧凡佩爾特〔Drew Van Pelt，拉森朱赫（Larson-Juhl）〕、吉姆‧偉伯〔Jim Weber，布魯斯（Brooks）〕、布魯斯‧惠特曼〔Bruce N. Whitman，飛安（FlightSafety）〕。

也要感謝填寫回答本書股東調查的數百位波克夏股東，其中有：Charles Akre、J. Jeffrey Auxier、Christopher M. Begg、Arthur D. Clarke、Robert W. Deaton、Jean-Marie Eveillard、Thomas S. Gayner、Timothy E. Hartch、Andrew Kilpatrick、Paul Lountzis、Blaine Lourd、Nell Minow、Mohnish Pabrai、Larry Sarbit、Guy Spier、Kenneth H. Shubin Stein、Timothy P. Vick[1]。感謝巴克‧哈特澤爾（Buck Hartzell）與彩衣傻瓜公司（The Motley Fool）協助我整理部分調查；感謝羅伯特‧麥爾斯（Robert P. Miles）在二〇一四年的波克夏年度股東大會週，主持我於內布拉斯加大學（University of Nebraska）的新書演講。約翰與奧利維‧米哈傑維克（John and Oliver Mihaljevic）不但協助我聯絡眾多波克夏股東，幫忙看稿，還不時要我把本書提及的部分概念放上部落格。

感謝多年來教授喬治華盛頓大學商學院「應用投資組合管理課程」的史蒂芬‧基汀（Steven Keating）與羅德尼‧勒克（Rodney Lake），感謝他們提供的意見、批評與大量資料。

兩人還在每年的「朗西學生投資基金研討會」（Ramsey Student Investment Fund conference），為我主持新書演講。感謝眾人提供給本書草稿的批評以及有益建言，特別是以下人士：Kelli A. Alces（佛羅里達州立大學）、Deborah A. DeMott（杜克大學）、Prem Jain（喬治城大學）、John Leo（曼哈頓學院）、Jennifer Taub（佛蒙特法學院）、Evan Vanderveer（帆夏資本）、David Zaring（賓州大學）。感謝喬治華盛頓大學圖書館的研究館員Nicholas Stark協助尋找資料，他幫忙確認本書細節並提供資料。感謝Ira Breskin再度幫我編了一本書，他自二〇〇〇年起擔任我的自由編輯。我要特別感謝我三位傑出的學生Lillian Bond、Nathanial Castellano與Christopher Lee，是他們為我仔細檢查本書出現的資料。

這樣的一本書必然會有許多細節的考證問題，感謝好心的朋友與陌生人協助我解決，他們是：Scott A. Barshay〔柯史莫法律事務所（Cravath, Swaine & Moore）〕、Jeff Hampton〔《麥克連》（*McLane*）作者〕、Carla and Roderick Hills（孟托歐事務所共同創始夥伴）、Janet Lowe〔《投資奇才曼格》（*Damn Right*）作者〕、Peter Rea〔《品格是成長市場》（*Integrity Is a Growth Market*）作者〕、Joel Silvey（休旅車歷史學者）、Bruce Smith（賓州鐵路科技歷史學會）、Michael Sorkin（《聖路易郵訊報》），以及Brent St. John（MiTek創始人的孫女婿）。

感謝波克夏及其他公司的行政助理，回答了我數不清的問題，他們是：Debbie Bosanek與

1 本篇人名眾多，部分人名直接用英文表示。

Deb Ray（巴菲特辦公室）、Debby Hawkins與Griffin B. Weiler（桑圖里辦公室）、Patricia Matson（墨菲辦公室）、Denise Copeland（克萊頓房屋）、Doerthe Obert（蒙格辦公室）、Julie Young（路博潤）、Julie Ring（MiTek）、以及Linda A. Rucconich（飛安）。感謝我在喬治華盛頓大學辦公室的傑出支援人員：Bonnie Sullivan、Sara Westfall、Lillian White。感謝我在卡多佐法學院（Cardozo Law School）紐約辦公室的Matthew Diller、Edward Stein，以及該校協助我的優秀工作人員，特別是Lillian Castanon、Val Myteberi、Sandra Petti、Josh Vigo。

感謝哥倫比亞大學出版社（Columbia University Press）由邁爾斯・湯普森（Myles C. Thompson）領導的每位團隊成員。湯普森是富有遠見的出版人，他二十年間推出的書籍令人景仰。其他提供協助的成員，包括了富有洞見的開發編輯布莉姬・法蘭納利麥克考伊（Bridget Flannery-McCoy）、效率過人的副主編史蒂芬・衛斯理（Stephen Wesley），以及由班・寇司塔德（Ben Kolstad）帶領、認真負責的聖維爾印刷集團（Cenveo）機動生產團隊。哥倫比亞的編輯委員會，以及五位匿名的外部審查人員，也在我的寫作過程中提供極有幫助的建議。

最後，在整個宇宙裡，我最想感謝我的妻子史蒂芬妮・庫巴（Stephanie Cuba），她是這世上最無與倫比的人。她是我的總編輯、我最好的朋友，以及我一輩子的最愛，我的一切要歸功於她。感謝我們可愛的女兒瑞貝卡與莎拉（兩個人像得不得了）。我要向這幾位家人致上最深的謝意，我花了無數個小時投入本書的寫作計畫時，是她們堅定不移地支持我。妳們是最酷、最棒的人，這本書要獻給妳們。

序章——波克夏的傳奇

波克夏可說是無心插柳柳成蔭，沒人料到這家公司會有今日的豐功偉業。不論是從公司治理或企業理念來看，波克夏的每個面向都擁有許多不尋常的特點。這間一九六五年起家的小公司，如今成為史上最大型的全球企業。

波克夏在傳奇領袖巴菲特的帶領下，於一九九〇年代成為聲名遠播的選股公司，不斷買下優良上市公司的少數股權（minority stake），例如美國運通（American Express）、可口可樂（Coca-Cola）、華盛頓郵報、富國銀行（Wells Fargo）。今日的波克夏是巨型集團，獨資擁有貿易、金融、製造等領域的重要企業，包括美國第二大汽車保險公司（蓋可）、北美最主要跨洲鐵路之一的「美國伯靈頓北方聖塔菲鐵路運輸公司」（Burlington Northern Santa Fe，以下簡稱BNSF鐵路公司）、全球最大的兩家再保公司〔「通用再保集團」與「全國產物保險公司」（National Indemnity）〕、全球能源供應商（原名「中美能源」（MidAmerican Energy）的「波克夏海瑟威能源」（Berkshire Hathaway Energy），此外，還擁有鑽石與移動房屋（mobile homes）等各行各業的標竿企業。

如果波克夏是一個國家，公司營收是GDP，那麼這公司將名列全球前五十大經濟體，與愛爾蘭、科威特及紐西蘭並駕齊驅。如果波克夏是美國的一州，這家公司將排名第三十大州，等同愛荷華州、堪薩斯州、奧克拉荷馬州。波克夏的子公司雇用三十萬名以上員工——大約是匹茲堡的人口。美國企業中，只有屈指可數的幾家巨型企業大過波克夏，例如艾克森美孚（ExxonMobil）與沃爾瑪（波克夏亦擁有這兩家公司的少數股權）。波克夏光是手上握有的現金——近年來達四百億美元以上——就超過全美百大企業之外所有企業相加起來的資產。

波克夏十次有八次替股東打敗大盤，而且差距通常達二位數。一直到二〇一三年，波克夏的年平均收益率為一九・七%，那是跨產業上市公司股票指數「標準普爾五百」（Standard & Poors 500 index）的兩倍以上。波克夏的市值達三千億美元，直接與間接替員工、顧客、供應商及其他支持者帶來大量財富。

由於波克夏的緣故，巴菲特成為身價數百億美元的鉅富，公司股東也坐擁數百萬或數十億美元[1]。波克夏各個子公司因此造就數千位百萬富翁，而且不只是創始人或資深主管致富[2]，許多普通市民也因為相關企業提供的商機，累積大量財富，例如班傑明摩爾油漆的經銷商、克萊頓房屋的銷售中心經理、冰雪皇后餐廳的連鎖店老闆、頂級大廚公司的廚房顧問，以及斯科特菲茨公司（Scott Fetzer Companies）產品的直銷商，不論他們是賣科比吸塵器（Kirby）、世界百科全書（World Book），還是金廚刀具（Ginsu）。

儘管波克夏立下各種豐功偉業，但是它的子公司如此多元、性質各異，表面上看來似乎沒有任何共通之處，很難理解它是如何成功的。波克夏除了擁有大量上市公司的少數股權，還獨資擁有五十家重要的直屬子公司，而那些直屬子公司又擁有兩百家子公司。波克夏的企業帝國涵蓋五百家以上事業體，跨足數百種產業（清單請參見第三九八頁附錄）。

波克夏大部分的子公司為低科技公司，例如艾克美磚材公司（Acme Brick），其業務是製造與經銷磚塊。少數幾間子公司則為高科技公司，例如飛安公司以複雜的飛航模擬器訓練飛機駕駛員，MiTek公司替建築業製造先進的工程儀器。部分波克夏子公司為福特汽車（Ford Motor Co.）與百事可樂（Pepsi Co.）等跨國企業，提供複雜的金融服務，例如通用再保集團與全國產物保險公司。其他子公司，例如克萊頓房屋，則提供中產階級美國人簡易的貸款，協助民眾購買住宅。波克夏旗下有數個大集團，像是涉足一百種以上事業的馬蒙集團，以及

1 許多波克夏的股東因而成為億萬富翁或幾乎是億萬富翁，包括：華倫・巴菲特、大衛・山帝・高提斯曼（David S. "Sandy" Gottesman）、荷馬與諾頓・道奇（Homer and Norton Dodge，早期投資者）、史都華・何瑞西（Stewart Horejsi，一九八〇年時買下四千三百股）、查理・蒙格、伯納・沙奈特〔Bernard Sarnat，班傑明・葛拉漢（Benjamin Graham）的姻堂兄弟〕與小華特・史考特（Walter Scott, Jr.）；其他人則靠著其他途徑成為億萬富翁，包括比爾・蓋茲（William H. Gates III）。

2 許多波克夏子公司的創始人或主管，靠自己的力量建立事業而致富，包括數位名列富比士四百大富豪榜（Forbes 400）的億萬富翁。身價數十億或逼近數十億的人士包括：「德克斯特鞋業公司」已故的哈洛德・阿芳德（Harold Alfond）、克萊頓房屋的詹姆士・克萊頓（James L. Clayton）、威利公司的威廉・蔡德、頂級大廚公司的桃瑞絲・克里斯多福、赫爾茲伯格鑽石的小巴內特・赫爾茲伯格（Barnett Helzberg Jr.）、美國商業資訊公司（Business Wire）的羅里・洛基（Lorry I. Lokey）、麥克連公司的德雷頓・麥克連（Drayton McLane）、馬蒙集團已故的傑伊與羅伯特・普利茲克、利捷航空的理查・桑圖里、飛安公司已故的亞伯特・李・優奇（Albert Lee Ueltschi），以及ISCAR/IMC的史提夫・沃海莫（Stef Wertheimer）。

斯科特菲茨公司。然而波克夏旗下也有許多小型的家庭企業，例如製造警員制服以及波克夏運動服產品的費區海默兄弟公司（Fechheimer Brothers）。

儘管波克夏的子公司五花八門，仔細研究後會發現波克夏買下它們的目的，有著明顯的共通點。波克夏評估是否買下一間公司時，最重要的篩選標準是：那間公司能否保護自己的獲利方式，也就是管理專家口中造成競爭者難以搶下市占率的「進入障礙」。麥可・波特教授（Michael Porter）曾以類似的「永續競爭優勢」（sustainable competitive advantage）概念，探討企業價值的持久性，巴菲特則以歐洲中古世紀的意象來說明這件事：事業是一座「城堡」，進入的障礙是「護城河」，也就是城堡周圍注滿水、用以抵抗入侵者的壕溝。波克夏子公司共同的特徵是：它們全都擁有「護城河」。

波克夏的部分子公司擁有難以擊敗的進入障礙，例如BNSF鐵路公司與波克夏海瑟威能源。這類公司的成本非常高，競爭者很難複製它們的營運模式，因此會出現「自然壟斷」——因為必要的投資金額與報酬的多寡極度成正比，如果由單一廠商（而不是數家競爭者）提供產品，社會反而得利。其他的波克夏公司則靠著培養深厚的顧客關係，維持競爭優勢，例如路博潤的化學人員會和儀器製造商及石油公司客戶合作，一同研發新產品；食品批發與經銷商麥克連公司的物流專家，則會和零售顧客合作，一起負責店面的營運；布魯斯（運動鞋）、鮮果布衣（Fruit of the Loom，內衣）、賈斯汀（Justin，牛仔靴）、利捷航空（私人飛機服務），以及時思（Sees，糖果），這些公司的「護城河」則是品牌忠誠度。

巴菲特是波克夏的護城河嗎？

每一家企業都需要「護城河」才能長久，波克夏本身也必須擁有護城河，才能擊退購併與投資的對手。如果說每一家波克夏子公司都擁有護城河，那麼合理的問題是：波克夏自己的護城河是什麼？有個答案呼之欲出——巴菲特。然而，我將在接下來的內容中，說明答案不僅如此。這是必然的結論，因為人的壽命有限，企業的護城河不能是「單一個人」，那樣的護城河將是無法持久的優勢。

有些人認為，巴菲特的崇高地位，對波克夏的未來而言是缺點，例如信用評級公司「惠譽」（Fitch），向來將「巴菲特是關鍵人物」，以及波克夏「找出並購買具有吸引力之營運公司的能力，緊密繫於巴菲特」這兩點，特別列為波克夏承受的風險。如果人們覺得一家公司的領導人代表那家公司，公司的永續能力便會遭受質疑。

反過來說，一家企業如果能在傳給好幾位資深領導人後，依舊屹立不搖，即使傳奇領袖已離去也一樣，那麼該企業通常就證明了自己的永續性，公司史可回溯至一八四九年的ＢＮＳＦ鐵路公司，正是這樣的例子。ＢＮＳＦ鐵路公司最早期的領導人之中，有一位是十九世紀的鐵路大亨詹姆士・希爾（James J. Hill）。希爾強調，一家企業唯有「不再依賴任何單一個人的壽命或努力」時，才可能成就「永久的價值」。波克夏旗下數十間傳承數代的家庭企業，都提供了這方面的範例。有的子公司已經傳承四代或五代，而目前在第二或第三代繼承者手中的企業，更是多不勝數。這是相當了不起的成就，因為大部分的家庭企業無法順利傳承，僅三〇％成功傳給第二代，一五％傳到第三代，能夠傳到第四代的僅四％。

企業不一定需要順利接班，才能百分之百證明公司將長長久久。波克夏有許多子公司在加入波克夏之前與之後，高層頻頻換人。以班傑明摩爾油漆、通用再保集團、利捷航空等公司為例，它們加入波克夏後，近日突然有數次高層異動。我們可以用BNSF鐵路公司最近一位主管的話，來說明這種情形。這名主管提起自己的公司在第一個一百五十年遭遇過重重考驗，然而「這是一家優秀的公司，在遭逢各種困難後，依舊屹立不搖，保住自己在市場上的地位。這說明了BNSF是貨真價實的好公司，裡面都是傑出人才。」

所以說波克夏的「護城河」不能是巴菲特，而當我說「答案不是巴菲特」時，人們接下來會回答：「波克夏旗下的保險公司勢力龐大，擁有金融資源，它們是波克夏的護城河。」的確，波克夏旗下的保險公司本身擁有大量護城河，例如蓋可保險是成本低廉的汽車保險業者，通用再保集團與全國產物保險，也以謹慎承保、金融勢力龐大出名。以上幾間保險公司的保費進帳，遠超過理賠金。保險業者不需成本，就能擁有被稱為「浮存金」（float）的投資基金，因為一直到需要賠償保戶之前，保費都掌握在公司手中。雖然沒有保險公司能避開挑戰，蓋可保險和通用再保集團，過去都經歷過生死存亡的關頭，然而它們實力驚人，而且手中的浮存金提供了大量資本，使它們得以投資姊妹企業及其他公司的證券。不過這可是波克夏旗下的保險公司提供了護城河，並非波克夏本身就是護城河。

同樣的道理，波克夏手中的投資證券，讓波克夏的「護城河」變得更具保護作用，但證券本身不是護城河，因為就算沒有它們，波克夏依舊是無法攻克的城堡。波克夏長期持有的龐大普通股，曾經一度代表著公司財報很大的一部分，然而今日只占一點點（十五分之一的資產、十分之一的營收）。除此之外，儘管波克夏永久持有上述股份，公司並不會像控制子公司那樣，控制投資對象。波克夏今日仍持有一九七〇年以來收購的每一間子公司，然而這些年來，波克夏證券投資組合中的數百家公司，有些已不復存在〔例如伍爾沃斯（F. W. Woolworth）〕，有些則被收購〔例如畢亞特麗絲食品（Beatrice Foods）、通用食品（General Foods）〕，還有許多證券部位被出售〔例如房地美（Freddie Mac）、麥當勞（McDonalds）、迪士尼（The Walt Disney Company）〕。投資壯大了波克夏的防禦能力，然而它和波克夏旗下的保險公司一樣，只是一部分的答案。

那麼，究竟什麼才是波克夏的「護城河」？答案是「波克夏獨特的公司文化」。波克夏過去五十年間，以全資方式收購各式各樣的子公司，多角化的程度令人費解，然而波克夏的子公司全都擁有一套獨特的核心價值，最後帶來獨一無二的企業文化，那正是波克夏的「護城河」。

波克夏購併時，價值比價格重要

波克夏的文化在企業購併時提供了價值，讓它面對購併對手時更具競爭優勢。這類例子有很多，此處先舉一例說明。一九九五年，波克夏買下由家族持有的家具零售商威利公司，價格比對手的出價少一二・五%。波克夏居然能以一億七千五百萬[3]，打敗其他人兩億以上的出價，原因是威利的老闆考量波克夏的企業文化價值後，最終選擇了波克夏。波克夏以正直聞名，而且賦予管理人員營運自主權，並致力於永遠持有自己買下的子公司，而那正是威利看重的價值。

價值交換是雙向的，不只是其他公司會考量波克夏的文化，波克夏也會考量購併對象的文化。二〇一一年，波克夏買下BNSF鐵路公司。這間名列標準普爾五百指數的上市公司（購併後由波克夏取代），是當時十分熱門的投資標的。巴菲特說實際價值每股接近九十五美元，但波克夏卻以一百美元的價格收購，許多觀察家都感到大惑不解，然而「價值觀的價值」解釋了那五%的差距。當買家和賣家都重視同一套特定的無形價值時，其結果就是交易的時候出現更寬廣的議價空間。波克夏和波克夏買下的子公司，正是這樣的情形[4]。

企業在進行購併時，通常會仔細了解雙方追求的目標，以求成交。舉例來說，如果雙方價格談不攏，賣方可以提出自行處理部分「或有負債」（contingent liabilities），或是買家可以提出交易不納入某些智慧財產（例如專利）。由於每個人對這樣的條件有著不一樣的估價——

因為雙方願意承擔的風險程度不同——這樣的交易方式可以促成雙方在價格上達成共識。

然而波克夏則不同。波克夏進行購併時，無形的價值比金錢重要。班傑明・葛拉漢是巴菲特尊敬的前輩，也是多本知名投資理財書籍的作者，他教巴菲特要尋找價格遠低於價值的

---

3 編按：本書的計價、營收等數字都是以美元為單位。

4 我的人生經歷和本書提到的幾筆交易，有其類似之處。我踏入職場時，最初在紐約生意興隆的柯史莫法律事務所，擔任高薪的企業律師。我在離開之前，有機會成為合夥人，如果離開，成為其他事務所的合夥人，也是十拿九穩的事。可是此時另一條未來的道路出現了——大學教職。我先是在紐約葉史瓦大學（Yeshiva University）的卡多佐法學院任教，後來又前往波士頓學院（Boston College）與喬治華盛頓大學。

柯史莫及其他法律事務所的合夥人分紅，遠超過喬治華盛頓大學、波士頓學院、卡多佐法學院的薪水。然而教職有其優點，包括終身聘雇以及學術自由，我用高薪換取了終身保障與自主權。把公司賣給波克夏的賣家，也打了同樣的算盤：他們拿到較少的現金或股票，但得到永續與自主權的承諾，以及波克夏文化提供的其他價值。

不以為然的人士會告訴你，拿現金（薪水）來比較這種無形的東西，是牛頭不對馬嘴，根本不能比。他們會說價值無法互比，因為其中一個衡量標準是金錢，其他的則又是另一套尺度。從這樣的角度來看，若是還牽涉其他價值的交換，不可能依據某個人多收或少收多少，還是多拿到或少拿到多少，替無形的東西訂出金錢價值。

自主權或永續的「價格」無法被簡化為貨幣數字（價值難以換算的問題，讓人想起一個經典的信用卡廣告。該廣告列出一系列的商品與價格——一部電影，十塊美金；爆米花，五塊美金——接著出現經典台詞：與家人共度的時間，「無價」）。當然，換算這種無形事物的金錢價值，不同於計算退休年金或現金流模式目前的價值；然而，在討論企業購併時，這種計算增加了雙方能達成協議的可能性。

投資，以求得到「安全邊際」（margin of safety）。價格是你付出的東西，價值則是你得到的東西，通常以盈餘或淨資產來評估。

我們探討波克夏時必須探討價值，除了計算盈餘與淨資產，還得把無形的文化特質納入考量。在不同人的心中，事物有著不同價值——如同在買方與賣方心中，或有負債與專利科技有著不同價值。

創造價值是波克夏的強項，這就好像巴菲特發現，如果應用葛拉漢的價格與價值安全邊際，那麼可以購併的企業實在不多，因此他偏好價值元素擴大的商業模式，而這讓波克夏得以用較低的價格，買下特定的公司文化，也或者波克夏會依據相對的「風險胃納」（編按：為了追求營運目標，願意承受的風險總量）與公司情形，付出更高的價格。

巴菲特本人讓波克夏的這套模式臻於完美，不過，「價值觀的價值」力量，已經超越了任何單一個人。本書即將說明，波克夏的子公司如何因為無形價值觀的價值，享受到財報上的有形好處，它們之間共通的價值，構成波克夏獨特又持久的企業文化。

PART 1

CHAPTER 1

緣起

波克夏，
讓巴菲特上了重要的一課

買下紡織廠，卻被迫永久關閉

一九五六年，二十六歲的巴菲特在家鄉奧馬哈，成立投資公司「巴菲特合夥事業有限公司」（Buffett Partnership Ltd.）。他的投資理念是找出價格低於帳面價值的公司，而當時可以撿便宜的投資標的很常見，巴菲特的公司因而賺了一些錢。不過，有幾筆投資，因為投資標的缺乏持久的競爭優勢，成績並不理想。巴菲特於一九六五年取得控制權、但未能獲利的公司之中，波克夏海瑟威公司正是其中一家。

當初巴菲特買下波克夏海瑟威時，它是美國新英格蘭一間紡織廠，前身是兩家於一九五五年合併的公司，這兩家公司的歷史都可以回溯至十九世紀末。第一家是「波克夏精品紡織聯合公司」（Berkshire Fine Spinning Associates），為成立於一九二九年的紡織集團，成員包括創始於一八八九年的「波克夏棉花製造公司」（Berkshire Cotton Manufacturing Company）。第二家則是可以上溯至一八八八年的「海瑟威製造公司」（Hathaway Manufacturing）。波克夏與海瑟威於一九五五年合併成為「波克夏海瑟威」時，是由卻斯（Chace）與史丹頓（Stanton）兩個家族一同掌控，這兩個家族已持有公司好幾個世代。

波克夏與海瑟威一度是紡織製造龍頭，後來在激烈的市場競爭之中敗下陣來。對手更低廉的勞動成本，是它們難以支撐的主因，先是美國南部比北部便宜，再來是海外又比美國便宜。波克夏海瑟威靠著關閉工廠與裁員等削減成本的方法苦撐，史丹頓家族起了內訌，特別是歐蒂斯與席貝利兩兄弟（Otis and Seabury）。他們除了彼此意見不合之外，也因為公司的策略問題和卻斯家族有了嫌隙。他們爭吵的重點包括：要再投入多少錢，去扶持業績不振的事業。波克夏海瑟威乏人問津的股票，以帳面價值三分之一到二分之一的價格出售，一九六五年時，每股十九・二四美元，整間公司價值兩千兩百萬美元。

十年前，巴菲特第一次聽說波克夏海瑟威這家公司，當時他任職於「葛拉漢紐曼投資公司」（Graham-Newman），替導師葛拉漢工作。一九六二年時，巴菲特以個人身分買進波克夏海瑟威的股份，股票經紀人也提醒他有機會以低於每股八塊美金的價格，收購更多股票。由於波克夏定期買回自己的股份，巴菲特判斷可以買下便宜的股票，然後在波克夏回購時逢高賣出。席貝利・波克夏曾在股價低於十美元時，問巴菲特願意用多少錢賣出自己手上的股份，巴菲特開價十一・五〇美元。席貝利要求他保證，如果波克夏真的出這個價，他一定會出脫股份。巴菲特同意，以為雙方已經達成協議，因而停止收購，所以不久後波克夏出價十一・三八美元時，他覺得被騙了。

巴菲特反過來買下更多股份，還說服歐蒂斯・史丹頓出售自己手中的持股，最後連席貝利也被說服。巴菲特決定進一步了解自己的投資，於是前往波克夏紡織廠參觀，到工廠走了一圈，還和主管談話——這是企業買主一貫的做法，但後來巴菲特很少再這麼做。巴菲特在這次參訪中，了解到織品的製造過程，而且十分欣賞帶他參觀的製造副總裁肯尼斯・卻斯（Kenneth V. Chace，肯尼斯也姓「卻斯」一事純屬偶然，他和公司的家族擁有人沒有親戚關係）。巴菲特合夥事業公司成為波克夏的控股股東之後，史丹頓家族退出經營。巴菲特被選為董事，董事會任命肯尼斯・卻斯為董事長。

地方上的報紙認為，巴菲特買下波克夏海瑟威屬於「敵意購併」（或稱為惡意收購），一再謠傳他是專業收購人，準備讓經營困難的公司加速清算。巴菲特不喜歡被視為清算人，花很多工夫避免被貼上這樣的標籤。然而全球化的浪潮衝擊產業，波克夏的紡織事業再度持續衰退好幾年，對手紛紛將製造移到勞動成本較低的海外，而且貨櫃運輸業愈來愈發達，出口運費又便宜。波克夏勒緊褲帶，讓股東虧錢，但依舊被迫在一九七〇年代逐漸縮減營運，一九八五年，巴菲特最終永久關閉工廠。

買下波克夏，讓巴菲特上了重要的一課——學到「別做」什麼事。從那時起，巴菲特立下波克夏的政策：永遠別參與敵意購併，也絕不清算自己買下的子公司。波克夏因而只收購留下高階管理階層的公司，避免管理人士的異動。最重要的是，波克夏只追求擁有長期經濟價值的企業，而且願意以公平的價格買下它們。被迫關閉紡織事業帶來的痛苦，讓巴菲特致力於永續經營。一九八〇年代中期，波克夏處理掉其他幾間巴菲特合夥事業最初買下的狀況不佳的公司，例如多元零售公司（Diversified Retailing）、聯合零售公司（Associated Retail Stores）與霍柴德孔恩百貨公司（Hochshild Kohn）等連鎖百貨企業，但後來就誓言不再這麼做。

巴菲特說過，這輩子要是沒聽過波克夏海瑟威這間公司就好了。然而，不可否認的是，後來轉型為控股公司的波克夏，牢牢記住了第一次購併所帶來的教訓。

進軍保險業、報業，打造前所未有的集團

波克夏海瑟威的紡織事業在一九六五年後持續惡化，但是就在同一時間，巴菲特也在組織保險業大軍，建立投資要塞，開始打造史上最不尋常的集團。一九六七年，波克夏一共以八百五十萬美元，買下兩間奧馬哈的保險公司：全國產物保險公司（NICO）與全國水火險公司（National Fire & Marine Insurance Company）。

保險公司可以帶給波克夏資本，因為客戶繳納保費給保險公司後，公司在有必要賠償時，才需要拿出那些錢，在此之前，保費成為閒置的資金。巴菲特是投資人，他很喜歡這種資金來源，稱之為「浮存金」。波克夏在接下來的五十年，以三種方式配置浮存金：再投資與壯大保險事業、買下大型公司的少數股權，以及收購獨資子公司。

一九七〇年代，波克夏運用全國產物保險公司及其他保險子公司帶來的大量浮存金，拓展保險事業，買下「政府雇員保險公司」（Government Employees Insurance Company，簡稱GEICO，也就是蓋可保險）的少數部位。波克夏為了強化資本來源，拓展保險版圖，自行成立或買下大量保險公司——時至今日，那些公司依舊健在。

然而，巴菲特不只對保險感興趣。波克夏於一九六九年，第一次收購保險領域以外的企

業，對象是地方週報集團「奧馬哈太陽報公司」（Sun Newspapers of Omaha, Inc.），然後交由奧馬哈地方人士兼巴菲特家族友人史坦福・利普西（Stanford Lipsey）管理。雖然奧馬哈太陽報從來就不是富可敵國的大企業，卻讓波克夏引以為傲[1]。一九七三年，《太陽報》關於奧馬哈郊區孤兒院「孤兒樂園」（Boys Town）的系列報導，贏得普立茲新聞獎。這所孤兒院先前因為一九三八年上映的同名電影而聲名大噪，電影請來影帝史賓塞・屈賽（Spencer Tracy），飾演孤兒院具有遠見的創始人愛德華・佛萊納根神父（Father Edward J. Flanagan）。真實世界的「孤兒樂園」擁有廣大的寄宿學校校園，長期進行募款活動，不斷強調這所學校的高貴使命，以及永遠入不敷出的窘境，也因此到了一九七二年時，許多人都聽說過這所孤兒院優秀的課程，但很少人知道學校得到的贊助，其實已經超過兩億美元。由於《太陽報》的調查報導，民眾發現了真相，以及孤兒院管理不當的情形。

報社也是波克夏最早的普通股投資對象。一九七三年，波克夏買下華盛頓郵報公司的少數股權。該公司為葛蘭姆家族所掌控的控股公司，以旗下的都會報命名。家族的大家長凱瑟琳・葛蘭姆，在一九七一年售出大量由員工持有的B股，讓公司上市。

巴菲特在公開市場買下華盛頓郵報的大量股份，但他向葛蘭姆保證，他尊重其家族傳統以及管理方式，不會插手干預。兩人在接下來數十年間培養出的情誼，可被視為模範。一方是精明的股東，一方是以公司為己任的管理者，葛蘭姆會尋求巴菲特的忠告，而巴菲特則會支持葛蘭姆的決定。

在一九七〇年代，波克夏還收購藍籌點券公司（Blue Chip Stamps）的多數股權，這是另一次決定波克夏未來走向的大型投資。這間公司和波克夏的紡織事業以及保險公司有著共通之處，它和保險公司一樣，帶來了浮存金，但也和紡織業一樣是夕陽產業。

點券是一九五〇與一九六〇年代十分流行的一種市場工具。S&H綠點券（Sperry & Hutchinson Green Stamps）與藍籌等公司，販售點券給加油站與雜貨店等零售商，零售商再依據顧客買了多少東西，贈送他們點券。顧客收集點券後，可以兌換各式各樣的獎品，例如咖啡機和吐司機。點券公司一開始就可以從零售商那端收到現金，但一直要到消費者兌換獎品後，才會出現獎品的成本，因此擁有可用於投資的浮存金。

當時加州的點券市場被S&H公司壟斷，該州的零售商因而聯合起來，成立藍籌公司，提供另一種選擇。S&H等藍籌公司的競爭者，就自己受到的權益傷害發起訴訟，最後政府要求藍籌公司將大部分的股份，賣給不相干的第三方，藍籌公司因此成為許多人士的投資機會，不只是巴菲特，查理・蒙格也加入了。蒙格是加州一間投資合夥公司的管理者，平素見多識廣，一九六二年和其他合夥人在洛杉磯成立法律事務所，也就是今日知名的孟托歐事務

1 波克夏在一九八一年把這個事業賣給布魯斯・薩岡（Bruce Sagan）。這次交易發生在一九八五年出售波克夏紡織事業之前，之後波克夏就堅守永不出售子公司的政策。

所[2]。巴菲特透過波克夏及其他管道，成為藍籌公司最大的股東，蒙格管理的投資公司則是第二大股東。

巴菲特與蒙格因為分別投資了藍籌公司，結為商業夥伴，還建立了一生的友誼。蒙格也是奧馬哈人，和巴菲特結識時，他住在加州的帕薩迪納（Pasadena）。從一開始，他就對波克夏的文化起了很大的影響，鼓勵巴菲特以長期視野看待商業機會，摒棄巴菲特在事業早期採取的逢低買進法。蒙格建議最好用公平的價格，買下優秀的企業，而不要以優惠的價格，買下平庸的公司。此外，相較於巴菲特，蒙格採取較為「質性的」（qualitative）投資方法，除了考量資產負債表上的數字與獲利統計分析，也評估軟性因素，例如創業精神、誠信與商譽。

藍籌公司解決訴訟後的最初幾年，投資報酬率稱得上合理，而且持續帶來一定數目的浮存金。然而，消費者的喜好開始轉向，經濟情勢也在變，藍籌公司的商業模式開始行不通了。民眾對於集點換獎品這件事不再感興趣，在此同時，不斷升高的通膨與汽油價格，迫使零售商轉而把心力放在壓低價格，而不是贈送昂貴的獎品。零售商不再購買點券，藍籌公司的事業最終沉至谷底，但依舊持續營業數十年，好讓尚未兌換點券的民眾領取獎品。波克夏最後透過購併，把藍籌公司納進自己的大家庭，藍籌公司就此成為美國與波克夏公司史過去的一頁。儘管如此，藍籌公司仍在打下波克夏基礎的三樁購併案中發揮作用，那三樁購併案分別是時思糖果公司、魏斯可金融公司（Wesco Financial）與《水牛城日報》（*Buffalo News*）。

低價買進時思糖果公司

一九七一年，藍籌點券公司的主管威廉・朗西（William Ramsey）打電話給巴菲特，建議買下時思糖果公司。巴菲特要他打給蒙格，蒙格對這間擁有知名品牌、加州各地都有忠實顧客的巧克力公司有興趣。

已經傳承三代的時思糖果公司，歷史可以回溯至一九二一年。創始人查爾斯・時思（Charles A. See）原本經營一間藥房，但一場大火毀了他的事業。他後來當了一段時間的巧克力推銷員，為了追求更好的生活，決定放手一搏，自加拿大北部搬到加州南部，以巧克力為業。查爾斯和母親瑪麗（Mary）、太太佛羅倫絲（Florence）以及兩個年幼的孩子，定居洛杉磯，認識了當地的商人詹姆士・里德（James W. Reed），一九二一年，他們共同成立了時思糖果公司。

時思的店面裝潢，模仿瑪麗・時思家中的廚房，自行製造與販售盒裝巧克力。產品大多來自瑪麗的秘密食譜，只使用高級、新鮮的原料。瑪麗戴著眼鏡、一頭銀髮的祖母形象，成為公司招牌。時思以瑪麗慈祥的笑容繪製商標，採取簡單的黑白設計，傳達查爾斯喜愛在家

2 這個法律事務所因為合夥人換人的緣故，數度更名。幾次主要的變動包括：「孟托希事務所」（Munger, Tolles & Hills，一九六二～一九六六年）；「孟托希瑞事務所」（Munger, Tolles, Hills & Rickershauser，一九六六～一九七五年）；「孟托瑞事務所」（Munger, Tolles & Rickershauser，一九七五～一九八六年）；以及「孟托歐事務所」（一九八六年之後）。

中自製巧克力的傳統感覺。時思送貨時，開著印有公司商標、加掛邊車的哈雷摩托車。時思的另一項行銷創舉，則是提供大量購買的優惠。教堂、社團及其他團體募款時，可以販售時思的巧克力，把賺來的錢用在慈善。瑪麗於一九三九年離世，享壽八十五歲，但她以及時思公司的精神，都繼續流傳了下去。

瑪麗去世時，時思已經有十多家分店，在洛杉磯蓋起製造廠，接著又擴張到舊金山，迅速在當地另建一間工廠，開了九家分店。查爾斯的兒子勞倫斯（Laurance）在這個時期加入公司，並於一九四九年查爾斯過世時成為總裁。

一九五〇年代是美國的郊區化時代，勞倫斯引領潮流，在加州雨後春筍般出現的新型購物中心，開設時思分店。一九六〇年，時思已有一百二十四家連鎖店，接著又在一九六〇年代擴展到亞利桑那州、奧勒岡州、華盛頓州，分店數增加至一百五十家。時思打敗地方上的競爭者，擁有堅強的獲利能力，足以和賀許（Hershey）、羅賽爾史多福（Russell Stover）及其他全國性品牌一較長短。

勞倫斯於一九六九年過世，本身是股東、也是董事的弟弟哈利（Harry）成為繼承人選，然而哈利在國內其他地方還有葡萄園事業要管理，無法下定決心接班。擁有公司六七％股份的時思家族在不得已的情況下，決定賣掉公司。巴菲特與蒙格在一九六九年參觀時思的洛杉磯工廠後，波克夏做出了看起來很奇怪的購併決定。

時思希望以三千萬美元賣掉事業（嚴格來說是四千萬，但公司手中的現金超過一千萬）。

然而巴菲特注意到公司的稅前淨利僅四百萬美元，而且資產負債表顯示淨資產僅七百萬美元，而當時的他尚未養成「替無形的價值買單」的習慣，但蒙格說服巴菲特著眼於公司的質性因素，最後兩人一同決定理想的最高出價為兩千五百萬，時思家族接受了。多年後，巴菲特坦誠這個出價極低，原因在於他當時並未留意到加盟連鎖的價值[3]。

然而，時思家族擁有三代經營連鎖店的經驗，為什麼他們願意接受這麼低的出價呢？經營自主權大概不是原因，因為時思家族將不再是經營者。不過，巴菲特與蒙格親自替時思公司挑選新任總裁查爾斯・哈金斯（Charles N. Huggins），每個人都知道哈金斯一九五一年起就在時思公司（並且還會一直待到二〇〇五年），他將維護時思的傳統，而不會改造它。時思後來沒有太大變化，一直依照過去五十年的方式經營：以傳統方式製造與販售自製巧克力。至少以後見之明來看，永續性是時思家族願意出售的部分原因。到了一九九〇年代中期，時思賣出全世界數量第二多的盒裝巧克力，僅次於羅賽爾史多福，而且每年賺八千萬美元。

---

3 Berkshire Hathaway, Inc., 1991 *Annual Report*, February 28, 1992，董事長的信：計算我們最終獲得的百分之百股份時，賣方追求的名目價格為四千萬美元，然而他們的公司擁有一千萬的超額現金，因此真正的出價是三千萬。查理和我當時尚未完全了解連鎖事業的價值，只看到那間公司擁有七百萬的有形淨值，我們因而表示兩千五百萬是所能出的最高價格（我們是真心這麼認為）。幸運的是，賣方接受了我方的出價。

以高買低，購併魏斯可金融公司

如果說時思的購併案是低價買進，付了低於公司價值的價格，那麼孕育波克夏文化的三樁重要購併案中，魏斯可金融公司的購併則正好相反，是一樁以高買低的交易。魏斯可位於帕薩迪納，創始人是卡斯波家族（Casper），主要事業是退伍軍人的互助儲蓄與貸款協會，靠致力於壓低成本經營而欣欣向榮。一九七二至一九七三年之間，藍籌公司買下魏斯可金融公司八%的股份。蒙格的合夥公司先前也曾投資這間公司。一九七三年時，魏斯可的管理階層打算讓公司併入「聖塔芭芭拉金融公司」（Financial Corporation of Santa Barbara, FCSB），魏斯可的股東將可取得聖塔芭芭拉的股票，但這些股東無法就「可以拿到多少股票」達成協議。巴菲特與蒙格認為魏斯可的股價被低估，聖塔芭芭拉則被高估，兩人因此反對這樁合併案。

蒙格提議買進魏斯可股票，以阻止這樁交易，巴菲特則認為他們應該乾脆一點，接受損失。這兩條路，兩個人最後都沒選。蒙格告訴魏斯可的執行長路易斯・文森提（Louis R. Vincenti），藍籌公司有意買下魏斯可，請他放棄這次的合併案。然而文森提告知關鍵不在他身上，而在魏斯可的股東，因此巴菲特去見伊麗莎白・卡斯波・彼德斯（Elizabeth（"Betty"）Casper Peters）」，她是卡斯波家族集團的大股東與大家長。巴菲特向她解釋由藍籌公司買下魏斯可的潛在好處，其中包括無形的價值，尤其是雙方都傾向採取共同持有公司的經營方式。彼德斯樂於見到家族事業成長，同意中止合併案。

魏斯可不再推動合併案。如同一般合併案失敗的結果，魏斯可股價暴跌，從十八美元跌到十一美元。此時藍籌公司原本可以開始逢低買進，因巴菲特與蒙格讓合併案胎死腹中而乘機得利。然而，巴菲特與蒙格雖然希望買下魏斯可，卻認為在自己出手干預、造成合併案中止後，又低價收購股票的做法並不公平。因此他們吩咐自己的股票經紀人，以高達十七美元的價格買進股票，隨後並以十五美元的價格正式出價收購魏斯可。藍籌公司最終取得魏斯可的多數股權控制權（majority control），蒙格還說服文森提留任。

一直在追蹤這起購併案的人士驚訝得說不出話。為什麼藍籌公司要付不必要的高價？美國證券交易委員會也對此展開調查（顯然是在聖塔芭芭拉金融公司的催促之下）。有關當局懷疑，支付高於市場價值的價格，意味著藍籌公司違法操縱魏斯可的股價，也或者藍籌的出價違反了證券交易法。調查人員感到困惑，因為他們認為理性的生意人永遠在買進時盡量壓低價格、賣出時盡量提高價格。他們感到奇怪的部分原因，在於巴菲特與蒙格之間令人費解的關係，以及兩人所涉足事業的複雜架構。

外界無法理解巴菲特與蒙格花了一年時間試圖解釋的事：他們付高價的原因是為了展現誠信。此外，一間展現誠信的公司，以後別人和它打交道時，也會將信譽納入考量，優先選擇這間公司，因此高價購併會帶來往後實質的好處。巴菲特與蒙格強調，贏得文森提的敬重具有直接的價值，也強調藍籌公司「整體商業信譽」的長期價值。有關當局最終被說服，藍籌公司取得魏斯可八〇%的股份，此後魏斯可一直是波克夏家族的一部分，二〇一一年起更由波克夏獨資持有[4]。

奠定早期基礎的第三樁購併——水牛城晚報

巴菲特與蒙格早期打下波克夏基礎的第三樁購併案，也就是《水牛城晚報》（*Buffalo Evening News*）的購併案，這樁購併案再次違反傳統，奠定了波克夏往後的行事風格。創立於一八八一年的《水牛城晚報》，替傳統報社立下典範，讓報紙成為美國人民的辯論園地，創辦人愛德華・巴特勒爵士（Edward H. Butler Sr.）功不可沒。相關傳記指出，巴特勒是「十九世紀末新式新聞從業人員的典範，他打造現代媒體，讓公民討論脫離狹隘的政黨意識，替報紙塑造出重要的新式文化、社會、經濟與政治角色。」巴特勒於一九一三年去世後，兒子小愛德華（Edward Jr.）依據父親立下的標竿，繼續經營報社。小愛德華於一九五六年去世後，由妻子凱特・巴特勒（Kate Butler）接棒。

凱特的顧問一直力勸她在生前就移轉資產，降低遺產稅。若是不預做安排，遺產稅可能導致報社面臨「跳樓大拍賣」。不過，凱特沒有聽從警告，在她一九七四年八月過世後，遺囑執行人不得不出售報社。一九七六年十二月，這樁交易被提供給華盛頓郵報公司，當時巴菲特是董事。巴菲特告訴葛蘭姆，如果《華盛頓郵報》沒有興趣，他想買，也真的在《華盛頓郵報》拒絕這個機會後，和蒙格著手進行購併。

當時水牛城有兩家報紙，一家是《水牛城信使快報》（*Buffalo Courier-Express*，以下簡稱為《信使快報》）。《水牛城晚報》的廣告營收勝過《信使快報》，平日的週間市場發行量也較大。然而《水牛城晚報》把週末的生意拱手讓給《信使快報》，因為《水牛城晚報》自一九二〇年代以來，便不曾發行週日報，而是在週六下午附上「週末報」（Week-End）。全美的報紙都會在星期日附上副刊——有藝文版、漫畫、意見欄、電視節目簡介。巴菲特注意到報業的週期分析指出，在大部分的城市，副刊正在消失，而且這股潮流將持續下去。巴菲特認為這是《水牛城晚報》的機會，沒有做任何盡職調查，就同意從巴特勒遺產繼承人的手上，買下這個副刊，協商後的價格是三千五百五十萬美元。

巴菲特與報社編輯主任莫瑞・萊特（Murray B. Light）立刻準備上戰場。《水牛城晚報》重新編排週末報，並把發行時間改為星期日早上，又在星期六早上發行類似週間報紙的週六報。報社在改變發刊方式前先行舉辦促銷，客戶可以用原本的價格，額外得到五星期的新報紙，等於免費贈送新的週日報。報社承諾贈送五週的免費報紙後，又向廣告主保證那段期間的星期日發行量，廣告營收因而上升。

新刊物推出的兩週前，《信使快報》發現這是一個勁敵，因而控告《水牛城晚報》，認為

---

4 藍籌公司取得魏斯可八〇%的股份，其餘的股份依舊公開上市，公司由蒙格擔任董事長；波克夏在一九八三年取得其餘股份。二〇一一年時，魏斯可併入波克夏；波克夏以五億五千萬美元取得流通在外的股份，有的付現，有的付波克夏的股票。

對方正在進行壟斷地方報紙市場的違法行為。《信使快報》主張，《水牛城晚報》免費贈報，是試圖摧毀《信使快報》的掠食性行為。《信使快報》發起爭取地方民意支持的輿論戰，將巴菲特定位為壟斷性清算人，指他試圖摧毀水牛城兩報並存的情形。《信使快報》的律師在法庭上猛烈批評巴菲特，指他從未造訪過印刷廠，也不曾聘請購併顧問評估這樁交易。

聯邦法院法官查爾斯・布利恩（Charles Brieant）認同《信使快報》的說法。《信使快報》的律師指出，合理範圍是最多贈送兩期報紙，接著又誇大這起訴訟以及相關人物，譏諷巴菲特為外來的侵略者，指控他使用了「反競爭的花招與手段」。布利恩法官接受巴菲特為掠食性壟斷者的看法，證據是他並未進行盡職調查就買下公司。日後由亨利・弗蘭德利法官（Henry Friendly）主持的上訴法庭，則指出布利恩的裁決有法律面與事實面的瑕疵，然而這起訴訟耗時兩年，不但花了數百萬美元的官司費，還造成《水牛城晚報》不得不暫緩推出新版的週日報。

巴菲特為了解決這場危機，說服先前把《太陽報》賣給波克夏的利普西，幫忙接掌《水牛城晚報》。利普西發現《水牛城晚報》新聞專業很強，但財務狀況很糟。他加強報社的優勢，並在虧損數年後，於一九八〇年轉虧為盈，擊敗《信使快報》，《信使快報》從此結束營業。利普西一直掌舵到二〇一二年，穩住這份後來更名為《水牛城日報》的報紙。在此同時，波克夏也在二〇一二年與隔年，買下大量地方報，其中最受矚目的是《奧馬哈世界先驅報》（*Omaha World-Herald*）。

巴菲特改變了所羅門的文化

一九八〇年代的美國，到處上演著企業控制權爭奪戰。許多公司把大量股份交給盟友，以求自保。盟友若買下少數股權，稱為「白衣護衛」（white squire）；若買下控制股權，則稱為「白騎士」（white knight），而波克夏曾數度扮演這個友好人士的角色。投資銀行「所羅門兄弟公司」（Salomon Brothers, Inc.，以下簡稱所羅門）也把股票交給波克夏。

一九八七年，所羅門最大的股東米諾科（Minorco）不贊同公司近日的擴張，資深董事間也各有不同的商業策略見解。米諾科不滿管理階層的回應，開始計畫將自己持有的一二%股份，賣給羅納德・裴瑞曼（Ronald O. Perelman）。裴瑞曼是企業狙擊手，曾透過敵意收購，取得化妝品巨人露華濃（Revlon, Inc.）的控制權。以約翰・古弗蘭（John Gutfreund）為首的所羅門高層主管擔心，自己的公司將成為裴瑞曼下一個目標。

古弗蘭採取了許多防禦措施，包括買回米諾科持有的股票，並請波克夏擔任白衣護衛。巴菲特要求利率為九%的優先股優惠條件。波克夏可將此優先股轉為普通股，或者所羅門可以在一九九五至一九九九年間，每年贖回五分之一，條件是這些優先股不能一次大量賣給單一第三方；除此之外，波克夏在出售任何股票之前，必須提供所羅門優先買回的機會。而波克夏也答應至少在七年內，不會收購所羅門二〇%以上的股票。

這次投資深深影響了波克夏的企業文化，而相關影響會在四年後所羅門捲入醜聞時具體顯現出來。當時所羅門被指控，旗下部分員工試圖壟斷債券市場，監管機構與檢察官預備起訴所羅門。起訴是非常嚴重的企業處置手段，很可能摧毀公司名聲，而這種污點又可能導致客戶與員工叛變，眾人一潰逃，所羅門可能就會一敗塗地。所羅門的董事會為了避免厄運臨頭，不惜自行清理門戶，並請巴菲特擔任臨時董事長。

巴菲特在一九九一年五月的媒體訪談上，當場向所羅門的員工下了一道指令：「不要讓一個不友善但聰明的記者，在報紙頭條上刊出你不會樂見的事。」這道命令深植於波克夏的DNA，巴菲特將在國會證詞中，再次提出同樣的警告，而且定期向波克夏子公司的執行長重申此事[5]。

巴菲特下定決心，要改變所羅門的企業文化。所羅門過去僅遵守基本的法律規範，但巴菲特進一步要求行事皆要合宜。他除了口頭諄諄教誨之外，還親自挑選資深主管以改良風氣，雀屏中選者包括備受敬重的銀行主管德瑞克・莫罕（Deryck Maughan），以及當時擔任孟托歐事務所經營合夥人、傑出的企業律師羅伯特・德漢姆（Robert E. Denham）；另外還有德高望重的羅伯特・門德罕姆，他是企業法教授，還是賓州大學法學院（University of Pennsylvania Law School）的院長。巴菲特希望培養的所羅門文化，正是今日波克夏子公司擁有的關鍵特色：花工夫培養商譽與誠信。巴菲特強調「道德規範」與「獲利」密不可分，親自替所羅門上了一課，教導價值觀的價值。

巴菲特和蒙格在早期進行購併案時，培養出一輩子的友誼，並替未來的波克夏奠定基本原則。兩人所做的交易，讓人看到「價格」與「價值」的差別：價格是你付出的東西，價值則是你交換的東西。兩人付給時思低價，但用永續經營彌補差價；為了遵守誠信原則，他們付給魏斯可高價；也因為多付錢買下魏斯可，以及沒有做好《水牛城日報》的盡職調查，被懷疑居心叵測。這些早期的交易顯示，他們願意反傳統而行，即使必須付出代價也一樣。巴菲特在所羅門扮演的角色，進一步讓誠信的重要性，深植於波克夏文化。

美國證券交易委員會發起的魏斯可調查案，讓巴菲特與蒙格認識到簡化事情的重要性。兩人釐清自己在生意上的往來，並簡化公司架構，將子公司併入波克夏，讓波克夏成為兩人事業的主要公司實體，由巴菲特擔任董事長與執行長，蒙格擔任副董事長。巴菲特最終成為波克夏的化身，主導購併案，形塑公司文化；蒙格則扮演「神諭顧問」的角色。兩人曾於建立事業數十年後，在一九九九年解釋自己扮演的角色。巴菲特表示：「查理的興趣比我廣泛，他投入波克夏的程度不如我，這不是他的孩子。」蒙格同意巴菲特的說法：「華倫整個人全心全意地投入了波克夏。」

5 巴菲特在兩年一度給波克夏執行長的信中寫道：我們在商場上所做的每件事，一定要能被不友善但聰明的記者，刊在全國性的報紙頭條。

CHAPTER 2

多角化經營

美國近一半的州，
都有波克夏子公司總部

波克夏未來的縮影——斯科特菲茨

一九八六年時，波克夏已經擁有包括巧克力事業和保險公司在內等各式各樣的公司，接下來的兩樁購併案還會讓公司變得更多元。那年年初，斯科特菲茨公司以雷夫・謝伊（Ralph E. Schey）為首的管理階層，打算讓公司參與槓桿收購。這個計畫引發專業收購人的覬覦，包括惡名昭彰的企業狙擊手依凡・波斯基（Ivan Boesky）。巴菲特在報上追蹤這個引起外界廣泛關注的戰爭，最後寫了一封信給謝伊，強調波克夏厭惡敵意收購，如果謝伊希望討論一筆友善的交易，可以打電話給他。隨著這封信而來的購併案，帶給波克夏一系列新事業，包括金廚刀具、科比吸塵器與世界百科全書。

斯科特菲茨公司成立於一九一四年，兩位創辦人喬治・斯科特（George Scott）與卡爾・菲茨（Carl Fetzer），先是在克里夫蘭（Cleveland）蓋了一間專門製造信號槍的機械加工廠。一九二〇年代時，又和地方上的發明家吉姆・科比（Jim Kirby）合資設立公司，成為科比吸塵器的製造商。三人攜手合作，除了不斷改良產品，也改善倚賴獨立經銷商的直銷手法，使科比吸塵器成為美國家喻戶曉的品牌，接下來數十年間賣出數百萬台。一九二〇至一九六〇年代，斯科特菲茨公司把主力全放在這個產品上。

然而，到了一九六〇年代後期，斯科特菲茨公司乘著那個時期美國公司紛紛成立集團的浪潮，展開多角化經營，很快便擁有三十一個五花八門的部門，有的賣電鋸，有的賣拖車鉤，每個部門各由部門主管獨立經營。謝伊在一九七四年成為總裁後，除了出售部分部門，也買下幾間新公司，包括在一九七八年收購最重要的世界百科全書公司。

一九八六年時，斯科特菲茨公司成為規模龐大的上市集團，債務也處於合理範圍，良好的條件引來這個時期特有的企業狙擊手與槓桿收購人。這些人的做法是靠著融資，取得購併需要的資金，接著就將買下的公司按部門分拆出售還債，或是由收購目標承接債務。然而儘管強敵環伺，由專業經理人掌管的斯科特菲茨公司，依舊在無數領域擁有第一名的產品，獲利情況良好，難怪巴菲特對這間公司會產生興趣。斯科特菲茨公司，其實就是波克夏即將成為的巨型企業的縮影。波克夏最後以三億一千五百萬美元[1]，買下斯科特菲茨，並答應謝伊團隊他們將繼續擁有管理上的自主權，公司和股東不會受到任何影響。巴菲特的承諾以及企業狙擊手波斯基的手法，可說是大相逕庭。

和巴菲特一拍即合——費區海默

波克夏在一九八六年的另一樁購併案，讓公司再度踏入另一個產業。那年的一月十五

1 波克夏究竟付了多少錢買下斯科特菲茨公司，各方說法不同，原因可能是因為支付方式包括現金以及某些假定的債務。例如，請參見：Schroeder, *The Snowball*（提到價格為三億兩千萬或兩億三千萬、或四億一千萬）；Berkshire Hathaway, Inc., 1986 *Annual Report*, chairman's letter（提到三億一千五百萬）。

日，波克夏在辛辛那提的長期股東羅伯特・海德曼（Robert W. Heldman）寫信給巴菲特，自我介紹他是費區海默兄弟公司董事長，當時巴菲特從未聽過這家公司。兩人後來在奧馬哈碰面時，海德曼解釋自己的公司自一八四二年起，就在製造與經銷制服，專門服務監獄、消防、軍隊、警察、郵政與運輸等公家機關，客戶包括美國海軍、辛辛那提與洛杉磯的警察局，以及波士頓、芝加哥、舊金山等地的交通部門。

海德曼的父親華倫（Warren）在一九四一年進入費區海默兄弟公司（以下簡稱費區海默），後來兩個兒子羅伯特與喬治（George）也追隨父親的腳步，孫子輩的蓋瑞（Gary）、羅傑（Roger）、福瑞德（Fred）後來也進入同一家公司。「創新」向來是費區海默的金字招牌，公司曾與美國聯邦當局合作，為警務人員研發特製的制服褲子。此外，做公家的生意也讓這家紡織製造商，得以對抗廉價的外國勞工與跨國運費，因為數條法規要求政府機關必須「購買美國產品」。

然而，一九八一年時，費區海默在一場槓桿收購中，被賣給外部投資集團，不過家族經營者依舊持有部分股份。儘管承受沈重的債務壓力，費區海默依舊刻意撥出預算還債。一九八五年時，公司還掉大部分的債務，股價大受激勵，該是時候讓外部投資人離開了。

海德曼認為波克夏將是理想買主。費區海默已經在家族手中傳承數代，而且家族擁有者喜歡管理自己的事業，希望能繼續做下去，但不受新老闆干預，也不必擔心突然被賣掉。

巴菲特與海德曼一拍即合。他喜歡費區海默功績彪炳的獲利紀錄，以及業界的龍頭地位，也欣賞他們認真打拚的家族經營方式。波克夏以四千六百萬美元，買下八四%的股份，其餘的股份則由原本的家族持有。引人注目的是，波克夏進行這樁購併案時，內部沒有任何人親自到辛辛那提造訪公司，費區海默也沒有任何人做雙方的盡職調查。事實上，自從聯邦法官無緣無故地痛斥巴菲特未在購併《水牛城日報》時進行盡職調查以來，巴菲特便以不做此類調查，感到沾沾自喜；而這也讓他早期的波克夏海瑟威紡織廠與時思糖果工廠造訪之旅，看來已不合時宜。

費區海默與斯科特菲茨公司十分不同。費區海默是一家傳承數代的私人家族企業，歷史悠久，擁有專業的營運項目，提供機構客戶客製化服務。這間巴菲特先前未留意到的小型公司，由家族擔任管理者，帶領公司成長、茁壯，當它出現在波克夏眼前時，已經通過槓桿收購的挑戰。斯科特菲茨公司則在一九六〇年代成為集團，旗下事業五花八門，並透過獨立的經銷商與代理商網路，銷售零售產品。此外，斯科特菲茨是巴菲特透過新聞追蹤的大型上市公司，由專業的經理人團隊經營，最後在波克夏那裡，找到槓桿收購外的另一種可能性。費區海默與斯科特菲茨就連購併的交易方式都不一樣：斯科特菲茨由波克夏獨資擁有，費區海默則由家族持有一六%的股份。

兩家公司吸引巴菲特的共通之處，在於良好的管理制度、過去的獲利能力，以及產業龍頭地位。兩家公司的另一個共通點，則是它們都重視波克夏提供的自主權與永續性。斯科特菲茨公司的管理階層與股東做出抉擇：一邊是被波斯基槓桿收購後，控制權落入他人之手，公司被分拆出售；一邊是巴菲特與波克夏提供的管理自主權與公司的永續經營。海德曼家族看過其他公司被槓桿收購的結果，決定投向巴菲特的懷抱。巴菲特提供永久的波克夏家園，而且不插手公司的經營管理。

四大事業部門，涵蓋了保險、能源、運輸等

今日的波克夏子公司涉足五花八門的事業，每一間子公司都各自以自己的方式，對波克夏做出貢獻。巴菲特在每年寫給股東的信上，都會介紹管理這種多元情形的波克夏四大事業部門，每個事業部門又各自細分成子部門。第一部門負責保險業務，是波克夏歷史最悠久、也最重要的部門，不斷貢獻商業價值。第二部門負責受政府管制的產業，以及資本密集產業。這是最新的部門，營收與獲利方面的重要性與日俱增。第三部門負責金融事業與金融產品，雖是四個部門中規模最小的一個，不過單獨來看依舊龐大。第四部門則負責各式各樣的公司，範圍涵蓋製造業、服務業，以及零售業。斯科特菲茨與費區海默也隸屬於這個部門。

波克夏的保險部門由多家大型公司組成，有的承保個人汽車險（例如蓋可保險），有的則承擔大型企業風險（例如通用再保與全國產物保險），另外還有十多間負責各式保險業務（包括船舶險、勞工賠償險）、較小型的公司。總而言之，這個部門承保所有你想得到的東西——從鄰居的車子到都市的摩天大樓，從家裡附近的小餐館到全球最大的航空公司，無所不包。

波克夏的第二個事業部門，負責受政府管制或資本密集的產業，主要涉足兩大商業活動，一是能源，一是運輸。能源的分支之下，僅有「波克夏海瑟威能源」一間公司（原名中美能源），這是一間全球集團，專門投資太陽能、風力、天然氣管線等能源事業。運輸的部分，則以北美最大型的鐵路公司「BNSF鐵路」為首。波克夏的運輸投資，還包括兩家提供航空產業服務的企業，一是提供駕駛員訓練的飛安公司，二是提供私人飛機服務的利捷航空。波克夏的運輸部門尚有製造船舶與休旅車的森林河公司（Forest River）。

波克夏的金融部門旗下有三間公司，這三間公司提供的融資服務相近，但產品卻大為不同：克萊頓房屋提供活動組合屋的興建、出售與融資服務；CORT提供家具租賃服務；XTRA則出租卡車配備。

斯科特菲茨與費區海默隸屬的第四部門，則有八個子部門，子部門之間業務相近，但也天南地北，例如時思糖果與冰雪皇后餐廳雖然都屬於食品部門，但兩家公司的商業模式十分不同。時思是由公司直營的連鎖店，冰雪皇后餐廳則採取加盟體系。

波克夏的珠寶子部門包括三家零售商：班寶利基珠寶、博施艾姆珠寶（Borsheim）與赫爾茲伯格鑽石（Helzberg Diamonds），另外還有製造批發商富比公司（Richline）。家庭用品子部門和珠寶子部門情形類似，集合了四家相似的零售商，包括喬丹家具（Jordan's Furniture）、內布拉斯加家具城（Nebraska Furniture Mart）、威利家具（RC Willey Home Furnishings）、星辰家具（Star Furniture），但也有相框製造商拉森朱赫公司。同樣的，媒體部門底下有數十家地方報，包括《水牛城日報》、《奧馬哈世界先驅報》、《里奇蒙時代電訊報》（*Richmond Times-Dispatch*），但也有國際商業通訊服務事業，例如「美國商業資訊公司」（Business Wire）。

波克夏隸屬於建設子部門的公司，生產建材（佳斯邁威）、磚材（艾克美）、油漆（班傑明摩爾），以及鋼材接片（MiTek）。服飾部門的子公司：布魯斯、鮮果布衣、家崙童裝（Garan）、布朗鞋業（H.H. Brown Shoe）與賈斯汀，加起來幾乎提供了全世界所有的鞋子種類，包括牛仔靴、皮鞋、工作靴、高爾夫球鞋、跑步鞋，另外還有運動服飾、童裝、內衣，以及費區海默提供的制服。

波克夏的銷售子部門也是大雜燴，經手的產品包括電子產品（TTI）、廚房用具（頂級大廚），以及派對用品〔東方貿易（Oriental Trading）〕。最後，波克夏的工業子部門之下還有農業設備製造商（CTB）、專業化學製品廠商（路博潤），以及全球大型金屬切割公司〔以色列碳化物／國際金屬製品（Israel Carbide/International Metalworking Companies，簡稱ISCAR/IMC）〕，另外還有斯科特菲茨與馬蒙集團這樣的大集團。

波克夏的子公司除了涉足十分多元的產業，各種指標也無法一概而論——不論是購併價格、估值、對波克夏的財務貢獻、公司規模、員工數，以及各種財務性質等等，每家子公司都不一樣。把它們全部放在一起討論時，人們可能預期會有一定的同質性，例如由於巴菲特最初的投資哲學，它們的股價淨值比（price-to-book ratio，編按：股價除以淨值的比率）都很低。也或者是出於傳統的價值投資篩選法，它們都擁有高「本益比」〔price-to-earnings ratio，編按：股價除以EPS（每股盈餘）的比率），然而實際情形完全不是如此。波克夏子公司共通的特質與特性，不在於這類評估數字，而在於無形的特質。

購併金額從千萬到幾百億不等

波克夏一九八六年買下費區海默時，只花了四千六百萬美元，買下斯科特菲茨則耗資三億一千五百萬美元，這兩個差異極大的數字，預告著波克夏將在接下來數十年間出現範圍極廣的購併價格。一九八六年後的第一個十年，波克夏提出的購併價，有的不到一億美元，買下蓋可保險則高達二十三億美元。再接下來的二十年間，波克夏購併的規模變大，範圍也變廣，許多交易介於四億至九億美元之間，少數幾樁超過十億美元，超過一百億美元的則屈指可數（請見下頁表1）。

以股價淨值比與本益比來看，波克夏提出的購併價格，各自有著不同的估價標準。波克夏各子公司被收購時，股價淨值比從八比一到三十比一以上都有。本益比則從不到一比一，一直到超過五比一都有（請見第七十五頁表2）。這麼廣的範圍，除了反映出各子公司的多元性之外，也顯示波克夏採取各式各樣的估價手法。不同的時期、不同的部門類別（例如保險、公用事業、金融、製造、零售、服務業），會採用不同的估價方式，例如，相較於服務業或零售事業，資產密集的製造業，其帳面價值倍數可能會被估得較低。

各家公司的購併價格

表1

（單位： 十億美元）		（單位： 百萬美元）	
44	BNSF鐵路	800～999	鮮果布衣、頂級大廚、TTI
22	通用再保	600～799	冰雪皇后餐廳、利捷航空
10	路博潤	400～599	德克斯特鞋業、賈斯汀、MiTek、斯科特菲茨、XTRA
5～9	ISCAR/IMC、馬蒙集團、中美能源（波克夏海瑟威能源）	300～399	美國商業資訊、CORT
2～4	蓋可保險、蕭氏工業（Shaw）	200～299	應用承保、班寶利基珠寶、家崙、喬丹家具、拉森朱赫
1.5～1.9	克萊頓房屋、飛安、佳斯邁威、麥克連	100～199	CTB、赫爾茲伯格鑽石、布朗鞋業、威利家具、星辰家具
1～1.4	班傑明摩爾油漆、森林河、醫療保障（Medical Protective）	<100	博施艾姆、《水牛城日報》、中州保險、費區海默、堪薩斯金融擔保（Kansas Bankers Surety）、內布拉斯加家具城、全國產物保險、富比、時思、魏斯可金融

註：各階段相加的總購併數字。

波克夏子公司對財報的貢獻不一。波克夏二〇一三年的總營收為一千八百二十億美元，其中一千三百億來自非保險事業，三百七十億來自保險公司，一百五十億來自投資及其他來源。多間子公司的貢獻達十億美元，少數幾間則不到兩億五千萬。另有幾間子公司的貢獻超過一百億美元，其中一家將近四百六十億元（麥克連）。如果波克夏的子公司為獨立的企業，以二〇一三年營收

各家公司的本益比和股價淨值比

表2

本益比		股價淨值比	
< 8	鮮果布衣	< 1.00	鮮果布衣
8～10	家崙	1.00～1.99	克萊頓房屋、CTB、家崙、賈斯汀、XTRA
11～13	佳斯邁威、路博潤、XTRA	2.00～2.99	班傑明摩爾油漆、冰雪皇后餐廳、飛安、通用再保、佳斯邁威
14～17	班傑明摩爾油漆、克萊頓房屋、冰雪皇后餐廳	3.00～3.99	BNSF鐵路、時思、蕭氏工業
18～22	飛安、通用再保、賈斯汀、蕭氏工業	4.00～4.99	路博潤
23～30	BNSF鐵路、CTB	> 5	中美能源（波克夏海瑟威能源）
> 30	中美能源（波克夏海瑟威能源）		

註：上表大部分的資料取自彭博社（Bloomberg）。計算本益比（PE）時，比值為公開的交易總價，除以交易對象過去十二個月的淨盈餘；計算股價淨值比（PB）時，則是除以帳面價值。鮮果布衣是在破產狀態下被購併，盈餘與帳面價值為負。PE採過去未計利息、稅項、折舊及攤銷前的利潤（EBITDA），PB則依據企業價值計算。飛安與時思的數據則取自波克夏的年報。

是否破五十億美元的標準來看，其中八家將名列財星五百大企業（Fortune 500）（請見下頁表3）。此外，波克夏的子公司員工數不一，有的不到百人，但也可能超過兩萬、三萬或四萬人（請見第七十七頁表4）。

波克夏旗下的公司擁有獨特的財務特性。利潤率（profit margin，盈餘除以營收）介於一%至二五%之間，資本報酬率較為相近，但範圍依舊很廣。以資產報酬率（return on assets，稅後盈

波克夏子公司的營收和稅前盈餘

表3

	營收（單位：十億美元）		稅前盈餘（單位：百萬美元）
麥克連	45.9	BNSF鐵路	5,900
BNSF鐵路	22.0	波克夏海瑟威能源	1,800
蓋可保險	18.5	全國產物保險	1,700
波克夏海瑟威能源	12.7	馬蒙集團	1,200
全國產物保險	12.0	路博潤	1,200
馬蒙集團	7.0	蓋可保險	1,100
路博潤	6.1	麥克連	500
通用再保	5.9	通用再保	300

註：路博潤的數據為估算數字。全國產物保險的數據，則合併了波克夏海瑟威再保集團（Berkshire Hathaway Reinsurance Group）與波克夏海瑟威第一集團（Berkshire Hathaway Primary Group）的業務。

資料來源：波克夏海瑟威年報（2013）第64頁。

餘除以非槓桿有形淨資產）等衡量標準來看，波克夏的子公司整體來說財務狀況良好。許多波克夏公司的資產報酬率，可能高達二五％至一〇〇％以上，大部分的子公司則為優秀的一二％至二〇％。不過，有的子公司甚至不到一二％，顯示波克夏的購併決定偶爾會出差錯。

代價最高的錯誤購併案——德克斯特

波克夏代價最高的錯誤，是讓波克夏海瑟威購併案歷史重演，只是這次主角換成美國新英格蘭地區的「德克斯特鞋業公

波克夏子公司的員工人數

表4

員工數（人）	
>40,000	BNSF鐵路
>30,000	鮮果布衣
>25,000	蓋可保險
>20,000	麥克連、蕭氏工業
>15,000	波克夏海瑟威能源、馬蒙集團
>10,000	克萊頓房屋、ISCAR/IMC
>7,500	森林河、路博潤
>5,000	佳斯邁威、利捷航空、斯科特菲茨
>2,500	波克夏海瑟威媒體（BH Media）、CTB、飛安、家崙、內布拉斯加家具城、富比、時思、TTI
>1,000	全國產物保險及十幾家非保險子公司
<1,000	另外的十幾家非保險子公司、其他所有的保險子公司

司」（Dexter Shoe，以下簡稱德克斯特）。一九五六年時，哈洛德・阿芳德（Harold Alfond）投資一萬美元，在緬因州的德克斯特創立公司，公司一飛沖天，每年在地方工廠製造數百萬雙鞋子，建立起高爾夫球鞋的利基市場，還被百貨公司客戶選為最佳供應商。德克斯特一直在美國國內生產，工資高於對手；產品的品質與樣式，也打敗了來自低工資國家的進口產品。

一九九三年時，波克夏以四億四千三百萬美元買下德克斯特，完全以波克夏的股票支付。這間公司擁有波克夏早期收購目標的正面特質——由具有創業精神的家族經營，就像時思一樣，而且採取精打細算的營運方式，就像魏斯可金融一樣。此外，德克斯特也擁有品牌知名度，經銷管道與客戶關係也十分良好。然而，德克斯特有個潛在的負面特質，情況與波克夏海瑟威的紡織事業雷同：美國製造廠的成本是中國的十倍。最終德克斯特的對手製造出和它們一樣好的鞋，但成本只要十分之一。到了二〇〇七年，巴菲特坦誠，收購德克斯特是他一輩子最糟糕的投資。

波克夏後來把德克斯特的業務轉移給布朗鞋業。布朗是波克夏一九九〇年收購的鞋業子公司，營運狀況良好。布朗鞋業也來自新英格蘭，最初成立於一八八三年，由亨利・布朗（Henry H. Brown）在美國當時的鞋業製造中心——麻州的內提克（Natick）所創立。一九二七年時，布朗以一萬美元的價格，將公司賣給二十九歲的雷・海佛南（Ray Heffernan）。海佛南一直經營到一九九〇年，以九十二歲高齡去世為止。

海佛南讓公司穩定成長，不但收購其他公司，還率先提出許多產品創舉，例如用防水、排汗、透氣的Gore-Tex布料做鞋子襯裡。到一九九〇年時，布朗鞋業有四家工廠，地點全在北美，員工人數總計三千名，每年進帳兩千五百萬美元。海佛南健康惡化後，把布朗鞋業的經營權，交給曾長期擔任對手公司執行長的女婿法蘭克・魯尼（Frank Rooney）[2]。海佛南去世後，家族希望賣掉公司。魯尼在打高爾夫球時，把這件事告訴巴菲特的友人兼波克夏股東約翰・盧米斯（John Loomis），對方建議他打電話給巴菲特。波克夏很快就決定以一億六千一百萬美元買下布朗鞋業，巴菲特說服魯尼留下，他的去留對波克夏來說很重要，因為波克夏當時已不再自行尋找子公司的管理者。

布朗鞋業是美國的工作鞋製造龍頭，過去擁有良好的獲利紀錄。公司在美國製造頂級的品牌鞋，靠高價位彌補成本，標準品牌鞋則在較為便宜的海外生產。此外，布朗也受惠於軍方必須「買美國貨」的聯邦法規，在美軍基地福利社販售軍靴，並替受「聯邦職業安全與健康局」（Occupational Safety and Health Administration）規範的勞工，製造工作靴。布朗靠著既依循傳統又與時俱進的策略撐下去，甚至欣欣向榮，德克斯特則未能跟上潮流。

德克斯特與布朗鞋業的故事，讓我們看到波克夏旗下的公司十分多元，即便在同一個產業之下，不同的子公司也各有千秋。不過，除此之外，德克斯特與布朗鞋業最引人注目的地方還是在於結局。波克夏並未出售德克斯特，而是把德克斯特交給布朗鞋業。後來布朗結束德克斯特的美國工廠，移至海外，讓德克斯特的品牌繼續留存於世。

波克夏購併公司時，大多會取得全部股權

波克夏持續在五十年間購併多家子公司（請見下頁表5）。較為小型的購併案，例如《水牛城日報》、時思、魏斯可金融、費區海默，一般發生在早期，大型購併案則發生在近期。波

---

2 據說魯尼娶法蘭西絲・海佛南（Frances Heffernan）之前，準岳父告訴他，他不歡迎他在布朗鞋業上班。

波克夏的不同購併時期

表5

	保險	非保險
1960年代	全國產物保險、全國水火險	
1970年代	家鄉（BH Homestate）	《水牛城日報》、時思、魏斯可金融
1980年代		博施艾姆、費區海默、內布拉斯加家具城、斯科特菲茨
1990年代	中州保險、蓋可保險、通用再保、堪薩斯金融擔保	班寶利基珠寶、布朗鞋業、冰雪皇后餐廳、飛安、赫爾茲伯格鑽石、喬丹家具、星辰家具、中美能源（波克夏海瑟威能源）、利捷航空、威利家具
2000～2005年		班傑明摩爾油漆、克萊頓房屋、CTB、CORT、森林河、鮮果布衣、家崙、佳斯邁威、賈斯汀、麥克連、MiTek、頂級大廚、蕭氏工業、XTRA
2006～2010年	應用承保、BoatUS、醫療保障、美國責任保險集團（US Liability）	美國商業資訊、ISCAR/IMC、拉森朱赫、馬蒙集團、富比、TTI
2010年代	看守保險（Guard）	BNSF鐵路、路博潤、東方貿易

克夏的資本來源持續增加，愈來愈把重心放在大型的收購對象，然而大型購併案其實依舊不多，為數不少的小型購併案所帶來的利潤，則通常超過長期持有現金或政府公債。

許多人認為波克夏的購併目標是非上市公司。波克夏的確會購併非上市公司，但查閱相關數據後，你會發現波克夏的上市公司總購併金額（超過一千億美元），超過非上市公司。不過，波克夏收購的上市公司中，有一半的公司由單一家族持有比例極高的股份，而且至少會有數名家族成員擔任董事或高階經理（請見下頁表6）。

波克夏收購的公司，大多一開始就由波克夏取得百分之百的股權，不過也有例外。在這些特例中，波克夏最初僅持有少量股份，然後才逐漸變成持有百分之百的股份，這類的例子包括BNSF鐵路、蓋可保險、藍籌點券。此外，在幾個例子中，出售股份的股東無限期或永久保留部分股份，例如費區海默的海德曼[3]。不過，有時波克夏最初的持股雖然不到百分之百，但雙方同意在適當時機，由波克夏取得其餘股份[4]。

人們常說波克夏的子公司全都歷史悠久，其實並不然，因情況各自不同。其中十家可以追溯到十九世紀（費區海默最古老，創立於一八四二年）；一半成立於二戰之前，其他一半則出現在二戰之後（請見下頁表7）。最年輕的一家是富比，這家珠寶製造商成立於二〇〇七年。休旅車製造商森林河則成立於一九九六年，由舊資產浴火重生而來。有的子公司該如何計算則有爭論，因為它們曾歷經購併、重組或合併，例如BNSF鐵路可以追溯到一八四九年，但成立於一九九五年。其他又如波克夏海瑟威能源，成立於一九九八年，但其實是一九

3 相關例子包括：應用承保（Applied Underwriters），買下八一%；中州保險（Central States），買下八二%，凱瑟（Kizer）家族保留一八%；內布拉斯加家具城，買下九〇%，布朗金家族（Blumkins）替自己及其他管理者保留一〇%；費區海默，買下八四%，海德曼家族留下一六%。

4 相關例子包括：蕭氏工業，最初為八〇%；ISCAR/IMC，最初為八〇%；馬蒙集團，最初為六〇%。

股東形式的購併

表6

公開上市（股權分散）	公開上市（家族大量持股）
BNSF鐵路	班傑明摩爾油漆
CORT	克萊頓房屋
鮮果布衣	CTB
通用再保	冰雪皇后餐廳
佳斯邁威	飛安
路博潤	家崙
中美能源（波克夏海瑟威能源）	賈斯汀／艾克美磚材
XTRA	蕭氏工業
	魏斯可金融

創始時期的購併

表7

	保險	非保險
19世紀	醫療保障	班傑明摩爾油漆、BNSF鐵路、布朗鞋業、《水牛城日報》、費區海默、鮮果布衣、佳斯邁威、賈斯汀、麥克連
二戰前的20世紀	蓋可保險、通用再保、全國產物保險	艾克美磚材、班寶利基珠寶、博施艾姆、冰雪皇后餐廳、赫爾茲伯格鑽石、喬丹家具、路博潤、內布拉斯加家具城、東方貿易、時思、星辰家具、威利家具
二戰後的20世紀	應用承保、BoatUS、中州保險、堪薩斯金融擔保	美國商業資訊、克萊頓房屋、CORT、CTB、飛安、森林河、家崙、ISCAR/IMC、拉森朱赫、馬蒙集團、中美能源（波克夏海瑟威能源）、利捷航空、頂級大廚、斯科特菲茨、蕭氏工業、TTI、XTRA
21世紀		富比

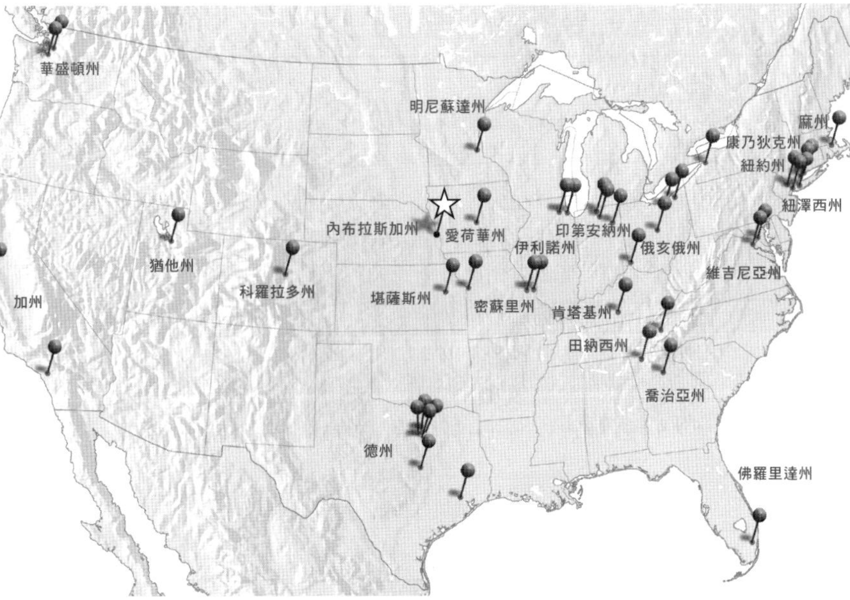

圖1 **波克夏子公司分布圖**

七一年數樁購併的結果。

除此之外，波克夏子公司的地理位置分散，美國近一半的州，都有一個以上的波克夏子公司總部。波克夏的子公司遍布全美（請見圖1與下頁表8）。奧馬哈是波克夏總部所在地，也有數間保險子公司、四家其他類別子公司設在那裡。十五家波克夏子公司位於美國中西部一帶，七家位於西部，十一家位於南部，九家位於東部。

立足於美國，業務遍布全世界

波克夏子公司總部的所在地，顯示波克夏整體而言是一間美國公司。雖然數間子公司的業務向來遍布全球

波克夏子公司在美國各州的分布情形

表8

中西部	
內布拉斯加州（全部位於奧馬哈）	應用承保、家鄉、波克夏海瑟威媒體、博施艾姆、中州保險、內布拉斯加家具城、全國產物保險、東方貿易
伊利諾州	馬蒙集團、頂級大廚
印第安納州	CTB、森林河、醫療保障
愛荷華州	波克夏海瑟威能源
堪薩斯州	堪薩斯金融擔保
明尼蘇達州	冰雪皇后餐廳
密蘇里州	赫爾茲伯格鑽石、MiTek、XTRA
俄亥俄州	費區海默、路博潤、利捷航空、斯科特菲茨
西部	
加州	美國商業資訊、時思、魏斯可金融
科羅拉多州	佳斯邁威
猶他州	威利家具
華盛頓州	班寶利基珠寶、布魯斯
南部	
佛羅里達州	富比
喬治亞州	拉森朱赫、蕭氏工業
肯塔基州	鮮果布衣
田納西州	克萊頓房屋
德州	艾克美磚材、BNSF鐵路、賈斯汀、麥克連、星辰、TTI
東部	
康乃狄克州	通用再保、布朗鞋業
華盛頓特區／維吉尼亞州	BoatUS、蓋可保險
麻州	喬丹家具
紐澤西州	班傑明摩爾油漆
紐約州	《水牛城日報》、飛安、家崙

以色列／荷蘭（註：美國以外，位於以色列／荷蘭的有ISCAR/IMC。）

（通用再保、路博潤、MiTek等等），但波克夏只收購過一間重要的非美國公司：金屬切割工具的全球領導者ISCAR/IMC。

ISCAR/IMC成立於一九五二年，創始人是今日的以色列億萬富翁史提夫・沃海莫（Stef Wertheimer）。一九三七年時，九歲的他和父母為了逃離希特勒納粹的魔爪，遠離德國，一家人定居在台拉維夫（Tel Aviv）。後來沃海莫加入英國皇家空軍（RAF），擔任裝備技工，運用在皇家空軍學到的技術，在家中後院開起小型的金屬切割廠，並命名為ISCAR，也就是「Israel Carbide」（以色列碳化物）的縮寫。

沃海莫一家人後來在兒子艾坦（Eitan）的領導下，讓這間工具公司搖身一變成為全球最大的金屬加工網。ISCAR是金屬切削集團「國際金屬加工公司」（International Metalworking Companies B.V., IMC）的旗艦成員，這個集團的成員為數十家在過去一世紀由地方業者成立的子公司，今日的營運版圖橫跨十幾個國家。IMC所有的子公司都專攻金屬製品，客戶主要是國內航空與機動車產業。IMC的產品是客戶用於大型昂貴機具的小型便宜工具，這類工具可以帶來巨大的附加價值，讓機器的運轉更有效率，提升客戶的獲利。

二〇〇五年時，沃海莫家族面臨世代交替的挑戰。艾坦寫了一封短信給巴菲特，信中介紹自己的公司及所屬產業。巴菲特邀請沃海莫造訪奧馬哈，幾小時內就判定這樁交易可行。波克夏立刻買下ISCAR/IMC八成的股份，剩下的則由沃海莫繼續持有。二〇一三年時，沃海莫家族行使出售權，將剩下的兩成股份賣給波克夏，讓波克夏的收購總價達五十億美元。

波克夏之所以將購併重心放在美國，主要是歷史的偶然，因為波克夏的成形期早於全球化的浪潮。然而，這並不意味波克夏模式在全球舞台的表現因而遜色，相反地，ISCAR/IMC的商業模式——眾家公司集合而成的網絡——顯示波克夏有能力將事業版圖擴張到全球。

不論從哪個角度來看，波克夏數不清的子公司（包括費區海默、斯科特菲茨、德克斯特鞋業、布朗鞋業、ISCAR/IMC、時思、魏斯可、《水牛城日報》）包羅萬象，不但產品不一樣，獲利率不一樣，成為波克夏一份子的原因也不一樣。然而，如同前文提到的故事，各子公司被一條共通的線串在一起，只不過由於波克夏這個企業大家族既龐大又複雜，得多加深入了解各個子公司，才能一一找出波克夏的文化，了解子公司如何讓波克夏長長久久。

CHAPTER 3

文化

九種文化特質，
讓波克夏歷久不衰

公司的價值觀，是其文化的核心

巴菲特在談企業文化時，喜歡引用英國首相邱吉爾（Winston Churchill）所說的「先是屋如其人，再來是人如其屋」，一語點出各家公司是如何自行選擇成為波克夏家族的一份子。企業主先是認同了波克夏文化的標準做法後，才同意把公司賣給波克夏，波克夏也才會買。

要談任何組織的文化，都不是一件容易的事，遑論波克夏這個既龐大又多元的集團。企業文化會顯現在一套共通的信念、做法與態度上，決定公司展望，並且影響著公司內部人士對待同事、顧客與股東的方式。文化由高層定調，接著透過每天必須面對的決策、挑戰與危機，傳遍整個組織。一間公司的價值觀，是公司文化的核心，決定了公司達成目標時的標準做法。

以波克夏而言，這樣的價值觀，首先體現在巴菲特尋找潛在子公司時立下的購併條件。一九八六年時，波克夏在《華爾街日報》（*Wall Street Journal*）刊登廣告，宣布自己有意進行收購，以及收購的標準。自此之後，波克夏每年的年報都會公布同一套標準，從來不曾改變過；唯一不同的地方是，波克夏希望收購的最小企業規模，從當年的年度盈餘最少要有五百萬美元，到了今天，漲為七千五百萬美元。波克夏要的是看得到的獲利能力、良好的非槓桿「股本報酬率」（returns on equity）、優秀的管理人員、基本業務，以及合理的價格。

巴菲特認為，管理是為了提升股東利益

外界也可從波克夏正式發布的文稿中，得知波克夏對待股東的原則。這套原則為波克夏的價值觀定調，決定了波克夏及其子公司如何對待股東與利益相關人士。如同波克夏的購併標準，這些原則會在每年的年報上公布。這套波克夏旗下執行長共同遵循的原則洋洋灑灑，共有十五條，例如波克夏的組織雖採用公司形式，但應視為眾人一起合夥經營。此外，應盡量避免運用借貸而來的資金，並評估是否要再投資盈餘，或者該分發股利。判斷標準是再投資的每一塊錢，是否會至少帶給股東一塊錢；另一個原則是永遠持有子公司。最重要的是，以上原則反映出：巴菲特的第一個身分永遠是股東，其次才是管理者，他相信管理的目的就是提升股東利益。巴菲特欣賞把公司當自己的公司來經營的管理者[1]，這樣的思維，讓波克夏一開始就將精打細算和精明投資的觀念帶進企業。

波克夏所採取的股東原則，特別是把波克夏定位為合夥人這點，重點在於股票持有人。波克夏認為股東不只是公司股票的暫時持有者，還是一間永不結束的公司的事業夥伴。這是波克夏最重視的價值觀，因為波克夏的子公司中，有許多是家族事業，它們要的是幫自己找

1　波克夏與股東相關的部分企業原則，適用於母公司，但不太適用於子公司。舉例來說，許多只適用於上市公司，例如讓股利政策與股價連動、致力於讓股票以適當價格交易、讓股價與真實價值連動。其他原則的適用對象是波克夏，而非子公司，例如避免用波克夏股票來支付購併費用，因為這種做法會稀釋原有股東的權益。

一個永久的家，而波克夏感到自豪的做法，是永遠持有子公司。股東是主人，波克夏的經理人是管家（包括巴菲特和子公司的管理者）。此外，波克夏的股東原則強調，波克夏的執行長與控股股東，將誠心視其他股東為合夥人，而不只是資本來源。

波克夏的做法，成功吸引一群獨特的美國企業股東：波克夏引以為傲的事蹟，包括股票轉手率只有其他大型企業的五分之一，而且年度股東大會的出席率高到不尋常（近年來吸引三萬五千人參加）。此外，波克夏的事業由個人與家族主導（不像其他的大型上市公司，大部分的股票由金融機構或共同基金持有），而且股東的投資組合高度集中[2]。波克夏的股票持有者是一個團體，他們認同波克夏的合夥人概念，認為自己持有的，不只是可以變現的股票，而是永久的股份。

雖然自一九八八年起，波克夏就在紐約證交所（New York Stock Exchange）公開交易與上市，但波克夏依舊保有巴菲特早期經營私人投資公司的合夥特色。舉例來說，波克夏的董事會成員向來是親朋好友：巴菲特已過世的妻子蘇珊（Susan）曾擔任董事多年，兩人的兒子霍華自一九九三年起成為董事；巴菲特最好的朋友蒙格，自一九七八年起擔任董事；和巴菲特同鄉的小華特・史考特一九八八年成為董事；此外，自一九九七年起，羅南・歐森（Ronald L. Olson）成為孟托歐事務所的新夥伴，波克夏委託這間事務所，處理各式各樣的購併及其他法律事務。

波克夏董事會在二〇〇三至二〇〇四年間增加席次，新董事包括唐納德・基歐（Donald

R. Keough）。他是波克夏長期的事業夥伴，先前為可口可樂公司的主管，而波克夏持有大量的可口可樂股份。另一位新董事墨菲，則長期擔任「大都會／ABC公司」（Capital Cities/ABC）執行長，大都會／美國廣播公司也是波克夏的投資標的。其他新董事還包括巴菲特的老友高提斯曼，他是紐約投資人，一九六二年起和巴菲特成為朋友。微軟（Microsoft Corporation）創始人比爾・蓋茲也成為董事，他和巴菲特的友誼，從一九九一年開始。

波克夏的董事就像股東一樣，他們購買大量波克夏股票，只領取象徵性的薪水，沒有股票選擇權。此外，波克夏也沒有其他董事會視為理所當然的「董事責任保險」[3]。巴菲特擁有最多的波克夏股份——高達四〇%——其他董事、董事的家族、董事旗下機構的客戶，合計擁有一〇%以上。對波克夏的文化來說，董事會最重要的貢獻，就是強化巴菲特不斷提倡的價值觀。

波克夏的總部和許多集團不一樣，沒有負責營運的經理人，只有一小群專注於財報的高級主管。一九八一至一九九三年間，麥可・古伯格（Michael Goldberg）負責監督波克夏的事業，視情況調動各事業的主管。例如先是請布萊德・金斯勒（Brad Kintsler）負責數間保險公司的營運，接著又任命他為費區海默的總裁（後來時思糖果的哈金斯退休後，巴菲特又派金

2 請見本書第十四章，特別是該章的表2至表5。

3 譯註：董事任職期間，若因公司業務被第三人求償，公司的避險工具。

斯勒負責時思）。一九九九至二〇一一年間，中美能源（現更名為「波克夏海瑟威能源」）精明幹練的執行長大衛・索科爾（David L. Sokol），不斷奔走於波克夏子公司之間，替它們解決麻煩。在他之後，年輕的經理崔西・布莉特・庫爾負責協助有困難的子公司。不過除了如此有限的協助，以及偶爾換人的執行長，子公司通常自己負責尋找經營人才。此外，子公司如果有董事會的話，規模很小（通常只有三人），而且很少開會（可能一年才一次）。

正面的企業文化，也會帶來亮眼的財務表現

我們除了可以透過母公司的購併原則，了解波克夏的文化，也得探討波克夏所有子公司的營運文化，才會得到全面的答案。子公司創辦人及其他資料來源所述說的故事，反映出子公司企業文化中的重要信念、做法與觀念。公司創辦人的創辦過程、公司面臨過的困難，以及轉型時期的艱辛等等，都是各公司企業文化的一部分。

企業文化之所以重要，原因在於文化會化為企業表現，例如公司的管理階層與股東如果有遠見，公司將更能抵擋景氣波動。具有良好節約和穩健風評的公司，比較不可能違約，也因此享有較高的信用評等，借貸成本較低，而且股價一般而言較為穩定，能夠吸引投資者。以誠信著稱的企業，希望如何被供應商、員工、顧客對待，相對地也會那樣對待他們。相較於心術不正的對手，人們通常會比較想和這樣的企業合作。如果在買賣、製造、服務或其他

企業活動方面，擁有比其他公司更好的名聲，這樣的話，在和其他公司建立關係時，一開始就能取得較好的交易條件，也更具彈性，更能面對商場的起起伏伏。

有份調查數百間大型企業的研究顯示，文化給人極為正面印象的公司，也會有出眾的財務表現。其他研究也探討了這樣的公司文化如何贏得業界的敬重。拉吉・西索迪亞（Raj Sisodia）教授，以及健全食品超市（Whole Foods）的共同創辦人約翰・馬凱（John Mackey），也主張：若企業同時追求經濟利益以及無形的價值，較能長期讓顧客心甘情願掏出更多錢。羅伯特・蒙岱維（Robert Mondavi）讓加州的納帕山谷（Napa Valley）成為葡萄酒聖地，並因而致富。他表示自己之所以能成功，是因為追求無形的卓越。然而，這個優勢條件難以評估，甚至難以確認。此外，無形的價值觀如何轉化成他人較願意和你做生意，也難以量化。本書的第二部分，將透過波克夏及其子公司的眾多例子，盡量解釋這種無形的優勢。

企業文化是一種現代概念，比較近似團隊精神等模糊的觀念，無法像投資報酬率等備受重視的商業分析工具一樣，那麼容易定義。文化難以捉摸、無所不包，而且一直在變。文化會受到各種因素影響，而因素之間又可能彼此衝突。然而，不論你要稱之為「企業文化」或是其他名稱，波克夏這間機構的獨特性、績效與永續性，都受到幾個不斷出現的明確特質所影響。

我透過檢視波克夏的子公司，找出波克夏的文化，不過，這不代表每間子公司都擁有我找出的所有特質，也不代表每個特質都能套用在波克夏子公司身上。實際情形比較像是一支

波克夏的文化特質

表1

特質	主要精神	主要範例
精打細算 （B，Budget conscious）	省一塊，賺十塊	蓋可保險（汽車保險）
真誠 （E，Earnest）	信守承諾的價值	全國產物保險（商業與重大風險） 通用再保（再保險）
信譽 （R，Reputation）	信譽帶來好結果	克萊頓房屋（顧客、投資者） 喬丹家具（顧客） 班傑明摩爾油漆（經銷商） 佳斯邁威（民眾、環境）
家族力量 （K，Kinship）	家族重視家族名譽與先人遺澤時，富「可」過三代	內布拉斯加家具城（布朗金家族） 威利家具〔蔡德家族（Child）〕 星辰家具〔沃爾夫家族（Wolff）〕 赫爾茲伯格鑽石 班寶利基珠寶
開創精神 （S，Self-starters）	不入虎穴，不得虎子	飛安（駕駛訓練） 利捷航空（私人飛機服務） 家畜〔旗下的家畜動物（Garanimals）兒童服飾〕 賈斯汀／艾克美（馬靴品牌／磚材） 冰雪皇后餐廳（連鎖加盟店）
不干涉原則 （H，Hands off）	所有權力皆下放，但絕不能破壞公司信譽	頂級大廚（顧問） 斯科特菲茨（直銷人員） 路博潤（波克夏的曲折故事）
精明投資 （I，Investor savvy）	價格是你付出的東西，價值則是你交換的東西	麥克連（分區拓展） MiTek（補強型與增強型購併） 路博潤（轉捩點） 波克夏海瑟威能源（資金管道）
堅守基本產業 （R，Rudimentary）	不可能的夢想不會成真，守住本業就好	BNSF鐵路（薑是老的辣） 蕭氏工業（從錯誤中學習） 鮮果布衣（過度槓桿）
永續 （E，Eternal）	波克夏是一輩子的家園，無家可歸的「企業孤兒」樂園	布魯斯（頻頻易主） 森林河（槓桿收購後／破產） 東方貿易（槓桿收購後／破產） CTB（私募股權之後） CORT（多樁槓桿收購之後） TTI（避免頻頻易主）

優秀籃球隊的文化，求勝心強的球員一般速度較快，肌肉較強壯，身材也比較高大，然而不是每位球員一定得具有這三樣特質。有的球員身高不高，但速度快、肌肉強壯；有的球員速度慢，但身材高大，爆發力驚人，隊伍還是能贏——球員的整體特質，一起構成了球隊文化。此外，球隊文化不只是個人特質的加總而已，教練灌輸的行為準則，也會形塑球隊文化，例如運動家精神以及團隊合作。同樣的道理，雖然不一定每間子公司都有波克夏的特質，但所有子公司加在一起，構成了波克夏文化，並由高層定調。

企業領袖透過價值觀的言教與身教，建立企業文化。價值觀會影響決策，還會吸引與激勵心有同感的人們，排斥無法同心的人。此外，價值觀歷久不衰，難以改變，一旦養成便會持續下去。價值觀愈簡單，就愈容易持久。事業的早期領導人會挖掘潛在的共同價值觀，企業文化愈能適應變化，領導者就愈能把公司精神傳承下去。上頁的表1簡短勾勒出本書第二部分即將介紹的波克夏文化特質。由於我的職業是教授，習慣想辦法幫大家記住事情，因此我讓這幾項特質的字首，拼起來正好是波克夏的英文名「B・E・R・K・S・H・I・R・E」。

PART 2

CHAPTER 4

精打細算與真誠

為客戶精打細算，
說到就要做到

最高的精打細算——蓋可保險

一九三六年，德州聖安東尼奧（San Antonio），五十歲的保險經理里歐・古德溫（Leo Goodwin），正與服務美軍的保險公司「聯合服務汽車協會」（USAA）密切合作。古德溫覺得自家保戶的保費過高，他算了一下，如果是最低風險的駕駛人，而且不透過保險業務員買保單的話，公司可以提供八折優惠，但依舊有利潤。這個簡單的構想開花結果，汽車保險公司「蓋可」就此問世。蓋可保險是波克夏事業的基礎，也是本章探討波克夏價值的第一個代表性例子：最高程度的精打細算。

古德溫說服地方銀行業者克里弗斯・里亞（Cleaves Rhea）出資七萬五千美元，再加上自己的兩萬五千美元，共十萬美元，成為讓點子成真的第一桶金。古德溫瞄準的保戶是美國軍官，以及其他的聯邦政府雇員，也就是風險最低的駕駛人。由於這類人士集中在美國首都，古德溫和妻子莉莉安（Lillian）搬到華盛頓特區，公司名稱取為「蓋可保險」。古德溫夫婦一週辛苦工作六天，每天十二小時，以刻苦耐勞的精神建立公司。他們透過DM廣告行銷，自己負責承保與賠償事宜。週末時里歐・古德溫還會開車到軍事基地，登門推銷保險。

蓋可保險為了彌補低成本保險的不足之處，特別強調客戶服務，例如一九四一年時，一場冰雹雨砸壞了市區許多地方的車子，古德溫和地方業者協調，請他們延長修車的服務時間，並請供應商加速車頂鈑金與車窗玻璃的出貨。蓋可的客戶因而比向其他業者投保的鄰居，更快取回愛車，對蓋可留下了好印象。

古德溫的商業模式很簡單：鎖定低風險的保戶，不透過業務員推銷，接著提供低成本的保險，以及優質的客戶服務。公司第一年的表現還不錯：靠著十二個員工，拿到三千七百五十四張保單，收到十萬三千七百美元的保費。保費減去理賠金的承保損益，一開始是負的，但很快就出現小額的承保利潤。儘管全球歷經了經濟大蕭條，以及第二次世界大戰的滄海桑田，蓋可「節儉」的商業模式獲得肯定，公司的保單、保費與利潤皆穩定成長。

一九四八年時，里亞家族透過古德溫家族的友人、銀行人員，以及蓋可資深主管洛里默・戴維森〔Lorimer（"Davy"）Davidson〕，將手上的蓋可股份賣給數個私人投資者，其中戴維森將大量股份賣給葛拉漢紐曼投資公司，該公司的著名合夥人葛拉漢成為蓋可董事長。

葛拉漢一反平日偏好的多元投資，讓蓋可股份成為公司資產很大一部分，不過，後來聯邦當局判決葛拉漢紐曼等投資公司，不得持有單一保險公司的大量股份，葛拉漢紐曼因而讓公司的蓋可持股，轉由讓合夥人直接持有。如此一來，蓋可的股份變成由多人持有，依據聯邦法規，必須向美國證券交易委員會登記，蓋可就此成為公開上市公司。

幾年後，巴菲特去上葛拉漢在哥倫比亞大學商學院開設的投資課程，教室在學校的曼哈頓「晨邊高地」（Morningside Heights）校本部。他看到葛拉漢的簡介寫著自己是蓋可的董事長，他從來沒聽說過這家公司，對於相關產業也一無所悉，很想進一步了解，於是跑去造訪蓋可的華盛頓總部。

一九五一年一月一個寒冷的週六，巴菲特搭上賓州鐵路早上六點三十分的「晨間國會」（Morning Congressional）列車[1]，從紐約出發，四小時後抵達目的地，找到蓋可當時位於十四街與西北L街的辦公室[2]。辦公室門大門深鎖，但管理員告訴年輕的巴菲特，最高樓層有人在工作，那個人是戴維森。巴菲特告知自己是葛拉漢的學生，接著戴維森花了四小時的時間，向巴菲特解釋自己的公司及所屬產業。

巴菲特從戴維森的一席話中得知關鍵重點：「蓋可透過DM廣告推銷的銷售方式，讓公司在面對聘請推銷業務員的競爭者時，擁有很大的成本優勢。靠業務員推銷，是保險業者根深柢固的做法，他們不可能放棄。」戴維森帶給巴菲特很大的啟發，於是他開始仔細研究蓋可與保險產業，並替擁有廣大讀者的產業刊物《商業金融紀事報》（*Commercial and Financial Chronicle*）專欄，寫了一篇有關蓋可的報導。巴菲特除了報導這家保險業者，也把自己的錢投下去，一九五一年，他拿出一半的淨資產，用一萬零兩百八十二美元，買下三百五十張蓋可股票（巴菲特隔年就以一萬五千兩百五十九美元，賣掉自己的蓋可持股，最後學到「買進並持有」（buy-and-hold）的教訓：如果他當時沒賣，一九九五年時，那些股票將會價值一百萬美元以上）。

把省下的錢回饋給客戶

古德溫在一九五〇年代持續讓蓋可成長。他強調一定要讓成本降到最低，不過，壓低成本不只是為了增加利潤。事實上，古德溫堅持一定要把省下來的錢，透過更低的保費，幾乎全數回饋給客戶。更低的保費帶來更多客戶，公司得到更多的總保費，最終又得到更多利潤，不但客戶人數增加，客戶也變得更加忠誠。

蓋可的保單數在一九五〇年代末超過七十萬張，收到的保費達六千五百萬美元。古德溫在一九五八年退休，交棒給戴維森。戴維森保留蓋可獨特的商業模式，傳承節約的傳統，靠壓低保費的方式衝高保單量。一九六五年時，公司收到的保費達一億五千萬美元，盈餘則翻了一倍，達到一千三百萬美元。

到了一九七〇年代，戴維森退休，古德溫夫婦也相繼過世。蓋可的故事走往不同的方向，保費成長變得比成本管理與品質還重要。公司接下新保單或續約時，不太注意相關資訊，例如保戶過去的車禍紀錄。一九七三年時，公司開放讓所有民眾購買保險，不再限制職業，認為相較於用職業來劃分保戶，科技與統計模型能讓篩選更具效率。蓋可衝高了保單量與保費，然而公司缺乏必要的運算系統，無力蒐集與分析資料。

1 這班車是那個時期紐約與華盛頓之間主要的鐵路交通方式。

2 辦公室位於蓋可大樓六樓；接下來的數十年間，蓋可數度搬家。

恰巧也在這個時期，美國許多州開始採取「無過失」（no-fault）的保險法，先前的規定是由有過失的駕駛人付賠償金。由於蓋可的保戶都是奉公守法的駕駛人，過錯很少發生在他們身上，蓋可也就不太需要理賠。「無過失法」則不再強調過失在誰身上，重點轉而擺在發生了多少傷害。蓋可的管理人員未能體認到，這樣的轉變將如何影響公司，有好幾年的時間都低估損失，訂出過低的保費，導致公司在一九七〇年代中期瀕臨破產邊緣。

一九七六年時，蓋可的董事山謬・巴特勒（Samuel C. Butler，柯史莫法律事務所資深合夥人），請來四十三歲的壽險奇才約翰・拜恩〔John J.（“Jack”）Byrne〕擔任執行長。拜恩立刻改善了蓋可評估損失的方法，恢復公司過去的承保原則，接著又採取不讓高風險駕駛人續保等控制成本的手法，以及提高保費，來增加營收。巴特勒和拜恩為了減輕公司壓力，挽回民眾信心，組織了聯合多家保險業者的集團，請它們接手大量蓋可保單。此外，蓋可為了增加資本，籌措賠償金，二次發行股票，這次波克夏買下了一五％的股份。

蓋可靠著巴特勒的領導，以及波克夏投入的資本，逃離關門大吉的命運，以非常小型的面貌重新出發，這次市占率不到二％，而且接下來的十多年都是如此。拜恩和同事兼繼任者威廉・史奈德（William B. Snyder），堅守古德溫建立的商業模式：在大市場裡面，當低成本的賣家。在此同時，競爭者則堅持採取透過業務員推銷的昂貴做法。一九八〇年時，波克夏的蓋可持股增加一倍以上，很快便擁有一半股權。

精打細算是蓋可最重要的秘方。一九八六年時，蓋可的總承保支出與理賠費用，僅占保費的二三・五％。對手的成本則高了一五％。這帶來數字為九十六的年度綜合比率（combined ratio，費用率加上理賠率），業界則為一百一十一（一九八三年的數字）。這樣的差異，讓蓋可彷彿擁有了護城河，蓋可的事業城堡受到保障。巴菲特解釋：

> 蓋可的成長，帶來愈來愈大量的投資資金，而且幾乎沒有實際成本，基本上等於是保戶一起付了蓋可的浮存金利息，而不是公司支付利息給保戶（不過，對客戶好，比說漂亮話還有用：蓋可不尋常的獲利成績，來自公司過人的營運效率，以及小心謹慎的風險分類。這樣的組合，讓保戶得以享有最低的保險價格。）

一九九五年時，波克夏用二十三億美元買下蓋可另一半股份（這是很高的數字，波克夏十九年前開始陸續收購的一半股份，只花了四千六百萬美元）。巴菲特提到吸引與留住好客戶的重要性，以及必須精算責任準備金及價格，不過，他強調關鍵在於帶來低保費的低成本：

> 我們的規模經濟，讓我們的財務城堡得以保有護城河，甚至加以拓寬。在我們擁有高市占率的地區，我們省下最多成本。在保單數成長、利潤也提升的同時，我們期待能連帶大幅降低成本。

巴菲特將蓋可今日的成功，歸功給奧沙・奈斯利。一九六一年時，十八歲的奈斯利加入蓋可，並一直待到一九九二年，他是波克夏旗下和公司共存亡超過五十年的老主管。巴菲特特別強調，奈斯利接手的公司僅擁有二%的市占率，沒有大幅成長，也未搖身一變成為產業龍頭。然而，在此同時，這間公司嚴守承保紀律，而且成本低廉。在奈斯利的領導之下，蓋可的生產力快速提升，例如在二〇〇〇年代初期，保單數量在三年內激增四二%（從五百七十萬增加至八百一十萬），但員工數減少三・五%，也就是說生產力（每名員工處理的保單）成長了四七%。

波克夏把旗下保險子公司的營運與投資活動各自分開，負責營運部分的奈斯利，代表波克夏子公司優秀的管理品質，然而在蓋可擔任數十年投資長的路易斯・辛普森〔Louis（“Lou”）Simpson〕也貢獻卓著。一九八〇至二〇一〇年間，辛普森採取由葛拉漢打下基礎、巴菲特發揚光大的原則，讓蓋可的普通股投資組合成長至四十億美元，績效驚人，平均年報酬率比標準普爾五百多一半，蓋可的財務實力如虎添翼。

蓋可所採取的商業模式，並非只是在商品市場上當低成本的生產者。公司精打細算的精神，影響了員工的工作動機，以及他們對待客戶的方式。蓋可的所有員工都能拿到慷慨的業績獎金，薪水依據兩個同等重要的條件計算：保單的有效成長，以及舊保單的利潤（不計算第一年的保單，因為行銷與初始成本，讓採取直銷手法的第一年保單無利可圖）。最後的總薪水可能很驚人，是底薪再加一七%至三二%，因此底薪七萬五千美元的員工，收入可輕鬆達到六位數。

蓋可的精打細算，是為客戶精打細算，例如公司把承保利潤上限定為四%。如果保費大幅超過支出與賠償金額，蓋可不會把錢放進自己的口袋，而會調降保費。這個策略並非出於無私的利他主義，而是為了吸引更多保戶，讓整體利潤得以提升，即使承保利潤的最高百分比受限也一樣。

蓋可的口號「幫你省下一五%以上的車險費用」，凸顯出公司以節約起家的商業模式。在奈斯利的領導下，蓋可積極行銷宣傳，廣告預算自一九九五年的三千三百萬美元，增加到二〇〇九年的八億美元。這個數字可能看起來相當大手筆，但想想看公司得到了什麼：在那段期間，蓋可的市占率，從一九九五年不起眼的二・五%，成長至今日的一〇%。市占率提升，帶來更多保費、更多浮存金及更多利潤，這三項在該時期全部增加為三倍。廣告預算成長，也讓蓋可的壁虎（編按：壁虎的英文gecko，讀音很像GEICO）吉祥物一夕之間暴紅。這隻壁虎在二〇〇〇年的公司廣告中首度出現，後來甚至四處出現在全國性的壁虎展中，協助數家動物園推廣野生保育觀念。

蓋可像是火箭燃料一樣，讓波克夏一飛沖天。蓋可原本是全國車險市場上的小咖，加入波克夏後，搖身一變成為市占率第二的大咖，而且尚有許多成長空間。不論未來是誰擁有或經營波克夏，保住蓋可都會是第一要務。波克夏讓蓋可永續經營，二〇一〇年，九十五歲的戴維森特別錄製一段影片，表示自己十分開心，他心愛的蓋可將永遠以波克夏為家。

蓋可永遠把心力放在協助客戶處理理賠事宜，榮登保險管理機關客訴最少的公司。蓋可信守自己的承諾——「真誠」是所有優秀保險公司的特色，也是波克夏的神聖誓言。不過，在保險這一行，最能看出真誠重要性的保險類別，並非汽車險等短期／低風險的保險。接下來要介紹的蓋可姊妹公司「全國產物保險」與「通用再保」，兩間公司所處理的長期／高風險保險，讓波克夏的財務實力如虎添翼。

精算正確費率，再承擔風險——全國產物保險

波克夏的真誠，也在全國產物保險（NICO）實事求是的精神中展露無遺。公司成立於一九四〇年，創始人為傑克・林華特與亞瑟・林華特兩兄弟（Jack and Arthur Ringwalt）。兩人擔任保險業務員時，發現兩家奧馬哈的計程車公司居然無法投保，決定自己開業提供這項服務。林華特兄弟的父親與叔叔，也是奧馬哈一帶的保險業務員，一家人為自家公司立下基本信條：「沒有糟糕的風險，只有糟糕的保險費率。」也就是說「只要保費夠高，有足夠的錢做必要的事，我們什麼都能承諾。」公司直到今天仍舊遵守著這個原則。

林華特兄弟依據自己的信條，接下其他保險業者不願接手的風險。傑克・林華特在幽默詼諧的自傳中，解釋這是賺錢最好的辦法，以他的例子來說更是如此，因為他的競爭者「朋友比較多，教育程度比較高，意志又比較堅決，人品也比較高尚」[3]。全國產物保險一開始便接下高風險類別的汽車險，後來又拓展承保範圍，替一杆進洞高爾夫球賽、馴獸師與電台尋寶遊戲辦保險。林華特兄弟很小心地計算機率，只有在精算出正確費率後，才會承擔風險。

一九六七年時，傑克・林華特希望出售全國產物保險，但也想繼續經營。巴菲特從兩人共同的朋友那裡，得知他想賣掉事業，並探聽到可能的價格。兩人見面時，巴菲特毫不猶豫就同意林華特提出的價格。林華特明白說出自己想賣公司的原因：「就算我不賣，我的遺囑執行人也會賣，我寧願自己幫公司挑新家。」

全國產物保險公司強調保單只是一個保證，各家業者的保證品質不一，但全國產物保險提供最高品質的保證，而一家保險公司要真誠，就得擁有能夠信守承諾的財力。保險業者的確會在合約裡做出承諾，不遵守將招來法律訴訟，以及監管機關的關切，然而契約不會保證保險業者如何對待保戶，有些公司的賠償是出了名的「曠日廢時」，或是會「跳票」，過度保證甚至可能造成破產。

到了一九八〇年代初期，全國產物保險憑著信念與過人財力，將事業拓展到幾樁基本的再保交易（後來隨即併入「波克夏海瑟威再保集團」），替「結構性理賠」（structured settlements）提供擔保。結構性理賠是指在很長一段時間，分期給付理賠金額。舉例來說，曾有某位受害者因意外而癱瘓，行動能力受限，獲得的理賠是終身每月可領五千美元。承保的保險公司必須具有完全的可信度，受害者才會接受時間這麼長的理賠方式，而全國產物保險

3 參見Jack Ringwalt in *Tales of National Indemnity Company and Its Founder*, as quoted in Roger Lowenstein, *Buffett: The Making of an American Capitalist* (New York: Random House, 1995)，此書提到傑克的自傳「呈現出保險業不為人知的一面，詼諧逗趣」（第一三三頁）。

公司正是靠著替保險業者提供擔保，找出利基市場。公司提供無與倫比的保障並兌現承諾，永遠按時支付理賠金。

全國產物保險透過今日的「波克夏海瑟威第一集團」，在一九八五年增加特別風險部門，承保保費成比例的大型特殊風險——若職業運動員因故終身殘疾、搖滾明星得到喉炎，或是奧林匹克、世界盃等國際運動賽事因故中斷，皆可獲得理賠。全國產物保險在業界的保險週刊上，為特別風險部門打廣告，宣布自己正在尋找保費至少達一百萬美元的風險（換算成今日幣值，超過兩百萬美元）。該則廣告吸引了六百則回覆，帶來超過五千萬美元的保費——這除了是一場成功的行銷，五年內也被證明是同樣成功的承保模式。

全國產物保險公司專門承保其他人不願意或無力接手的案子，例如造價數十億美元的人造衛星，或是Grab.com遊戲公司、百事可樂及其他企業客戶贈送數百萬美元獎品的競賽。二〇一四年時，快速貸款公司（Quicken Loans）舉辦贈獎活動，提供十億美元的獎金，民眾只需要從六十四支隊伍中，猜中哪一隊會贏得二〇一四年全美大學體育協會（NCAA）的籃球錦標賽——機率是一千兩百八十億分之一。二〇〇一年發生九一一恐怖攻擊後幾個月，全國產物保險公司承保大量的恐怖主義保單，接下數家跨國航空公司的十億美元保單、一家海外鑽油平台的五億美元保單，以及芝加哥摩天大樓地標「西爾斯大廈」（Sears Tower）的大量投保項目。

全國產物保險公司持續成長的金融勢力（有優質的有價證券撐腰），讓公司成為「災難損失保險」（catastrophic loss policy，業界術語是ＣＡＴ，也就是「catastrophic」一字的縮寫）的市場領導者，這類再保合約的購買者，是原保險人以及部分再保人。發生颶風或龍捲風等單一重大事件時，可能導致同一時間的大量保單理賠，讓保險公司陷入窘境，而再保險可以提供保障。

相較於其他保險業者，全國產物保險更有能力銷售CAT保單，部分原因是公司財力驚人，此外，波克夏看重長期經營的態度也是原因之一，波克夏不在乎全國產物保險及旗下其他子公司的年度財報波動。相較之下，競爭者則十分在乎和前一年相比的穩定盈餘。全國產物保險享有的這兩大優勢，讓公司得以承保數字驚人、競爭對手不可能接手的保單。除此之外，全國產物保險挑選客戶時十分謹慎，拒保率超過九八％。

波克夏的CAT保險事業，全靠亞吉特・詹恩從無到有、一點一滴建立起來，多年來他負責波克夏海瑟威再保集團的所有業務。巴菲特常在波克夏的年報中，再三地大力讚揚他：

有詹恩，我們就有聰明的保險人才，得以嚴格計算大部分的風險。他讓我們採取實事求是的態度，不去碰他無法評估的風險。他還讓我們在保費數字適當時，有勇氣承保高額保單。保費數字不適當時，他讓我們嚴守紀律，不去碰那樣的保單，就算幾乎沒有風險也一樣。這種能力出眾的人才很難找，一般人只要有他的一項能力，已是難能可貴。

全國產物保險公司帶動波克夏數十年的成長。巴菲特從林華特手中買下公司四十年後，寫道：「要是沒有全國產物保險公司，波克夏今日的價值大概只有一半。」全國產物保險公司的承諾神聖不可侵犯，它的財務堡壘讓自己得以守住源遠流長的承諾，以適當的價格保障所有風險，而客戶也願意為了這份真誠掏錢。

展現真誠，說到就做到——通用再保

通用再保的主要業務是再保險，也就是替其他保險業者的部分保單提供擔保的保險。二〇〇八年一團亂的金融危機，讓保險業者大受打擊。巴菲特表示：「再保業務是長期的保證，時間有時長達五十年以上。過去這一年，讓客戶再次複習一條金科玉律：承諾只是空話，重要的是那個做出承諾的人或機構。」

換句話說，真誠是再保業者最重要的特質，也就是鐵了心要實現已經做出的承諾。真誠的本質是真心誠意，這是一種「說到做到」的傳統美德。通用再保和全國產物保險一樣，承保奇特的大型風險，保單期限長達數十年。公司做出重大又長久的承諾，一諾千金，它能提供的承諾讓公司擁有護城河。良好的理賠紀錄增加了兩間公司提供的承諾的價值，將真誠這種無形的特色，轉化成可量化的財務利益。

波克夏一九九八年購併的通用再保，公司史可回溯至一九二一年兩家合併的挪威企業。在通用再保辛勤耕耘時，當時有許多美國人認為，再保只不過是賭博式的投機行為。然而，通用再保率先將再保的概念帶進美國，以穩健原則改變人們的觀念，而穩健也成為通用再保的標誌：公司只接受符合嚴格標準的保險業務，風險經過量化，可以換算成適當的保費。此外，公司只投資高品質、低風險的資產，而且有數量超過法規要求的大量準備金，能同時應付數場巨大災難。

一九七〇年代時，通用再保的成功例子引來競爭者。此外，大型企業也紛紛成立專門承保自家業務的附設保險公司，保護母公司免於財產損失。通用再保的業務量和利潤因而下滑。公司為了挽回頹勢，失去以往的自制，收購一家「原保險公司」（primary insurer，譯註：將風險分散給再保公司的分保人），結果很快就遇上保險公司涉足新事業時會嚐到的苦果，最後放棄收購。當時的主管解釋，保險「不適合追逐利益的獵犬。從某方面來說，保險是依賴災難生存的行業。在這樣的一個行業，什麼都是假的，只有生存是真的。」

到了一九九〇年代時，全球化的浪潮以及金融產業的成長，再次威脅通用再保的傳統模式。通用再保為了因應危機，仿效其他全球性的大型保險業者，將業務拓展到金融產品與資產管理。一九九四年時，通用再保買下德國科隆再保公司（Cologne Re）七五％的股份。科隆再保是全球第五大再保業者，也是歷史最悠久的業者，可回溯至一八四六年。美國方面，通用再保則於一九九六年收購國民再保公司（National Reinsurance Corporation, National Re），這是排名前二十大的再保業者，而且和通用再保一樣，堅守穩健做法，主要的服務對象為小型企業。

一九九八年十二月時，波克夏以兩百二十億美元的波克夏股票，買下通用再保。當時通用再保持有的科隆再保股份，已達八二%。對於波克夏以及保險產業來說，波克夏買下通用再保是一個轉捩點，這樁購併案被視為保險業十年來最重大的事件，波克夏一舉成為再保產業的龍頭。購併案帶來的後續結果，還包括波克夏一八%的股份轉由新股東持有（雖然許多人出售了自己的股份），通用再保的執行長羅納德・弗格森（Ronald E. Ferguson）也被邀請加入波克夏董事會（雖然他拒絕了）。波克夏被通用再保穩扎穩打的名聲，以及誠信與真誠所吸引。

波克夏表示，自己沒能力讓通用再保與科隆再保的再保事業更上一層樓，但給通用再保的管理階層最大的自由，讓他們全權運用波克夏的力量。通用再保先前是獨立公司時，自由度受限，因為它們肩負不能讓盈餘波動的壓力。公司有時由於害怕會出現巨大損失，導致財報結果大幅波動，造成客戶、股東與分析師不安，因此不得不拒絕不錯的機會。波克夏提供的資本，以及強調長期經營的視野，則讓通用再保免於這類壓力，得以依據提案的優劣做決定，無需屈服於外界要求短期獲利的壓力。

巴菲特多年前就認識通用再保的執行長弗格森，波克夏與通用再保往來密切，通用再保還曾在一九七六年時出手相助，讓蓋可起死回生。然而，巴菲特與弗格森不知道的是，波克夏買下通用再保時，通用再保的準備金與承保原則，已經出現鬆動，準備金不足以應付全部的承保風險。承保人利用較低的準備金數字，設定新保單的價格，結果損失超過了保費營收。此外，保險人員受理了應該拒絕的保單，經常過度承擔特定風險，誠信理念打了折扣。

一九九九至二〇〇一年間，通用再保集團的承保損失，增加到六十一億美元，那意味著浮存金將使波克夏虧錢。巴菲特花了兩年時間，才發現問題日趨惡化，因為承保後要過一段時間，才會逐漸理賠。二〇〇一年的九一一恐怖攻擊事件，使得通用再保的公司文化問題曝光，例如公司過度承保核子、化學與生物風險。損失之高，問題之嚴重，要不是有波克夏當靠山，九一一的鉅額理賠費用，恐怕會讓通用再保關門大吉。

九一一事件即將發生前，巴菲特撤換弗格森，讓才華洋溢、四十三歲的通用再保主管喬瑟夫・布蘭登（Joseph P. Brandon）走馬上任，並提拔在公司長期擔任核保經理、四十五歲的富蘭克林・蒙垂斯〔Franklin（"Tad"）Montross〕為總裁。巴菲特授權讓兩人以最快速度矯正過去的錯誤，讓通用再保重返過去的穩健原則。兩人亡羊補牢的措施，包括依據浮存金的成長率與成本，制定獎勵計畫。當時的補救計畫，成為通用再保今日最重要的評估標準。

通用再保度過幾年艱困的歲月後，重返榮耀，保住自己的AAA評級（二〇〇三年時，只有兩家保險業者拿到AAA，一家是通用再保，一家是全國產物保險）。通用再保成為波克夏最大的浮存金來源，二〇〇七年達到二百四十億美元，顯示公司已經回歸原本的嚴格承保方式，採取穩健的準備金原則，謹慎選擇業務與客戶，真誠再現。通用再保的故事，讓人看到堅守真誠原則的必要性。

然而，通用再保的文化，立即在一場全國性的產業爭議做法調查中，再次遭受考驗，公司的優良傳統、領導能力與應變能力，也再次面臨挑戰。當時保險業者為了各種會計與營運目的，替彼此發明了晦澀難懂、名為「有限保險」（finite cover）的保單，例如承保足額的損失準備金。早在二〇〇三年，維吉尼亞州的保險市場監督管理者，就質疑過與通用再保有往來、今日已歇業的美國互惠再保公司（Reciprocal of America）的做法。通用再保與維吉尼亞州的保險主管機關合作，提供資料、公開帳冊，讓其他各州的有關單位及聯邦層級的證券交易委員會查帳。

有關單位查帳時，發現二〇〇〇年十月三十一日的一通電話紀錄。通話雙方是弗格森與保險金融公司AIG（American International Group）的董事長莫里斯・格林伯格〔Maurice R.（"Hank"）Greenberg〕，AIG是通用再保的大客戶。格林伯格解釋，AIG某子公司近日曾賠償高額的災難險，因此AIG希望補充自己的準備金。他建議AIG與通用再保交換部分保單風險，讓AIG能增加準備金。

弗格森派通用再保的兩名資深保險人員，處理這筆交易，兩人以及其他幾位同事開始協商，然而在過程中，這筆交易和其他的AIG／通用再保的交易混在一起，對外部觀察者來說，似乎沒有發生任何風險轉換。也就是說，AIG沒有資格增加準備金，如果是這樣，這筆交易看起來是詐騙。檢察官對弗格森、數名通用再保經理、一名AIG職員，提起刑事訴訟〔格林伯格並未在此案被提起刑事訴訟，但有長達十年的時間，身陷紐約總檢察長艾略特・思必策（Eliot Spitzer）提出的民事訴訟中〕。

兩名通用再保經理很快進入認罪協商，坦誠詐欺，作證指認其他牽涉此案的人士，以求減輕刑期。弗格森和其他人的案子則延宕六年，二〇〇七至二〇〇八年間，進行陪審團審判，後來又上訴。陪審團在二〇〇八年二月判定有罪，但上訴法院在二〇一二年六月推翻相關判決。政府後來選擇和解，每名員工罰款十萬至二十五萬美元。

有關單位依據此類案件的標準做法撒下法網，二〇〇五年時美國證券交易委員會通知布蘭登，他們也在調查他和此事的關聯。布蘭登向弗格森報告，另一名被調查的對象則向布蘭登報告。布蘭登和證交會合作，並未尋求豁免。二〇〇八年二月時，政府單位受到陪審團短暫的有罪判決鼓舞，覺得占了上風，在三月與四月初時，力促巴菲特解雇布蘭登。

這股壓力令人支撐不住——而且似乎不太公平。檢察官握有「法人刑事責任」（corporate criminal liability）這個強大武器，有關當局只須提出員工是在工作期間犯罪的可信指控，就能要求法人為員工所犯的罪負起刑事責任。這令人聯想到所羅門兄弟公司的案件，依靠信譽做生意的企業，特別是通用再保（與波克夏），若被起訴，可能會引發軒然大波。

檢察官理應避免使用這個粗暴手段，特別是不該用法人刑事責任，來壓迫公司在未循正當法律程序的情形下開除員工。舉例來說，檢察官若施加壓力，讓公司不再承諾為員工的官司辯護提供資助，這種做法已經侵犯了員工受憲法保障的權利。然而在實務上，檢察官不一定會受到約束。

市場對於布蘭登被解雇沒有太大反應，部分人士認為勢不可免。這場官司為通用再保蒙上一層陰影，除了解雇執行長，沒有什麼更好的方法，能減緩公司的緊張情勢。觀察家同意布蘭登是個好主管，認為他靠著嚴格的標準與控管，讓通用再保回歸謹慎行事的傳統。此外，觀察家也知道，接下執行長位置的蒙垂斯長期輔佐布蘭登，他證明了通用再保的確人才濟濟。

蒙垂斯接受本書訪談時提到，今日他的營運方向強調承保利潤，他深信承保紀律深植於通用再保的ＤＮＡ。和通用再保的夥伴一同檢視季報時，他提醒大家，通用再保「沒有退出的策略」——通用再保和波克夏一樣，時間期限定為永遠。今日的通用再保和二十世紀初的通用再保一樣，極度認真地看待承諾，並準備好加以實現。

通用再保／全國產物保險與蓋可的商業模式，可說是南轅北轍：蓋可的永續競爭優勢（也就是公司的「護城河」）是壓低成本，所有省下的錢幾乎回饋給客戶；通用再保與全國產物保險的護城河，則是頂級服務、頂級收費、衝高利潤。然而，「精打細算」與「真誠」是這三間公司共通的特質——波克夏旗下其他數十家小型保險業者也是一樣。

波克夏二〇〇五年購併醫療過失保險業者「醫療保障公司」時，巴菲特就特別提到「精打細算」與「真誠」兩項特質，他說醫療保障公司擁有「波克夏旗下所有保險公司都擁有的優秀態度：承保紀律比什麼都重要，勝過其他目標。」[4]巴菲特寫道，醫療保障公司努力遵守承諾，「讓醫生不會因為自己的保險業者無能，而面臨曠日費時的索賠。」

「精打細算」並非波克夏的保險子公司獨有的特質，其他領域的子公司也都遵循這個原則。其他把「節約」當成護城河的波克夏子公司，包括內布拉斯加家具城、家具零售商威利，以及其他家具連鎖店。波克夏旗下製造地毯的蕭氏工業、內衣廠商鮮果布衣、工具製造商ISCAR/IMC，這三家波克夏前十大的子公司，也擁有相同的特質。此外，「真誠」這項特質也非波克夏的保險事業所獨有，波克夏旗下所有事業都堅持這個信念，下一章談信譽的時候會再進一步解釋。

4 波克夏其他的小型保險事業中，有三家特別具備創業精神：美國船公司（Boat America Corporation或Boat Owners Association of the United States）對船隻擁有者來說，就像是車主的AAA美國汽車協會，提供船隻保險等服務；應用承保公司結合發薪服務與勞工賠償保險；堪薩斯金融擔保公司則直接連結美國十多州的數百家銀行業者。波克夏旗下的家鄉公司與看守保險公司，服務小型企業，另外兩家保險公司，則服務家族企業，一家替失能或失業人士付每月的信用卡帳單（中州保險公司），一家承保「不正常風險」（美國責任保險集團），保險行話稱之為「超額與過剩保險條款」（excess and surplus lines）。

CHAPTER 5

信譽

誠信不但是美德，
也會帶來實質好處

靠信譽安然度過金融危機——克萊頓房屋

二〇〇八年美國爆發金融危機，不動產業難辭其咎。業者向弄不清狀況、拿不出錢的屋主，大力推銷不負責任的貸款。這種不當的做法被揭露後，眾多銀行與金融機構倒閉，數百萬棟房屋遭到查封。在受害最深的活動組合屋產業（manufactured housing）[1]，唯一逃過一劫的業者，是波克夏的子公司克萊頓房屋。這個優等生的例子，證明了「信譽」能帶來財務上的好處。

克萊頓房屋的創始人詹姆士・克萊頓生於一九三四年，父母是美國田納西州的小佃農，一家人住在沒水沒電的小木屋裡。克萊頓當過童工，負責驅趕用木犁耕棉花田的農場騾子，一天賺二十五美分。他把打工的錢存起來，十二歲時買下一塊棉花田。

克萊頓高中畢業後，到田納西州的曼非斯（Memphis）念大學，白天利用沒課的空檔兜售吸塵器，晚上則在酒館表演吉他，後來又轉學到田納西大學諾克斯維爾分校（University of Tennessee in Knoxville）念工程，在此同時還和哥哥喬（Joe）一起經營二手車賣場。由於他平日在地方電台節目上表演，認識鄉村音樂明星桃莉・巴頓（Dolly Parton），因此在諾克斯維爾一帶小有名氣。

克萊頓兄弟在一九五八年頂下富豪汽車（Volvo）分店，一九六〇年又成為美國汽車（American Motors）經銷商。然而兩家店都經營不善，以破產黯然收場。克萊頓到法學院進修，一九六四年取得田納西大學諾克斯維爾分校的學位。畢業時，他幫各奔東西的同學賣掉念書時期住的活動屋，具有創業精神的他因而獲得另一個做生意的點子，這次他想開組合屋大賣場，向銀行貸款兩萬五千美元，一九六六年時再次開創新事業。

當時市場景氣熱絡，活動屋的點子十分順利。克萊頓創業的頭幾年，平均一天可賣掉兩棟房子。銷售佳績讓他更進一步，乾脆自己製造房屋，靠壓低成本以及高存貨週轉率，讓獲利節節高升。一九七四年時，他除了自行製造與販售移動式房屋，還成立也十分成功的子公司「范德堡抵押融資企業」（Vanderbilt Mortgage & Finance, Inc.），提供客戶融資服務，後來，克萊頓房屋一躍成為全美最大的低收入戶借貸機構。

一九八三年時，克萊頓出售公司兩成股份，克萊頓房屋在紐約證交所上市，「首次公開募股」（IPO）。上市時，克萊頓房屋的市值為五千兩百五十萬美元，克萊頓拿到一千零五十萬。接著股價迅速一飛沖天，公司總市值達到一億兩千萬美元，克萊頓個人持有的股份價值九千五百萬美元——兩年前，鑑價結果只有七百五十萬而已。後來克萊頓評論道：「這下明白了吧！為什麼那麼多創業者都夢想讓公司上市。」

在接下來的歲月，美國房地產進入不景氣的時期，「奧克伍德房屋」（Oakwood Homes）與「弗利特伍德企業」（Fleetwood Enterprises）等產業巨頭都遭受打擊。克萊頓對抗經濟衰退

1 譯註：先在工廠製造組裝，再移到建地的房屋。

的方式，是緊盯客戶的財務狀況。他的客戶多是藍領工人與退休人士，一個月最多只還得出兩百美元的貸款。克萊頓用這個數字回推，依據客戶負擔得起的預算來蓋房子與提供融資。

一九八七年時，克萊頓將垂直整合的精神發展到極致，在德州打造公司第一個活動屋社區，並很快在密西根、密蘇里、北卡羅來納、田納西各州仿照辦理。一九八九至一九九二年間，克萊頓房屋每年都名列《富比士》（*Forbes*）雜誌的全美最佳小型公司，擁有傲人的十間廠房、一百二十五家直營店，以及三百二十五家獨立經銷商，足跡遍布全美一半的州。

克萊頓房屋在一九九〇年代繼續順利地全方位發展，廠房與經銷商數目持續增加，房屋銷售與融資事業帶來的營收也不斷攀升。一九九六年時盈餘連續十六年破紀錄，隔年營收更是突破十億美元大關。公司不斷成長，不斷擴張版圖，並收購地方上原有的活動屋社區。一九九八年時，克萊頓房屋一共擁有七十間社區，客戶數達一萬八千九百戶家庭。

一九九九年時，克萊頓房屋躋身《富比士》全美四百大企業，克萊頓在這一年把執行長的位置交給兒子凱文（Kevin）。隔年美國經濟開始走下坡，活動屋產業陷入困境，在接下來的十年，情況持續惡化。克萊頓房屋的對手不斷裁員、大量關閉廠房，不過，克萊頓房屋卻得以盡量維持原有的規模。成功的垂直整合帶來各式各樣的收入流，為時十年的不景氣並未影響公司的獲利。

克萊頓房屋向來嚴格審查購屋者與融資人的財務狀況。克萊頓嚴詞批評同業靠著頭期款與優惠條款的遊戲，過度放款，克萊頓房屋的文化則不允許那樣的做法：

克萊頓房屋絕不從事這種破壞自身信譽的行為，不論現在或未來，都無法容忍不道德的行為。我們目前每年出售超過十億美元的抵押貸款證券，而投資人從不曾見過貸款人，也沒看過抵押品。我們的公司享有眾多股東、投資人、供應商，以及八千名團隊成員的信任，他們的信任十分重要。我們永遠認真看待公司的信譽與誠信。

波克夏在二〇〇三年時，偶然碰上收購克萊頓房屋的機會。巴菲特每年都會在奧馬哈接待數十個學生團體，其中田納西大學的財金教授阿爾伯特•歐希爾（Albert L. Auxier）從不缺席。他的學生和巴菲特見面時，永遠都會帶著禮物。二〇〇三年那一年，他們恰巧送了克萊頓新出版的自傳《夢想第一》（*First a Dream*）。巴菲特聽過克萊頓這個人，也聽過他的公司，先前波克夏曾投資克萊頓對手的債券，結果令人失望。波克夏那次投資的奧克伍德房屋公司，採取可疑的消費性金融（簡稱消金）放貸手法，直到破產後才被揭發。

二〇〇三年四月，波克夏提出收購克萊頓房屋的條件，價格比克萊頓先前幾個月的平均市價高七%。許多克萊頓房屋的機構投資人反對這筆交易，部分人士還告上法院。在此同時，博龍資產管理（Cerberus Capital Management）也通知克萊頓房屋的管理階層，自己有意出價。最後，克萊頓延了六個月才進行股東投票，最終同意由波克夏提出的購併案。同年，克萊頓房屋抓住擴張機會，買下當時已破產的奧克伍德房屋名下許多資產。

二〇〇〇年年初，組合屋市場強強滾，一般業者為了促銷，貸出不該貸的款項，把資金交到不該買房的人士手上。克萊頓房屋不同於競爭者的地方，在於放貸部門不輕易放款，也不利用顧客的天真。克萊頓表示他的公司之所以與眾不同，原因在於他們在銷售與信貸之間維持著一道「聖牆」，而競爭者沒有。

房屋產業的問題在二〇〇八年的金融危機期間現形，提供克萊頓大好機會。二〇〇八年之前，克萊頓房屋靠謹慎的放貸標準成長，並因此取得良好的房貸投資組合。二〇〇八年之後，在冠軍公司（Champion）等主要對手全部搖搖欲墜時，克萊頓異軍突起。克萊頓的客戶有多少實際收入，就付多少貸款，只有在收入足以支付時，克萊頓才放款。相較之下，克萊頓的競爭者則計算長期的付款能力，用低利吸引客戶上門，提供一開始極低、接著便逐步攀升的還款利率。

結果，在金融危機造成哀鴻遍野時，克萊頓卻可安然度過風暴。投資人若購買克萊頓放出去的貸款，或是經過再包裝出售的證券，本金與利息絲毫無損，業界感到難以置信。克萊頓與波克夏趁勢抓住機會，原本在一九九九年時，組裝式房屋最大的製造商是冠軍、弗利特伍德與奧克伍德房屋，三家公司加總占了近半的產量，克萊頓排名第四。二〇〇九年時，三大業者分崩離析，克萊頓買下弗利特伍德與奧克伍德房屋大量資產，還買下其他數家對手，一躍成為產業龍頭。組裝式房屋的房貸證券投資者損失大筆金錢的同時，業界領導者克萊頓房屋則讓人看到了：誠信除了是美德，還有實質的好處。

以創新手法服務客戶——喬丹家具

喬丹家具公司每年每平方呎售出九百五十美元的家具，為業界平均銷售額的六倍。喬丹一年十三次的存貨週轉率，更是一般家具零售業者的許多倍。喬丹家具成功的秘訣，在於人人都知道喬丹提供獨特的客戶服務，公司巧妙地將無形的價值，轉換成實質的利潤。

喬丹家具的歷史可回溯至一九二〇年代，創辦人是山謬・泰勒曼（Samuel Tatelman）。泰勒曼先是在波士頓一帶，開著卡車四處兜售家具，幾年後又在波士頓中產階級聚集的沃爾瑟姆（Waltham）郊區開店，兒子愛德華（Edward）不久後也到店內幫忙。這家小店靠著做當地人的生意，以及在沃爾瑟姆的地方報打廣告，小本經營。在愛德華掌管公司的時期，員工頂多十幾個人。

然而，一九七三年時，愛德華把生意交給貝瑞（Barry）與艾略特（Eliot）兩個兒子。兄弟倆積極拓展客源，先是在電台打廣告，接著又上電視，自己擔任廣告代言人，靠個人魅力吸引顧客，上門的民眾感覺自己像是去朝聖名人。

一九八三年時，由於位於沃爾瑟姆的本店生意興隆，喬丹家具又在新罕布夏州的納舒厄（Nashua）開設新分店，地點靠近麻州邊界。一九八七年時，貝瑞與艾略特兄弟在麻州的雅芳（Avon）開設今日的旗艦店，盛大的開幕儀式吸引大批人潮，據說附近的二十四號公路，經歷了史上塞車最嚴重的一天。兄弟二人特地到地方電台呼籲大家別再前往，結果當然是引來更多人潮。

喬丹家具以創新的手法服務顧客，除了貨色齊全、價格實惠、馬上送到家之外，還提供「購物者的娛樂」（shoppertainment）。舉例來說，雅芳店的顧客可以坐在店內有四十八個座位的電影院裡，觀賞高四十呎（約等於十二公尺）螢幕上的飛行模擬影片。喬丹家具的內蒂克（Natick，位於麻州）分店，則布置成紐奧良風格，顧客可以徜徉在古法國區的波旁街（Bourbon Street），享受遊艇風光，還能參加懺悔節（Mardi Gras）的多媒體狂歡慶典，各年齡層都能玩得盡興，但最重要的是適合全家大小同遊。年輕爸媽在選購家具的時候，難以兼顧一旁感到不耐煩的孩子，喬丹家具提供娛樂，吸引孩子的注意力，讓父母得以好好購物。顧客滿意度上升，銷售也跟著扶搖直上。

此外，喬丹家具也以奉獻社區聞名，公司慷慨支持公民與慈善組織，對象包括協助永久安置孤兒的「麻州領養資源交換機構」（Massachusetts Adoption Resource Exchange），以及接濟窮困家庭的「麵包工程」（Project Bread）。喬丹家具讓眾人一起奉獻社區的方式，要求店內享受飛行模擬電影的客人捐錢，接著再把那筆錢捐給慈善機構。

在業界的口耳相傳之下，巴菲特得知喬丹家具這家企業。過去幾年間，每當他請波克夏旗下家具店的經理推薦業界人士，眾人的回答都是泰勒曼兄弟。巴菲特一九九九年同意買下喬丹家具時，特別強調在員工、顧客與社區的心中，艾略特與貝瑞的名聲「無與倫比」。

泰勒曼兄弟依據公司與波克夏的交易條件，將出售公司的部分收益，分給喬丹家具的員工，依據在公司服務的時間來計算，每位員工每小時至少能拿到五十美分。兩兄弟最後一共發出九百萬美元的紅利，老員工一夕致富。

喬丹家具不斷擴張，不斷加強自己的宣傳手法。公司在麻州的雷丁（Reading）開設大型分店後，收掉沃爾瑟姆早已跟不上腳步的創始店。雷丁分店除了提供巨大的商品展示廳，還有3D立體IMAX電影院。艾略特依舊親自上場幫公司打廣告，他把一頭長白髮梳成馬尾，看起來像是舊日的搖滾明星；他是地方上的名人，在顧客間人氣很高。喬丹家具無與倫比的顧客服務，果然獲得回報。

企業文化也可能不堪一擊——班傑明摩爾油漆

「誠信」這種價值會每年利滾利，但也可能一夕之間風雲變色，班傑明摩爾油漆公司便曾嘗過這種苦頭。

一八八三年，班傑明摩爾油漆成立於紐約的布魯克林區（Brooklyn），創辦人是當時二十七歲的班傑明・摩爾（Benjamin Moore），以及他四十三的哥哥羅伯特（Robert）。摩爾曾經聲明自己做生意的幾大原則：

一、童叟無欺，誠信至上。

二、不行賄、不欺騙，只賺該賺的錢。

三、推銷產品時不花言巧語，讓顧客認清產品真正價值，而且永遠盡力讓公司產品維持最高水準。

四、節約但不吝嗇。靠聰明頭腦勝出，但要秉持誠信精神。

班傑明摩爾油漆奉行「自始至終維持品質」（quality, start to finish）的理念，並靠高價維持品質，即使必須犧牲市占率也在所不惜。摩爾兄弟為了維護自己對於品質的信念，選擇由獨立經銷商販售油漆，其他油漆商則以五金行為銷售管道，或是透過零售商的自有品牌銷售產品，或者油漆商自行開設零售店。班傑明摩爾油漆公司則堅持只透過合格的經銷商進行獨家販售，經銷商也努力做到自己的承諾，大力推廣班傑明摩爾牌的油漆。

班傑明摩爾油漆最有名的是產品安全而且環保。公司一九四〇年代的部分成長，來自研發乳膠漆等更持久、更環保的油漆。一九六八年時，班傑明摩爾的油漆便不再添加鉛——不但領先法規，還避開接下來數十年使對手陷入官司的纏訟[2]。一九七〇年代時，美國通過《職業安全與衛生法》（Occupational Safety and Health Act, OSHA），班傑明摩爾油漆開始研發依據顏色分類的塗料，以因應新標準。

班傑明摩爾油漆讓環保成為行銷利器，例如在一九八〇年代，美國聯邦機構開始執行限制排放有害「揮發性有機物」（VOCs）的新規定，班傑明摩爾依據全美各政府單位執行的規定，量身打造不同油漆。一九九二年時，公司成立油漆檢驗廠，測試產品是否符合環保標準，並成立全部人員都要加入的訓練中心，促進環保效能。在一九九〇年代的十年期間，公司領先業界，致力於達到最高的環境、健康與安全標準。舉例來說，公司一九九九年推出的室內壓克力樹脂乳膠漆「太古生態規格」（Pristine Eco-Spec）產品，不會揮發有害的揮發性有機物。這種可靠的產品不但有很高的顧客需求度，民眾也願意多付一點錢購買它。

班傑明摩爾油漆以永無止境的努力，展現公司的誠信傳統。他們改善旗下經銷商的地位，吸引新的創業者進入這一行。一九六〇年代時，公司提供融資管道，給少數族裔的創業者，協助他們取得經銷權（當時約為二十萬美元）。到了一九八〇年代，公司又提供融資服務給經銷商，幫助他們購買電腦化的分色系統。由於班傑明摩爾油漆長期支持社區投資計畫，一九九二年洛杉磯發生族裔事件時[3]，他們獲得眾人讚揚。公司強調所有的相關計畫並不是利他主義，而是為了促進公司的營運。

二〇〇〇年時，班傑明摩爾油漆的董事面臨公司的整併議題，考慮是否收購或合併其他公司，或者要出售公司。董事門德罕姆（他是所羅門兄弟發生債券交易醜聞後，巴菲特指定的法務長）自請致電巴菲特。班傑明摩爾油漆公司是波克夏偏好的收購類型，巴菲特提出：

2 聯邦當局於一九七〇至一九九〇年代初期，致力於減少含鉛油漆的使用。

3 譯註：當時美國警察被控過當使用武力，引發一連串波及非裔、拉丁裔與亞裔的暴動事件，造成數十人死亡。

由波克夏以現金十億美元買下班傑明摩爾；班傑明摩爾的董事會要求門德罕姆提高價格，但門德罕姆解釋此舉將徒勞無功。不過，波克夏答應班傑明摩爾加入波克夏後，可以維持公司上溯至十九世紀的一貫政策，依舊只透過數千家獨立經銷商銷售。獨立經銷商是班傑明摩爾的寶貴事業資產，經銷商為了自己的生計，一生的心血都放在自己代理的品牌。

二〇〇七年七月，巴菲特提拔長期擔任班傑明摩爾副總裁的丹尼斯·亞伯拉罕（Denis Abrams）為總裁。那年夏天有人問亞伯拉罕，七年前波克夏買下班傑明摩爾後，公司有什麼不同？亞伯拉罕回答：「沒什麼不同」，公司依舊固守「歷史與傳統」，因為「波克夏不會規定營運部門該如何經營公司」。接著亞伯拉罕被問到，波克夏的子公司主管「搞砸」時會發生什麼事，亞伯拉罕說他不清楚，因為從未發生這種事。

然而，不到一年，事情就開始變得不同了，五年後，對於巴菲特碰到波克夏主管搞砸時，會有什麼反應，亞伯拉罕將有第一手經驗。二〇〇八年年初開始的經濟不景氣，帶來突如其來的打擊，民眾不再那麼常改善居家環境，班傑明摩爾油漆的銷售暴跌，營運出現困難。公司的因應方式是裁員，包括解雇數名資深銷售主管，此外，薪水凍漲，銷售佣金被砍，預算也減少；公司市占率下滑，員工士氣也跟著一蹶不振。

有人認為一切都是波克夏的錯，因為班傑明摩爾的高階主管靠著犧牲員工，達到獲利目標，坐領高薪與獎金。一個常見的抱怨是，波克夏每年自班傑明摩爾油漆拿走一億五千萬美元，無視於二〇〇八至二〇一二年中期，公司沒有任何的季度銷售成長。然而，班傑明摩爾在十年間皆有獲利，營收穩定，母公司這樣的抽成其實還算合理，特別是考量經理人對股東的責任。

亞伯拉罕試圖從經銷管道下手，來挽救公司，要求銷售人員說服經銷商成為獨家代理人。據說他容許強勢做法，包括威脅經銷商公司，將在他們附近開直營店搶生意。有的經銷商則抱怨進貨的融資條件被提高，或是必須為了從不曾出現的廣告繳交廣告費。

這樣的手段違背班傑明摩爾油漆的傳統，最後，亞伯拉罕因為與大型連鎖店洽談生意而下台。與連鎖店合作一事，在二〇一二年六月傳到巴菲特耳中，有的已成交，有的尚待協商，巴菲特告知亞伯拉罕不能這麼做，因為這麼做違反了波克夏承諾班傑明摩爾經銷商的獨家販售權。亞伯拉罕當時正在和大型連鎖業者勞氏公司（Lowe's）洽談，他告訴巴菲特，為了重振成長動能，搶回市占率，沒有轉圜的餘地。巴菲特立即撤換亞伯拉罕，並指派羅伯特・梅利特（Robert Merritt）走馬上任，迅速安撫軍心。

梅利特的第一步是讓班傑明摩爾回歸傳統。觀察家肯定他的努力，認為他讓公司和經銷商重新回到從前的關係。不過，梅利特也很快就下台，因為一連串的謠言指出他有性別偏見，公司的資深經理間私下流傳著笑話。巴菲特為了強調班傑明摩爾油漆面臨的重要議題，宣布梅利特的職位由席爾斯接任。巴菲特說自己「了解獨立零售商的重要性」，「致力於我們已經訂下的策略，以及我們對眾多經銷商許下的承諾。」

要推翻一百三十年的傳統並不是件易事，然而班傑明摩爾油漆讓人看到，企業文化等無形的價值是如此脆弱得不堪一擊。班傑明摩爾公司內部文化的維護者，反而是一直相信公司的眾多經銷商。忠心耿耿的經銷商金姆・費里曼（Kim Freeman）表示：

過去十年，我一直是班傑明摩爾油漆的加拿大經銷商，我衷心盼望波克夏與巴菲特先生能讓公司重返最初的原則，我們是努力深耕利基市場的第一線銷售人員，公司必須待我們為事業夥伴，而不是在追求更大市占率的同時，把我們視為犯了錯就得管教或趕出門的孩子。要增加市占率，靠的是前線人員。如果公司認為我們和班傑明摩爾的成功休戚與共，我們可以讓公司成長，可以貢獻社區，可以提供良好的（投資報酬率）。最近我們失去了幾位班傑明摩爾最優秀的同仁與經銷商，雖然我明白天下沒有不散的筵席，但我真的希望我們能重返正軌。

班傑明摩爾油漆過去的輝煌歷史，以及近日陷入的困境，讓人看到價值觀可能因種種原因而遭受打擊。這次班傑明摩爾面臨的兩難，是既要對經銷商忠誠，又要追求獲利成長。然而費里曼的看法是對的，班傑明摩爾油漆可以調和相互衝突的價值觀，畢竟公司過去一百多年來就做到了。席爾斯也認為兩者可以兼顧，其他人看到險惡的經濟情勢，他看到的卻是機會。席爾斯接受本書訪談時表示：「當對手波特（Porter）與宣偉（Sherwin Williams）油漆改變經銷管道時，我們因此取得巨大的策略行銷優勢：我們是唯一努力培養獨立經銷商的大廠牌。」

浴火重生的企業——佳斯邁威

製造與行銷頂級建材的佳斯邁威公司，明確承諾打造有誠信的公司文化，致力於成為有信譽的企業，強調四大核心價值：人本、熱情、績效與環保，一改公司過去的作為。然而，過去數十年間，佳斯邁威的主管曾忽視或誤解自家產品的真相，嚴重傷害到成千上萬的民眾，造成重大的環境破壞。

一九〇一年時，佳斯製造（H. W. Johns Manufacturing Co.）與邁威遮罩（Manville Covering Co.）兩家公司合併，成立製造織品與石棉建材的佳斯邁威公司。一八八六年，邁威遮罩在威斯康辛州起家，創辦人為查爾斯・邁威（Charles B. Manville）。一八五八年，佳斯製造在紐約成立，創辦人為當時二十一歲的亨利・沃德・佳斯（Henry Ward Johns），佳斯一八九八年去世，英年早逝，據說死因可能是石棉肺沉著症（asbestosis），對公司來說，這也是個惡夢的開始。

兩家公司合併後的佳斯邁威，研發與行銷數千種石棉產品。石棉是一種天然礦物，阻燃、耐熱，用途極廣。公司在一九二七年上市，採取權力高度集中、階級化、官僚化的組織方式——換句話說，不是波克夏型的公司。佳斯邁威原本可以在公眾的視線之外默默運轉，不幸的是，石棉雖然有著正面用途，卻會致癌。

早在一九三〇年代，一直到一九七〇年代，佳斯邁威的經營團隊一直不覺得自己有責任，一直要等到一切都太遲了，才開始警告員工、客戶及其他使用者。一九三〇年代，佳斯邁威的法務長，由於企圖掩蓋、淡化與躲避石棉帶來的重大健康風險，搞得自己聲名狼藉。當時所有科學家已經知道石棉的風險，今日大多數的一般民眾也知道。

儘管石棉會造成健康問題，佳斯邁威依舊大發利市。二次大戰時，佳斯邁威因為戰爭快速擴張，美國政府利用石棉製造軍艦與戰鬥機——雖然政府完全知道風險，還曾警告軍事人員。佳斯邁威在戰後曾數度成長停滯，但一直到了一九七〇年代，生意依舊興旺，並擴張到許多與石棉無關的其他產業。

一九五〇與一九六〇年代，員工開始控告公司，針對因直接暴露於石棉而導致的勞工疾病一事，要求賠償。一九六〇年代，主流媒體大幅報導石棉有害人體的科學研究，佳斯邁威在負面宣傳的壓力下，在產品上加上警語，但沒有進一步的行動。

佳斯邁威在一九七三年遭逢重大打擊。當時聯邦上訴法庭同意陪審團的判決，譴責佳斯邁威無視於自家產品造成的重大傷害，判定公司有疏失，必須賠償大筆金額。這個判決結果引來更多訴訟，大部分的訴訟以和解收場，但是和解又不斷帶來更多官司。到了一九七七年，佳斯邁威已經耗盡所有保險理賠金，沒有保險公司願意承接新保單，得自己想辦法。

石棉風暴開始席捲佳斯邁威。一九七九年的《財星》雜誌評論道：處理訴訟「幾乎已經成為佳斯邁威的獨立事業」。在此同時，佳斯邁威的營運依舊，營收繼續成長，產品增加，還收購其他公司。然而，訴訟問題堆積如山，數千件案子等著解決，平均和解金額也不斷增加。保險精算員預估，接下來數十年的總曝險金額將高達二十億美元，是公司資產的兩倍。

佳斯邁威為了處理令人驚心動魄的現實，在一九八二年八月申請破產，成為當時美國史上最大的破產案。詳細的重整計畫出爐，身為營運公司的佳斯邁威退出石棉事業，避免未來更多索賠；在此同時，公司償還與石棉相關的債務，成立獨立信託基金，信託的主要資產為營運公司股票的控股權益。

這個計畫讓公司得以東山再起，然而佳斯邁威的公眾形象已經嚴重受損，員工與顧客不再信任公司。公司在曠日費時、一直到一九八八年才走完程序的破產程序期間，雙管齊下。為了贏回眾人的信賴，管理團隊懇請員工本著良心做事，並監督信託基金的管理階層，確保公司以謹慎公正的態度處理索賠事宜。

佳斯邁威浴火重生，翻轉讓公司陷於石棉賠償風暴的文化衝擊，開始聽取員工的意見，提供更為慷慨的醫療監測與保障。公司在重整的十年間逐漸度過難關，成為今日擁抱誠信與信譽的佳斯邁威公司。在此同時，公司管理信託基金的人士，希望能多角化經營，不再完全專注於佳斯邁威的股票。二〇〇〇年六月時，信託管理人同意以二十四億美元的價格，將公司賣給槓桿購併機構，然而在十二月一個星期五，交易因融資落空而破局。接下來那個星期一，巴菲特打電話給信託主席羅伯特・菲利斯（Robert A. Falise），提出以現金價十九億美元、無融資條款的條件買下佳斯邁威。信託管理人隔日接受提案，雙方一週後簽約，終於敲定這樁交易。

巴菲特表示，佳斯邁威歷經了一場「不可思議、高潮迭起的驚奇之旅」。這場旅程並沒有因為與波克夏聯姻，而從此過著幸福快樂的日子。當時的執行長查爾斯・亨利〔Charles L.("Jerry") Henry〕繼續帶領公司，直到二〇〇四年退休。在亨利以及繼任者史蒂芬・哈克豪斯（Steven B. Hochhauser）的帶領之下，佳斯邁威出現破天荒的獲利紀錄，二〇〇五年達三億三千四百萬美元，二〇〇六年達三億四千五百萬美元。不過，這個佳績未能在二〇〇七年持續下去。波克夏負責四處救火的索科爾，加入佳斯邁威董事會，讓中美能源的陶德・拉巴（Todd M. Raba）接下哈克豪斯的職位。拉巴帶領公司走過營造業的低迷時期，以及接下來的經濟不景氣。二〇一二年時，三十四歲的佳斯邁威資深員工瑪麗・萊哈特，接下拉巴的位置，努力證明利潤與誠信可以並行不悖。

儘管持續遭逢挑戰，佳斯邁威今日依舊以誠信為本，翻轉多年來殘害公司的「價值觀混亂」的文化。佳斯邁威克服逆境、療傷止痛，讓世人看到亡羊補牢、永不嫌晚。波克夏不會買下舊日的佳斯邁威，但浴火重生後的佳斯邁威，則符合波克夏的模式，而波克夏的文化也幫助佳斯邁威信守承諾——如今已有數十年歷史的承諾——成為一家誠信卓著的企業。

佳斯邁威故事的亮點在於「核心價值」。過去的慘痛歷史，讓他們學會致力於照顧員工與顧客的健康與平安。直到一九八二年破產前，他們仍過度強調立即獲利，然而他們現在已經體悟到，要維持事業的榮景，得靠視野更寬闊、更長期的理念。佳斯邁威公司提供的企業案例，同時間既追求股東報酬率，又肩負起追求人類健康與環境安全的責任。

本章提到的克萊頓房屋、喬丹家具、班傑明摩爾油漆，以及佳斯邁威，他們致力於建立信譽的努力，顯然也獲得了回報。然而，維持誠信，說起來簡單，做起來卻很難，每個人都想要今日的佳斯邁威公司所保證的事——乾淨的環境與安全的工作場所——然而人們不一定願意付出代價。如果民眾願意掏錢，所有企業都會立刻選擇遵守道德操守，把成本轉嫁給顧客。然而現實存在著挑戰，企業必須高度努力，才能在保護顧客的同時，還保障員工與維持生態環境，並且帶來股東報酬率。儘管如此，下一章即將介紹的波克夏旗下幾個重要家族企業的故事，將會證明：信譽是家族企業的命脈，良好傳統與金字招牌等無形的價值，可以帶來良好的報酬。

CHAPTER 6

家族力量

重視員工和傳統，
世代不斷延續的企業

成功解決家族紛爭——內布拉斯加家具城

直到一九九八年以一〇四歲高齡去世為止，蘿絲・布朗金（Rose Blumkin）一輩子一直精神奕奕地從事成年以來的同一份工作：擔任家族企業「內布拉斯加家具城」的執行長。在去世的十年前，蘿絲對自己是否該退休一事，與家族爭吵不休——當時六十多歲的孫子催促她退休，但她堅持繼續留在崗位上工作。波克夏秉持讓旗下企業自主的原則，沒有插手，但最後還是扮演了調停角色，協助布朗金家族解決紛爭。

和家族企業合作，有好處也有挑戰，內布拉斯加家具城的故事，正是一個很好的例子，不妨就從這間公司談起。家族企業通常致力於永續經營，這個特質很吸引波克夏，也符合波克夏的文化，然而，根深柢固的傳統也會帶來難以解決的棘手問題，例如更換新任執行長就是一件難事。不過，儘管家族企業有著種種問題，許多家族企業所擁有的價值觀——例如所有人要互相幫助、要忠誠——使家族企業仍值得讓波克夏付出努力。

蘿絲生於一八九三年十二月，家中有八個孩子，家鄉在白俄羅斯的明斯克（Minsk）附近。父親所羅門・高爾力克（Solomon Gorelick）是猶太教士，母親彩莎（Chasia）開了一家雜貨店，蘿絲六歲就在店裡幫忙。十三歲時，身高不到五呎（約一百五十三公分）的她，正式成為店員，十六歲時成為管理六個人的店經理，二十歲時嫁給鞋店銷售員伊薩德・布朗金（Isadore Blumkin）。

一九一六年時，窮困的布朗金一家人，在俄國爆發大革命前逃到美國，所有人不得不分頭離開，蘿絲的兩個手足與丈夫在她之前離開，雙親及其餘兄弟姊妹隨後跟上。蘿絲靠著三寸不爛之舌，說服一名邊境守衛放她走，成功逃離俄國——這件事展現她的銷售功力，後來她的一生將靠著這個能力大展鴻圖。

蘿絲抵達美國時沒接受過教育，連小學都沒念過，英語也不通。一九二二年時，全家人在內布拉斯加團聚，蘿絲和丈夫伊薩德在當地定居，生下四個孩子。在美國定居的頭幾年，蘿絲學會說英文，並靠著大女兒每天在學校學習的教材，學到其他知識。

蘿絲和丈夫在奧馬哈開了一間二手衣商店，兩人做生意的模式很簡單：壓低價格、增加產品樣式，以及大力促銷。辛苦經營了數年後，在一九三七年，蘿絲有了新的野心。當時她造訪美國的家具批發中心——芝加哥，看到占地遼闊的「美國家具城」（American Furniture Mart），深受鼓舞，決定在奧馬哈也開一家「內布拉斯加家具城」，專門販賣家庭用品、地毯及家具。

家具這一行競爭激烈，許多地方商家掌握了豐沛資源，占據理想的開店地點，而且擁有知名品牌。不過，蘿絲並不氣餒，想辦法買進便宜家具，以打敗對手的價格出售。她在家中開店，把家具用品存放在空房間，並努力賣出足以準時繳交貨款的貨物。她的店幫顧客省錢，服務又好，口耳相傳之下，成為鎮上的名店。如果有人想買便宜家具，大家會教他們去找「布太太」（Mrs. B），蘿絲的信條：「便宜賣、講實話、不騙人」，也變得遠近馳名。

不用說，那個座右銘也可以套用在波克夏其他子公司身上，例如內布拉斯加家具城和蓋可的商業模式，便有異曲同工之妙：努力找出成本最低的賣家，靠低價衝高營業額，得到高人一等的利潤。用「精打細算」來形容內布拉斯加家具城的精神，算是委婉的說法。

內布拉斯加家具城的對手，大喊布太太的低成本策略犯規。競爭者面對這種商業模式時，經常採取這種應對方式。他們指控布太太利用不正當的手段削價競爭，地方上的商家要求製造商抵制布太太。至少有一家供應商抱怨，他們建議的零售價，布太太視若無睹。布太太以強硬態度回應，在附近的城市找到成本更低的供應商，再次削價競爭，結果市占率愈變愈大。

措手不及的對手告上法院，指控布太太違反合約及數條公平交易法，但布太太化官司為優勢，在出庭期間建立起正面的公眾形象，證明自己以公平、合法、有利潤的大特價方式販售地毯，擺脫訴訟。據傳她在法庭上申明自己的立場後，還成功把價值一千四百美元的地毯賣給法官呢！

布太太的孩子也跟著一起做生意，兒子路易士（Louis，暱稱「路易」）成為總裁。路易和母親一樣，善於用低價買下批發出售的家庭用品與家具。巴菲特寫道：「路易說自己有最棒的老師，布太太說自己有最棒的學生，他們兩個都說得沒錯。」

路易的幾個兒子，也加入布太太和路易經營的家族事業。他們和祖母、父親一樣，一輩子都替這間公司工作。整個家族約定每年七月四號、美國國慶日那天，都要舉辦盛大慶祝會，而且每個人都要唱愛國歌曲〈天佑美國〉（God Bless America）。布太太會精力充沛地帶頭高歌，紀念自己胼手胝足的移民過程。

一九八三年時，內布拉斯加家具城擁有遼闊的巨大店面——占地二十萬平方呎（約五千六百二十坪），年銷售超過一億美元。這間全美僅此一家的店，營業額超過奧馬哈所有競爭者的加總。

巴菲特是奧馬哈人，向來敬佩布朗金家族的故事，一直有意收購內布拉斯加家具城，但布太太不肯答應。然而一九八三年時，時機成熟，當時布太太已年近九十，她希望繼續經營事業，但也想讓自己的家族企業長長久久。巴菲特讓布朗金留下好印象，不但提出以現金收購，還提供經營自主權，保證讓內布拉斯加家具城長久經營下去。最終波克夏以現金價六千萬美元，買下內布拉斯加家具城九成股份，剩下的則由布朗金家族持有。不久後波克夏進行年度帳務稽查，外部會計師依據最新存貨，判斷內布拉斯加家具城價值八千五百萬美元。

到了一九八〇年代尾聲，布朗金的孫輩升為高階主管，布太太逐漸淡出經營。一九八九年時，孫子力勸當時九十六歲的布太太退休，她覺得這是一種污辱，於是在對街開了一家新店和自家抗衡，「布太太的清倉工廠批發店」（Mrs. B.'s Clearance and Factory Outlet）變成內布拉斯加家具城的強勁對手。家人求布太太回家，一九九二年時，波克夏幫忙解決這起家族糾紛，出手買下「布太太的清倉工廠批發店」，併入內布拉斯加家具城。後來，布朗金家族依據布太太數十年前立下的營運原則，在堪薩斯州、愛荷華州與德州等地，開了更多分店，公司目前依舊由布朗金家族經營。

布太太的才幹——包括衝勁與耐力——對於做生意來說是好事。然而這樣的能力，對生意人的「家人」來說並不全然是好事。公與私之間的不協調，可能發生在任何人身上，但這尤其是家族企業經營者經常發生的問題。如果創始人特別有耐力，堅持不退休，不願意把權力完整交給下一代，尤其會是個問題。這正是布朗金家族遇上的問題，而且這種事相當棘手。

布朗金家族靠著移民以來的同心協力，以及波克夏的影響力，最後得以圓滿解決問題。波克夏讓子公司自主經營的原則，在這次的事件中扮演著重要角色。涉及家族糾紛的兩方人馬，都認為波克夏公正不阿，願意讓波克夏買下布太太的第二間公司，並與內布拉斯加家具城合併。布朗金家族繁榮興旺的家庭價值，帶給波克夏好處；全力支持子公司、資源豐沛的波克夏文化，也和布朗金家族相得益彰。

典型的波克夏公司——威利家具

布朗金家族的故事讓人看見家族企業的缺點，就是碰上關鍵時刻時，難以決定該如何往前走，例如創始人拒絕退休，或是當家族事業達到一定規模，年長的家族成員面臨遺產稅問題，或者年輕的家族成員發展新的事業興趣等情況。波克夏的文化以及資本，正好有能力協助解決令家族企業一再頭痛的問題，例如繼承權的爭奪，以及出售事業時的心理掙扎。

出售家族事業會帶來困難的抉擇，包括如何處理到手的財富，以及未來的事務。家庭成員可能意見不和，個人也可能面臨兩難的抉擇，不知該留下來維護家族的傳統，或者該享受拋開沈重義務後的自由。波克夏擁有永續的文化，把家族事業交給波克夏，是個誘人的選項。但如果家族希望繼續經營事業，波克夏也同樣提供了解決之道。波克夏的文化十分珍貴——尤其是重視永續經營與賦予自主權這兩點——出售事業的賣家，毫無疑問地把波克夏的文化，視為自己在交易中得到的寶貴資產。波克夏之所以能用低於對手的價格，買下許多公司，原因就在於波克夏的文化。

我們不妨看一下威利家具的例子。布朗金家族讓波克夏留意到這間位於美國西部的家具連鎖店，一九九五年時以一億七千五百萬美元的價格買下。當時好幾家對手的出價都超過兩億美元，但擁有威利家具的家族最後選擇波克夏，原因正是波克夏擁有與眾不同的文化。對於熱中計算「企業文化特質」與「經濟價值」交換比例的人士而言，這個案例讓人有機會量化波克夏文化的價值：對於擁有兩億美元事業的家族來說，波克夏文化值兩千五百萬——那是總價的八分之一。家族得到資金以及波克夏文化的價值，波克夏則獲得了符合自身文化的公司，並幫助那間公司壯大。

威利家具是典型的波克夏型公司，創立於一九三二年，也就是經濟大蕭條的年代。創辦人魯佛斯・卡爾・威利（Rufus Call Willey）的創業歷程，和喬丹家具的泰勒曼相仿。泰勒曼在成立喬丹家具之前，先是在波士頓一帶開著卡車賣家具。威利也開著一輛紅色發財車，在猶他州的西勒鳩斯（Syracuse）鄉下地區，挨家挨戶兜售家庭用品。他是電力公司的職員，兼差賣「熱點牌」（Hotpoint）家電產品與冰箱，對象是尚未熟悉電器產品的當地居民。他的雇主也鼓勵這種副業，因為愈多人使用電器產品，用電需求就愈高。

威利為了增加銷售量，讓顧客在掏錢購買新奇的電器之前，可以先試用一星期。此外，他會幫顧客算好申請三年的分期付款方案，每一季要繳錢的時間剛好落在農作物收成時節。二次大戰期間，銷售量萎縮，但威利持續擴展副業，這次他從垃圾場撿回二手家電，修理一番後再出售。戰後，銷售量回升時，他在離家不遠處開了一間小店。

一九五四年，威利因胰臟癌英年早逝。令人好奇的是，沒有他，公司是如何存活下來的。威利家具的公司史寫道：「對他的顧客來說，魯佛斯・卡爾・威利等同那間公司。」最後，他的事業由女婿威廉（比爾）・蔡德〔William H. (“Bill”) Child〕以及比爾的弟弟薛爾頓（Sheldon）繼承，許多家族成員，包括兄弟二人的父親、比爾的八個孩子與兩個女婿，以及薛爾頓的兩個兒子與一個女婿，也在後來幾年陸續加入，成為員工。

蔡德家族堅守威利創立事業時奉行的價值觀，特別是他的宗教與工作倫理，以及創新的顧客服務精神。不過，有一件事變了。威利是花錢大手筆的人，也是容易相信他人的債主，平日借錢給還款紀錄不良的顧客，以至於蔡德接掌事業時，公司債務多過資產的程度超乎預期。蔡德花了數年時間穩住公司的財務狀況，那段痛苦的經歷，讓他一輩子都忘不了節儉的重要性。他靠著清查所有客戶的財務狀況，沒有向外借貸，就重新打造了威利公司。

蔡德家族穩住公司財務後，開始擴展家庭用品事業，涉足家具業，穩定擴大服務範圍。短短幾年間，威利公司從最初占地僅六百平方呎，變成十萬平方呎。蔡德家族在一九六九年開第二家店，接著又在一九八〇與一九九〇年代開設更多分店，並在猶他州鹽湖城（Salt Lake City）成立大型配送中心。蔡德開第二間店時，沒讓公司借錢，而是用私人的資金買下土地與蓋房子，然後把建物租給公司，直到公司有能力直接擁有土地與分店。

威利的顧客服務無所不包，有小贈品，也有了不起的創舉。蔡德家族送免費熱狗給所有上門購物的客人，還贈送捲尺、量尺等小禮物。此外，他們準時交貨，店內以最低成本儲藏最多樣的產品。威利提供的驚人服務，包括在一九七〇年代初期，威利擔保的客戶公司破產，威利其實沒有義務，但依舊一肩挑起所有責任：金額是一百五十萬美元，得到的是無價的客戶愛戴。

一九七五年時，威利公司推出家具業的創舉，發行自家信用卡，提供顧客理財工具。這種做法排除了第三方放款人，讓公司在提供顧客較低利率的同時，自己也能增加獲利。由於現金銷售稅是收到貨款就必須繳納，信用卡稅則是收到完整金額後才要繳，因此威利的創舉還有稅務方面的好處。到了一九九〇年代初，威利公司的信用卡業務獲利，每年超過一千八百萬美元，稅務利益又額外帶來數百萬美元。

比爾・蔡德認識同在家具業的布朗金家族，厄夫・布朗金（Irv Blumkin）很敬佩他與威利公司，時常向巴菲特提起他。一九九五年初，蔡德告訴布朗金，家族因為正在規畫財產移轉的緣故，考慮賣掉事業，但希望能讓公司繼續經營數十年。他把公司財報寄給巴菲特，巴菲特訝異他們的銷售額與利潤每年穩定成長一七%，而且公司完全沒有負債。巴菲特立刻回信，提供大略的估價，迅速和蔡德談妥交易。波克夏一九九五年買下威利時，威利一共有六間分店，年銷售額達兩億五千七百萬美元。

後來蔡德計畫讓威利家具踏出猶他州，但巴菲特反對，因為蔡德的摩門教信仰不允許在禮拜天開門做生意。這種營業方式在猶他州很常見，因為猶他州是大批摩門教信徒的家鄉，巴菲特很懷疑，如果換成在其他州的零售店，買氣較旺的禮拜天不營業，生意還做得起來嗎？後續的發展，如巴菲特以下所述：

比爾依舊堅持要開店，他提出不可思議的解決辦法：他會以個人名義買下土地，自己與建門市——後來一共花了九百萬美元——如果店開成了，他再賣給我們。萬一銷售不如他的預期（第一年三千萬美元），我們就退出，一毛錢都不用付給他。如果這是最後的結果，比爾等於是花大錢得到一棟空建築物。我告訴他，我很感激這個提議，但如果波克夏想賺錢，就應該承擔風險。比爾不肯放棄，他說如果生意因為他的宗教信仰而失敗，他個人願意承擔這種打擊。

威利公司的愛達荷州分店在一九九九年開幕，一炮而紅，銷售額在二〇〇〇年達到八千五百萬美元。蔡德把店移交給波克夏，波克夏開了一張支票給他。巴菲特表示，這件事恰恰說明了波克夏企業文化的獨特性：「如果其他上市公司的經理人曾有類似的作為，只能說我孤陋寡聞，從未聽說過。」

後來，威利公司繼續成長，陸續在加州、愛達荷州、內華達州開設更多分店。比爾・蔡德在二〇〇一年時，也就是掌管公司四十六年後，卸下執行長與總裁的職位，不過，一直到了今日，威利公司依舊為家族企業：比爾的姪子傑佛瑞・蔡德（Jeffrey S. Child）是現任總裁，姪女的先生史考特・希馬斯（Scott L. Hymas）為執行長，另一個姪子柯蒂斯・蔡德（Curtis Child）為財務長。

重新得到永續經營的契機——星辰家具

輔導家族企業的專家，一般會建議家族成員趁早計畫接班事宜，還要聘請專業的管理人才協助公司，以及成立有薪的顧問委員會。儘管這是相當常見的建議，但家族一般不太希望引進外人，以至於家族企業面對重大轉捩點時，常常毫無準備。

休士頓的星辰家具公司便曾碰上這樣的麻煩，當時也是波克夏出手相助，挽救一家優秀家族企業的命運。如同波克夏買下其他公司的情形，這次波克夏付的價格依舊低於對手，剩下的則用波克夏文化的價值補足，特別是自主權與永續的經營精神。

成立於一九一二年的星辰家具，是由多個家族持有的事業，一共有七個家族插手經營。

其中一個家族的第二代——梅爾文・沃爾夫（Melvyn Wolff）進了公司，但不太心甘情願，因為其他夥伴並不支持他想改革的願景。當時的星辰家具經營得很辛苦，因為有太多老闆，而且資本少、債務多。公司通常可以勉強獲利，但有幾年是虧錢的。

一九六二年時，沃爾夫開始強力推動改革。他原本的目標是打敗公司當時最大的對手，然而那家巨型家具商是星辰的二十五倍大，沃爾夫最終明白自己的努力將會徒勞無功。他在一場行銷研討會上，學到「面對比自己強大的對手時，不該拉長戰線全面開戰。」也就是說，不要試著打敗迎合各種喜好、什麼都賣的大型商店，而要開發利基市場。沃爾夫做過研究之後，找到對手最弱的地方，決定從「中型市場的高級產品」下手。

如果要抓住那塊利基市場，就得擴張店面，需要資本，但公司拿不出錢。沃爾夫拚命向休士頓所有銀行借款，最後朋友牽線，幫他介紹紐約一位銀行人士。那位銀行人士願意借一大筆款項，但有一個先決條件：他要看到經過查帳的財報。沃爾夫反對，認為那費用高昂又沒必要。銀行家解釋為什麼自己堅持這件事：「我只知道你的會計可能是你姊夫。」沃爾夫聽完大笑，因為會計真的就是他的姊夫。

沃爾夫的事業夥伴反對借貸，也反對擴張，沃爾夫買下公司的資金，來自賣掉公司擁有的一家店面，以及收掉兩家租賃的店面——最後只留了三間店。接著沃爾夫找來姊姊雪莉・圖敏（Shirley Toomin）幫忙，接下來二十年間，姊弟倆專攻中型市場的高級產品，帶動驚人成長，逐漸把店面移到休士頓縱橫交錯的公路旁，並在目標市場打響名號。一九九六年時，星辰家具躋身美國的大型家具連鎖店。

沃爾夫與圖敏所有的名下淨資產幾乎都來自公司店面，兩人希望能夠分散，擔心自己過世時，遺產稅可能高到必須賣掉公司才能支付。兩人極力想避免一輩子都為公司奉獻的大量忠誠員工，最後流離失所的命運。

姊弟二人必須從零開始移轉資產的計畫，相當不容易。他們聘請顧問，考慮所有可能方案：一、採取員工持股計畫，讓員工成為股東。二、首次公開募股。三、和規模相當的其他家具連鎖店合併，或是賣給幾家更大型的連鎖店或金融收購者。兩人最初選擇首次公開募股，因為萬一不成，還可以進行其他選項。準備首次公開募股需要費一番工夫——必須在更多的城市，符合最低的業績門檻以及分店數目，還得聘請專業的管理團隊。然而到了最後，姊弟倆發現，不論是首次公開募股，或是其他解決方案，都提供不了他們想要的流動性、自主權，以及永續經營。

就在此時，沃爾夫想到可以聯絡波克夏。過去幾年，他經常從布朗金家族和蔡德家族那裡，聽到波克夏的事。波克夏開完一九九七年的股東大會幾天後，沃爾夫請所羅門兄弟公司的銀行人員幫他聯絡巴菲特，波克夏的顧問德漢姆立刻回覆沃爾夫。德漢姆同是德州人，所羅門兄弟在一九九〇年代爆發債券交易醜聞時，巴菲特曾請他幫忙重整公司。在巴菲特的邀請之下，沃爾夫參加波克夏的會議，並對波克夏的文化感到印象深刻。

幾天後，巴菲特與沃爾夫在紐約碰面。巴菲特提出一個收購價，並依循波克夏的慣例做法，指出價錢沒得談。沃爾夫還是試圖談判，但徒勞無功，最終他還是決定這是一筆值得做的生意。嚴格來說，價格還算合理，除此以外，他也能獲得想讓公司與家族得到的無形事物，尤其是自主權與永續經營。

加入波克夏是美夢成真——赫爾茲伯格鑽石

即使準備再齊全，也無法解決家族企業獨有的一切問題。有的問題比較急迫，家族長輩會面臨進退兩難的局面，不知該保護家族，還是該放掉事業。不過，波克夏文化可以解決這一類的窘境。

以赫爾茲伯格鑽石為例，波克夏在一九九五年收購這家已經傳承三代的珠寶連鎖店——同一年波克夏還收購了威利家具。赫爾茲伯格鑽石成立於一九一五年，創辦人莫里斯・赫爾茲伯格（Morris Helzberg）是俄國移民，所有孩子都在店裡幫忙。後來莫里斯中風，行動不便，年紀較長的兒子要不是在念大學，就是在打第一次世界大戰，於是由年紀最小、當時年僅十四歲的巴內特（Barnett）接掌家中事業。他讓赫爾茲伯格鑽石從堪薩斯城（Kansas City）的一間店面，變成旗下有數十間分店的連鎖店，最後在一九六三年把事業交給兒子小巴內特（Barnett Jr.）。

從一九五六年起，小巴內特就在家裡的公司上班，他接掌公司時，碰到美國人口分布正在變動的情況：赫爾茲伯格鑽石大部分的分店都位於市中心，但人潮逐漸減少，原因是郊區興起購物中心。小巴內特為了因應時代的變化，紛紛關閉位在市中心的分店，減少至十五家，接著又大舉在一九七〇年代進行展店計畫，並推出成為流行語的廣告：「I Am Loved」。公司把這句口號印在胸章上，在店內免費發放，還配合美國六〇年代的嬉皮文化「愛意表達聚會」（love-in），推出廣告詞：「如果你無法給你愛的人一顆鑽石，至少要用『I Am Loved』胸章表達你的愛意」。這句今日依舊流行的口號，很快就出現在送給數百萬潛在顧客的水杯、高爾夫球與紀念品上。

一九八九年時，赫爾茲伯格鑽石擴張為八十一家分店，小巴內特開始感到疲憊。他七歲的兒子在家庭作業上，寫上自己的父親最在行的事是「睡覺」，小巴內特終於發現自己過勞，決定不再事必躬親，把總裁的位置交給傑佛瑞・康曼特（Jeffrey Comment）。康曼特原本任職於費城的約翰沃納梅克百貨公司（John Wanamaker & Co.），這下子成為赫爾茲伯格鑽石史上第一個非家族成員的高階主管。他讓公司快速成長，開設更多更大型的分店，包括位於購物中心的「超級商店」（superstore）。

一九九四年，小巴內特思索家中事業的未來，考慮幾個策略選項。當時赫爾茲伯格鑽石是全美第三大珠寶連鎖店，擁有一百四十三家分店，年銷售額近三億美元。小巴內特尋求紐約金融服務公司的意見，但不願裁員，也不想出售部分資產，因此不考慮一般常見的選項，例如首次公開募股，或是把公司賣給對手。

小巴內特面臨家族事業掌舵者常見的掙扎：雖然他知道康曼特幫忙減輕了管理的重擔，但他依舊感到自己責任重大。他希望找出辦法，讓自己既能擺脫重擔，又能留住事業。一九八九年起就是波克夏股東的小巴內特，參加過每年的股東大會，他的夢想是把公司賣給波克夏，機緣巧合之下，這個夢想成真了。

一九九四年五月，在波克夏開完年度股東大會一週後，小巴內特在紐約和摩根史坦利（Morgan Stanley）開會。他走在第五大道上時，恰巧在五十八街的人行道附近看見巴菲特。他自我介紹，對著巴菲特，來了一場赫爾茲伯格鑽石的電梯銷售。巴菲特請小巴內特寄給他更多細節。赫爾茲伯格鑽石的財務狀況十分良好，而且巴菲特喜歡一間小店變成大型連鎖店的故事。赫爾茲伯格鑽石的銷售成長十分強勁：一九七四年是一千萬美元，一九八四年是五千三百萬，一九九四年是兩億八千兩百萬。公司每家分店的規模都很大，每年的平均銷售額達兩百萬美元，每間店的產值遠高過對手。

巴菲特與小巴內特後來再見面時，巴菲特依循波克夏進行購併時的傳統，要小巴內特先開個價，接著兩人開始討價還價，這對波克夏來說並不尋常。小巴內特請教過德勤（Deloitte）的會計師，這樣的波克夏購併案值多少錢，然後依據那個數字，提出過高的開價，也就是價值三億三千四百萬美元的波克夏股票[1]。根據經驗法則，珠寶零售商的價值大約是年度總銷售額的一半，再加上存貨。也就是說，赫爾茲伯格鑽石的市場公道價為一億四千一百萬美元，再加上存貨。巴菲特砍價，提出不到小巴內特開價的一半數字，最後兩人以一億六千七百萬美元成交。

雖然別人的出價高出許多，小巴內特還是選擇把公司交給波克夏，除了得到帳面上的金錢，還能確保公司完整無缺，把總部留在堪薩斯城，保住員工的工作——這些都是赫爾茲伯格家族所看重的事。

第四代接班人的重大抉擇——班寶利基珠寶

如果你能想像，小巴內特讓傳到自己手中的第三代珠寶連鎖店，最後以波克夏為永遠的家之後，感到多麼如釋重負，就可以想像第四代的家族成員要處理家族企業，心中有多麼掙扎——班寶利基珠寶就是這樣的例子。一九一二年，山謬・席爾曼（Samuel Silverman）在西雅圖市中心開創事業。一九二二年，他邀請女婿班・寶利基（Ben Bridge）成為合夥人，一九二七年退休時把自己的股份賣給女婿，女婿把公司改成自己的名字。

寶利基採取兩個重要的公司措施，後來這兩項政策一直傳承下去。第一項政策由家族和非家族成員共同嚴格遵守，適用於所有人，也就是：公司只從內部提拔人才。這種做法帶來

1 實際數字並未被公開揭露，不過小巴內特曾經提過自己開出的價格，是波克夏最終付的價格的兩倍。監管單位的檔案紀錄為七千五百一十張波克夏股票。波克夏與赫爾茲伯格鑽石在一九九五年三月十日發布交易消息，當天的收盤價為每股兩萬兩千兩百美元。

的明顯好處是，員工離職率很低。

第二項政策是採取謹慎的擴張方式，永遠不過分耗費公司的財務資源，永遠保持低展店數。公司之所以如此小心謹慎，原因出在寶利基在經濟大蕭條時期親身得到的教訓。當時他幾乎被迫宣告破產，痛苦萬分，發誓絕不讓公司再重蹈覆轍。如同多年後他的孫子艾德・寶利基所評論的：「他永遠不想再欠任何人錢。」

班的兩個兒子——赫伯（Herb）與羅伯特〔Robert，暱稱「鮑伯」（Bob）〕，承襲他一板一眼與精打細算的精神，以緩慢的步調，將家族事業擴展到西雅圖根據地以外的地方。鮑伯負責經營位於華盛頓州布雷默頓（Bremerton）的第二家店，然而一九五〇年代時，這家分店經營不善，從未出現父親與哥哥經營西雅圖旗艦店的盛況。在此同時，赫伯和父親起了口角，兩人無法就西雅圖店的經營方式得到共識，赫伯威脅要到丹佛（Denver）的競爭者「札萊斯珠寶」（Zales）那裡工作。班・寶利基召開了家族會議。

父親把店門鑰匙放在桌上，告訴兒子：「孩子，我不幹了。」班・寶利基向赫伯與羅伯特解釋，為了不讓家中事業分崩離析，他決定離開。多年後，孫子艾德回憶：「他想讓我們的家族企業團結在一起。」所有的家族企業都想讓全家人團結在一起，但長輩很少會交出經營權，班・寶利基做的事相當不簡單。

寶利基兄弟明白了父親的苦心，於是團結起來經營家族事業。兩人遵從父親的教誨，不輕易擴張。早期他們曾抓住機會，替西雅圖地區所有的傑西潘尼連鎖百貨公司（J. C. Penney）

管理珠寶部門。兄弟二人學到在購物中心開設連鎖店的管理技巧後，信心大增，決定擴張班寶利基珠寶。一九七八年時，班寶利基珠寶成為有六家分店的連鎖店。

接著兩兄弟的孩子——艾德與瓊恩（Jon）接手管理公司。這對堂兄弟從小就在店裡幫忙，負責掃地還有擦銀飾。艾德大學畢業後，一九七八年被派到銷售部門工作，不過幾個月時間，長期為公司服務的財務長宣布退休，年僅二十二歲的艾德接下他的職位。三年後，艾德再次升職，成為行銷長。在此同時，剛剛退役、待過銷售部門的堂弟瓊恩，也成為財務長。

艾德與瓊恩也小心翼翼，慢慢帶著家族事業成長。一九八〇年，兩人在奧勒岡州的波特蘭（Portland）開分店，一九八二年時擴張到加州的聖馬特奧（San Mateo）。一九九〇年，班寶利基珠寶共擁有三十九家分店，其中二十家在加州。這個成長速度遠遠超過前幾代，然而以業界標準來看依舊緩慢。

一九九〇年，艾德與瓊恩正式成為已經傳承四代的家族事業管理人，忠實延續公司傳統，讓事業欣欣向榮。班寶利基的分店營業額成長，利潤增加，而且擴張遠比父執輩想得容易。到了一九九〇年代尾聲，班寶利基珠寶在美國十一州擁有六十二家分店。

此時艾德與瓊恩面臨許多家族企業都會碰上的煩惱：公司的長遠未來。這個煩惱牽涉無數議題，包括順利接班的繼承問題，以及遺產稅的支付問題等等。艾德與瓊恩兩個堂兄弟，和前幾代的長輩一樣——席爾曼、班、赫伯、羅伯特——想確保家中事業能夠繼續傳承下去。他們考慮過讓公司上市等常見的選項，但這類做法可能危及公司的優秀傳統與文化。

艾德和瓊恩最後沒有採取常見的做法。一九九九年十二月，艾德打電話給巴菲特。小巴內特・赫爾茲伯格告訴過艾德與瓊恩，波克夏會是很理想的家園，絕對可以符合他們的需求。赫爾茲伯格向兩人拍胸脯保證，他們的家族將可和從前一樣，用同樣的方式經營事業。班寶利基珠寶如果加入波克夏，將和其他希望延續家族傳統的公司一樣，一起維持精打細算與保護公司員工的企業文化。

艾德向巴菲特解釋自家的事業，並提供最近期的財報數字。巴菲特很欣賞班寶利基珠寶分店的年銷售成長率：過去七年分別為九％、一一％、一三％、一〇％、一二％、二一％、七％。他也喜歡公司謹慎的擴張方式，除此之外，他還喜歡這家公司是由家族第四代經營，而且他從小巴內特那裡得知，班寶利基珠寶與寶利基家族擁有卓越的口碑。

艾德表示，寶利基家族要的是能夠像從前那樣經營事業。他們的家人與親戚已經擁有百年的成功經驗，不希望由大股東來下令。巴菲特向艾德保證，所有決策都會交給他和瓊恩，而艾德和瓊恩也知道自己可以相信這個保證。

巴菲特提出一個價格，包括一半現金和一半股票，寶利基家族接受了。班寶利基珠寶今日依舊欣欣向榮、謹慎展店，而且每家分店依舊維持著驚人的銷售成長。班寶利基珠寶擁有超過百年的歷史，目前由家族第五代繼續經營[2]。

許多家族把公司賣給波克夏後，都會讓員工分紅，喬丹家具的泰勒曼兄弟，以及寶利基家族都是很好的例子。圖敏與沃爾夫姊弟和星辰家具的員工分享時，巴菲特寫道：「（我們）喜歡當這種人的夥伴。」小巴內特・赫爾茲伯格和員工同歡時，巴菲特表示：「碰到這麼慷慨的人時，你知道他們會好好對待你這個買家。」

前述這類無形的事物——把員工當夥伴、慷慨、公平行事——讓家族事業得以團結在一起。家族事業靠著這類特質，以及重視家族名聲與傳統等「軟因素」，在創始人去世、第二代的兄弟姊妹加入、第三代的堂兄弟姊妹一起經營之後，依舊得以長期興旺。波克夏找出重視此類特質的家族企業，提供它們永續的經營自主權，最後雙方都得到長長久久、世世代代延續下去的家族企業。

班寶利基珠寶目前已傳承到第五代，而且和波克夏其他子公司一樣，依舊保持著優秀的經營紀錄，一如目前傳到第四代的班傑明摩爾油漆與費區海默，以及許多已經傳到第三代的公司。家族企業時常難以持久，但擁抱無形價值的家族成員愈多，隨之而來的經濟報酬也愈多。波克夏文化吸引著擁有家族力量的企業，也幫助它們繼續長遠地走下去。

2 波克夏鼓勵子公司透過購併讓事業成長，也鼓勵子公司的執行長向波克夏報告所有可能的購併機會。波克夏旗下的家族企業特別賣力執行這個政策，這原本就是它們向來的傳統。舉例來說，內布拉斯加家具城的蘿絲・布朗金有個姊姊瑞貝卡・富萊曼（Rebecca Friedman），瑞貝卡和丈夫路易（Louis）在蘿絲之後逃離俄國。多年後，布朗金家族把瑞貝卡在奧馬哈擁有博施艾姆珠寶店的家族介紹給巴菲特，波克夏很快就收購這家珠寶公司，原因以及購併的模式，和其他家族企業的購併案相同。

CHAPTER 7

開創精神

實驗、創新，
小本事業也能變大企業

以飛行專業闖出一片天——飛安公司

波克夏的子公司中，有好幾位創始人得過「白手起家獎」（Horatio Alger Award）[1]。白手起家協會每年將這個獎項，頒發給實現美國夢、一代之內就翻身致富的企業人士[2]。除了克萊頓房屋的詹姆士・克萊頓，成立「飛安國際公司」（FlightSafety International Inc.）的肯塔基州創業者亞伯特・李・優奇（Albert Lee Ueltschi），也得過白手起家獎。許多創業者成功建立一間公司後，通常會跑去創立其他事業，然而，波克夏旗下的公司創辦人，通常會幫同一間事業創新，接著又一直待在相同領域內努力。

以優奇的例子來說，他一輩子都待在航空業，十六歲時開了一間「小鷹」（Little Hawk）漢堡店，把賺來的錢拿去繳飛行課的學費。後來由於他實在太熱愛飛行，乾脆拿小鷹漢堡店當擔保品，貸款買了一架飛機，開始傳授航空駕駛技術。一九三九年的一樁意外，讓他有了新的抱負，當時他訓練一位聯邦航空安檢人員，傳授如何開著無罩式飛機，做快速翻轉的動作；然而某次練習時，他的座位鬆脫，降落傘失靈，他從翻轉中的飛機摔了出去。死裡逃生後，他下定決心要用更安全的方式傳授駕駛技術。優奇最後成立了全世界最頂尖的飛行員訓練學校，用飛行模擬裝置，教授日常飛行動作與演練緊急狀況。

一九四二年，優奇開始與泛美航空（Pan American World Airways，簡稱Pan Am）合作。泛美航空是美國非官方的「國家航空公司」[3]，公司機師被尊稱為「大洋飛艇專家」（Masters of

Ocean Flying Boats）。一九四六年時，優奇成為泛美創始者兼傳奇企業家胡安・特里普（Juan Trippe）的私人駕駛，一直擔任到一九六八年他五十一歲不再開飛機為止。這份工作讓優奇看見另一個需求：民航機師的人數正在成長，他們需要正規的訓練。

第二次世界大戰結束後，航空業的主力是載送企業主管的私人飛機。企業會買下退役軍機，整理之後給高階主管使用，然而，許多機師缺乏駕駛這類飛機的訓練。一九五一年時，優奇成立飛安公司滿足這個需求，訓練地點設在紐約拉瓜地亞機場的海空中心（Marine Air Terminal at LaGuardia Airport），直到今天，公司總部依舊設在該地。

最初，優奇雇用大型航空公司有經驗的民航機師擔任講師，訓練時使用顧客的飛機，以及他向民航公司租用的訓練機。早期的客戶包括：布靈頓實業（Burlington Industries）、伊士曼柯達公司（Eastman Kodak）、全國製酒公司（National Distillers）。後來，飛安公司經營順利，私人航空也開始盛行，優奇大手筆下賭注，認定航空訓練在未來一定有市場。他拿自己的房子抵押來籌措資金，擴張飛安公司，接著又把公司所有利潤全部拿去擴張業務，只靠泛

---

1 譯註：又可譯為「奧爾傑獎」。美國作家何瑞修・奧爾傑（Horatio Alger）專寫貧窮人士如何奮發向上、最後翻身的勵志故事，此獎因而以他為名，一般意譯為「白手起家獎」。

2 波克夏子公司的多名經理人都得過白手起家獎，包括詹姆士・克萊頓、桃瑞絲・克里斯多福（頂級大廚）、亞伯特・優奇（飛安）。波克夏董事、波克夏海瑟威能源的共同持有人小華特・史考特是「白手起家獎協會」（Horatio Alger Society）主席。

3 譯註：flag carrier，一國的代表性航空公司，通常寡占該國的國際航權。

美航空的薪水養活自己和一家人。此外，他還採取創新的融資方式，請美國鋁業（Alcoa）、可口可樂、伊士曼柯達等飛安公司的企業客戶，預付五年的訓練費。

林林總總的資金，讓優奇得以朝自己的願景邁進。一九六一年，他買下數台飛行訓練器，這些儀器可以教駕駛員「盲飛」，也就是靠儀表板、而不是靠視力駕駛。後來泛美航空成立商用噴射機部門，替法國製造商行銷「獵鷹機」（Falcon Jet），優奇說服泛美的老闆特里普，在採購費中加上機師和技師訓練的項目。

一九六一年，優奇招募年輕又具有創業精神的布魯斯・惠特曼。惠特曼也是飛行愛好者，當時替「美國商務航空協會」（National Business Aviation Association）工作。惠特曼成為飛安公司的第二把交椅——他一直待在副手的位子，直到優奇二〇〇三年以八十六歲高齡退休時，才接掌公司。優奇與惠特曼穩穩地駕駛著飛安公司，帶著公司順利飛過一九六〇年代尾聲，公司在一九六八年上市，優奇持有三四%的股份。

一九七〇年代初期，飛安公司在商務飛行市場的主要競爭者是飛機製造商，飛機製造商會把機師訓練納入新飛機的造價中。優奇和惠特曼知道，飛安公司能否成功，要看他們能否說服製造商把訓練外包出去。兩人向製造商解釋，投資飛安公司訓練，可以改善他們的飛航紀錄，客戶願意掏腰包得到這樣的寶貴口碑。

一九七〇年代，多數製造商都和飛安公司簽約。製造商發現自己應該專注於飛機的設計製造，訓練的事最好交給專家，例如里爾噴射機公司（Learjet），就選擇把訓練機師的事交給飛安公司，飛安在里爾噴射機的工廠蓋起訓練中心。接著，飛安很快就和其他飛機製造商採取類似的合作方式，在一九八〇年代穩固自己的業界地位。很快地，多數的商用機製造商都把訓練交給飛安公司，包括比奇（Beechcraft）、龐巴迪（Bombardier）、西斯納（Cessna）、達梭獵鷹（Dassault Falcon）、巴西航空工業（Embraer）與灣流航太（Gulfstream）。

飛安公司在一九八〇年代繼續成長，還跨足到軍機駕駛員訓練，一九八四年搶下阿拉巴馬州「洛克堡」（Fort Rucker）軍事基地的空軍合約。飛安公司採取精打細算的策略，靠著買下基地附近的設施，並裝設飛行模擬器，成為價格最低的投標者。

除此之外，飛安公司秉持著創業精神，成立另一個專門負責製造與銷售模擬器的部門，一直到今天，這個部門依舊是飛安的金雞母。除此之外，創業精神還帶來油輪船長的訓練計畫，客戶包括：德士古石油公司（Texaco）、美國海軍的軍艦指揮官，以及核電廠人員。不過，惠特曼接受本書訪問時表示，飛安公司最終選擇了專注於自己最在行的事，因此關閉了航海事業。

一九八〇年代，飛安公司把事業目標放在地方上的民航公司，繼續和一九七〇年代一樣，努力說服潛在的客戶外包駕駛訓練。航空公司也認為由專家來提供這方面的專業服務，可以讓公司專注於航班調度、航線安排、行銷與客服等工作。大型的美國航空公司一般不會外包訓練，但飛安公司偶爾會拿到案子，例如一九八〇年代，環球航空（TWA）便請飛安提供相關服務。

接下來，保險公司開始偏好機師接受過飛安在職訓練的航空公司，飛安公司的地位因而更為穩固。美國飛機保險集團（USAIG）推出「保命錢」（Safety Bucks）專案，如果客戶請飛安公司提供訓練，保費可以打折。原本反對訓練外包的工會，也發現飛安公司的價值，開始接受這家公司。接著，美國以外的公司也跟上潮流，飛安開始替法航（Air France）、全日空（All Nippon Airways）、日航（Japan Airlines）、大韓航空（Korea Air）、德國漢莎航空（Lufthansa）、瑞士航空（Swissair）等各國航空公司訓練年輕機師。飛安公司在全球各地成立訓練中心，地點設在飛機製造廠、民航公司總部與機場附近。

一九九〇年代中期，優奇開始考慮接班問題。他一直向惠特曼保證會讓他接手，把執行長的位置讓給他，但擔心要是少了自己的股份，公司可能被購併。一九九六年年底，一名同時是飛安與波克夏股東的人士，碰巧得知優奇面臨的兩難，寫信給德漢姆。德漢姆長期擔任波克夏的律師，也是巴菲特的好友，曾協助波克夏購併星辰家具。巴菲特打電話給優奇，兩人討論飛安公司的未來，接著在紐約一家漢堡店共進午餐，談得很順利，一個月內就簽約了，波克夏提供現金或股票給飛安的股東。

波克夏買下飛安公司時，飛安在全球擁有一百七十五部飛行模擬器，提供各種機型的訓練。飛行訓練是資本密集的產業，一部模擬器可能要價一千九百萬美元。接下來八年間，飛行公司又添購一百多部飛行模擬器，總成本達三十億美元。由於一次只能訓練一位機師，巴菲特估計公司每一美元的營收，需要投資三點五美元，因此，如果要有合理的資本報酬率，就必須有高的「營業利益率」（operating margin）。惠特曼——少數在波克夏子公司待了超過五十年的執行長——領導飛安公司，為股東帶來這樣的利潤。

今日的飛安公司，靠三百二十部飛行模擬器提供訓練，還自行製造過八百台以上。公司每年提供一百二十萬小時的訓練，替各航空公司訓練十萬名機師、技師及其他航空專業人員，旗下擁有三千八百個企業飛行部門。惠特曼讓飛安公司多元化經營，將觸角延伸到直升機訓練——訓練機型包括：奧古斯塔偉士蘭（AgustaWestland）、空中巴士（Airbus）、貝爾直升機（Bell）、塞考斯基（Sikorsky）——此外，公司的美國軍事訓練部門也有所成長。惠特曼稱飛安公司的員工為「隊員」，公司隊員擁有創業熱情的支持，展現了將飛行訓練委託給深受信任的專家的價值，讓公司不斷擴大服務的市場。

首創飛機分時共享制——利捷航空

飛安公司最大的客戶，是同為波克夏子公司的「利捷航空」。利捷航空的創辦人桑圖里和優奇、惠特曼一樣，名列波克夏偉大創辦人的殿堂。利捷公司的歷史可以回溯至一九六四年，當時數名退休的空軍將領合夥成立「主管噴射機航空公司」（Executive Jet Aviation, Inc.），提供商務噴射機的私人包機服務，以提供卓越的客戶服務與良好的安全飛行紀錄聞名。不過，一九六〇年代末，主管噴射機航空曾短暫被賓州中央鐵路（Penn Central Railroad）持有，連帶被母公司的破產風波波及，承受數年的惡名。

布魯克林出生的桑圖里是數學奇才，擁有紐約大學理工學院（Polytechnic University of New York）雙學位，一九七〇年代替高盛集團（Goldman Sachs）寫電腦程式，最終在一九八〇年成為該公司的租賃部門主管。一九八四年，桑圖里買下主管噴射機航空公司，自行創業。

桑圖里的數學背景被證明是寶貴的資產。主管航空先前的管理者留下公司過去二十年間的詳細包機業務紀錄，包括目的地、中途停留點、淡旺季、飛行時間，以及儀器維修事項。桑圖里的數學頭腦，發現數字之間有著相當值得注意的關聯，他的事業直覺嗅到有利可圖的商機。

桑圖里蒐集數據，漸漸想出新的營運方法，不再提供單次包機，而是把飛機的股份拆散，同時賣給好幾家公司，接著由他的公司負責管理飛機，換取客戶的服務費。他想：既然這種「分時共享制」（time share）在不動產的世界很成功[4]，為什麼航空業不試試看？

桑圖里解決了一個數學／商業問題：如果售出一定數量的飛機股份，需要增加多少架飛機，才能讓客戶有需要時，一定有飛機可以用？這個問題的答案要看公司規模。舉例來說，假如公司售出整整一百架飛機的股份，公司將需要多擁有二十六架飛機〔稱為「待命機」（core fleet）〕，才能保證所有客戶隨時都有飛機可用。如果售出八百架飛機的股份，則只需要多八十架。共享的規模即使變大，依舊是資本密集的事業，但報酬率會提高。

桑圖里可說是藝高人膽大。接下來十年間，他讓自己的願景變成價值十億美元的事業。

一九八六年時，桑圖里買下八架西斯納公司的Citation S/IIs飛機，並招募頂尖機師駕駛這些飛機。早在那個年代，就有許多大客戶痛恨航空公司固定的航班行程帶來的麻煩，但很少人負擔得起私人飛機，而包機也有令人頭痛的問題。桑圖里共同持有飛機的模式是新的解決方案，介於固定航班與包機之間，客戶只需要負擔部分成本，就能擁有私人飛機帶來的舒適與自由。

儘管共同飛機沒有私人飛機那麼昂貴，目標客群依舊是有錢的客人，要價不菲。如果希望共同持有飛機、擁有部分使用權，得分擔飛機的成本。依據飛機大小和型號不同，購買價介於飛機價格的十六分之一至二分之一，平均可使用五十至四百小時；另外還要加上每個月的維修費，並按照飛行時數繳交每小時的費用。

共享飛機的好處和傳統的私人飛機一樣，搭機比較有彈性。乘客不需要配合航空公司提供的航線，可以指定出發與抵達的時間及地點，而且起降地點通常是較小型、較方便的機場，飛行里程數較短，可以節省搭機時間。另一個關鍵的優點，則是可以避開民航機場繁瑣的安全檢查。

主管噴射機航空公司後來更名為「利捷航空」，公司採取的飛機共享模式和不動產的分時共享制一樣，在早期引發了爭議。大型企業的飛機部門員工，認為飛機共享是貪小便宜的模

4 譯註：由多人買下同一間度假別墅，每個人輪流使用，或是當成房地產投資標的。

式；包機公司說這種省錢模式，是合法、類似老鼠會的龐氏騙局[5]；私人飛機的擁有者也大皺眉頭，認為可能會影響飛機在外人眼中的價值。

即便有種種爭議，利捷航空還是很快地吸引數百位客戶，營收驚人。然而成本也高，尤其是添購待命機的成本，讓利潤一直沒辦法提高。公司在一九九〇年代初期差點破產，桑圖里出面向銀行貸款一億兩千五百萬美元。除此之外，競爭者也開始進入市場，造成價格難以提高，尤其是利捷航空還想保有業界第一的地位優勢。

如果想保住第一名的位子，就得購買更多待出售的飛機，也得增加更多的待命機。桑圖里為了取得資金，向高盛的朋友求援，朋友買下公司二五%的股份。桑圖里和同樣具有創業精神的弟弟文森（Vincent），成功吸引奇異（General Electric）等眾多大型公司，一起讓客戶增加為將近七百位。除了大型公司之外，為了私人用途，有錢人也會利用利捷航空的服務，例如演員阿諾・史瓦辛格（Arnold Schwarzenegger）、主持人大衛・賴特曼（David Letterman）、網球明星山普拉斯（Pete Sampras）、高爾夫球選手老虎伍茲（Tiger Woods）……以及巴菲特，都在名單之列。

桑圖里曾被認為是巴菲特的接班人

到了一九九〇年代尾聲，桑圖里加強領導，營收突破十億美元。高盛覺得該是功成身退的時候了，希望利捷能夠首次公開募股，但桑圖里反對。他計畫在歐洲成立連鎖事業，而添購四架待命機的創業成本是一億美元，但不會馬上獲利。公開市場要求短期就要能獲利，不適合這類需要耐心等候才能回收投資的事業，因此，桑圖里在一九九八年五月打電話給巴菲特。巴菲特是利捷航空的客戶，曾經稱讚利捷是和善、效率高又安全的公司。

巴菲特認為，利捷航空在北美和歐洲都有很大的潛在市場。當時利捷的客戶已超過一千位，旗下有六百五十位機師，管理一百六十三架飛機（其中二十三架是待命機）。資產負債表看起來還不錯，債務僅一億零兩百萬美元。公司的飛安紀錄也無懈可擊，所有駕駛都接受過飛安公司的訓練。波克夏有資本，也有能力替利捷擔保債務，而且巴菲特和桑圖里都希望未來能有大規模的成長，因此兩人很快就達成協議。

持有利捷二五％股份的高盛，對出售價格感到失望。高盛比較希望讓利捷上市，因為收益將高出許多。桑圖里接受本書訪談時，則解釋他希望把公司交給波克夏，因為除了金錢以外，他也重視波克夏尊重自主與永續經營的文化。巴菲特告訴桑圖里，利捷航空是他的畫作，波克夏會提供顏料和刷子，但剩下的部分不會插手。

在波克夏擁有利捷公司的第一個十年，利捷快速成長。波克夏增加利捷的資產與負債，贊助待命機與股份待出售的飛機；利捷每年大多都獲利，二〇〇七年的獲利達到兩億零六百

5 編註：以高收益率為誘餌，用後來投資者的投資來支付前期投資者收益的欺詐性金融騙局。

萬美元，二〇〇八年達兩億兩千萬美元。巴菲特經常稱讚利捷在業界的領導地位，公司名下的飛機價值勝過所有對手。當時有許多人認為，波克夏的子公司中，桑圖里是少數有朝一日可能繼承巴菲特、掌管波克夏的執行長。

然而，二〇〇九年時，經濟不景氣讓所有的資產類別都跌價。利捷擁有的龐大飛機陣容，帳面價值減少七億美元，好幾年的利潤一筆勾銷，出現龐大的淨損失，債務（自然也不會消失）則達到十九億美元。此外，公司的支出一直降不下來，巴菲特開始看見利捷的問題：債台高築、亟需資本、資產估價下跌，剛成立的歐洲分公司又帶來成本。巴菲特對外表示：接手利捷航空的決定，「辜負」了波克夏股東。他依舊讚美桑圖里締造的飛安與顧客滿意度紀錄，但到了二〇〇九年年底，他另外指派了負責削減成本、減少債務的新任執行長。

公司改由索科爾接手，他曾在二〇〇七年時拯救佳斯邁威，也是熱門的巴菲特接班人選。索科爾採取自己在中美能源時大砍成本的做法，然而這在利捷航空卻是走鋼索般的冒險行動，因為利捷提供的是高檔品牌，而非低價商品。索科爾主要採取裁員與出售資產等令人不安的方式，導致內部怨聲載道，因為這類手法未能尊重利捷勇於開拓事業、提供高級服務的企業文化。另一個引起爭議的事件，是利捷在二〇一〇年末收購「侯爵飛機夥伴公司」（Marquis Jet Partners），這家公司出售低於利捷的飛機股份比，只賣了三十二分之一的股份[6]。

然而，到了二〇一一年初，烏雲罩頂的索科爾離開了波克夏，因為他買下路博潤的股份，接著又在一週後推薦波克夏買下路博潤（此事將在第八章詳述）。索科爾辭職後，利捷改由喬登・韓賽爾（Jordan Hansell）接掌，他是來自愛荷華州的律師，也是索科爾任命的利捷法務長，今日的利捷由他掌舵。他帶著公司繼續開疆闢土，既要維持高級品牌，又要符合波克夏精打細算的文化。附帶一提，桑圖里後來另外開了一家成功的直升機租賃公司「里程碑航空」（Milestone Aviation），公司駕駛員自然也接受飛安公司的訓練。巴菲特與桑圖里到今天仍然是好朋友。

兒童產品一炮而紅——家侖公司

商品事業可以擁有的護城河，包括成為低成本的廠商（例如波克夏的家具店），成為業界唯一或是熱門服務的龍頭廠商（例如飛安與利捷）。克萊頓房屋的護城河，是成為業界最低價；班傑明摩爾油漆的護城河，則是開創高級油漆的利基市場。波克夏子公司的其他商業模式，還包括了：打造獨特的經銷管道（例如斯科特菲茨的科比吸塵器直銷市場），以及提供讓企業客戶省錢的商品（ISCAR/IMC）。

產品品牌是經常被提及又明顯的商場護城河。許多人似乎認為，巴菲特的投資原則，是只選擇美國運通與可口可樂等擁有品牌知名度的公司。然而，品牌的確可以幫助企業穩居市

6 譯註：侯爵飛機夥伴增加了利捷的客源，但一架飛機更多人共享的模式，帶來飛機調度的問題，營運成本因而上升。

場龍頭的地位，並維持獲利性，但如果認定巴菲特只選擇擁有品牌知名度的公司，這個說法將被波克夏一半以上的子公司打臉。打造護城河的方法中，建立品牌是屬於比較困難的。打造品牌是在推廣符合市場需求的產品創意，然而這同時需要產品魅力與行銷技巧，而且還得碰運氣，因為產品會一炮而紅的原因通常不可捉摸。

家崙公司（Garan Inc.）一九七二年推出的「家崙動物」兒童產品，就兼具產品吸引力、高超的行銷與運氣。家崙的創業精神除了讓品牌一飛沖天，還讓公司克服了美國紡織業者面臨的困境。家崙公司成立於一九五七年，最初在紐約市的成衣區起家，由七間競爭對手合併而成。公司的英文名「Garan」是「guarantee」（保證）的縮寫，發音相同。運動衫是家崙最熱賣的產品，工廠位於肯塔基州與密西西比州，產品大多是掛中階市場的百貨公司自有品牌出售，例如梅西百貨（R. H. Macy's）、西爾斯（Sears）與伍爾沃斯。

家崙公司在一九六一年上市，靠市場資金支撐應收帳款，讓公司無需倚賴其他「因素」，也就是幫公司向廠商收取某個百分比的應收帳款的第三方。透過第三方收款是業界的標準做法，但成本高昂。家崙的多數股份在資深經理人手中，包括總裁山謬・多思基（Samuel Dorsky），以及他的副手與繼任者賽摩・李登斯坦（Seymour Lichtenstein）——李登斯坦是波克夏另一位在公司待了五十年的主管。

家崙在美國南方各地租下或興建工廠，產品線多元化之後，銷售與利潤也跟著扶搖而上。一九六〇年代末與一九七〇年代初，家崙因為眾多對手利用便宜的外國勞工以及國際貨運，經歷了一段跌跌撞撞的時期。在那之後，家崙便靠著控制成本、提升生產力，以及採用將權力下放的分權管理（decentralizing），重新站穩腳步。

一九七二年，公司推出「家崙動物」，這個童裝線立刻成為公司當時最暢銷的產品，而且今日依舊如此。家崙動物讓孩子可以輕鬆搭配衣服的顏色與風格，產品的設計概念，反映了穿衣方式與孩童自信之間的關聯：自己挑衣服的孩子會覺得自己可以發揮創意，可以自己做決定，因而產生自信。家崙聘請知名心理學家喬伊絲・布拉德博士（Dr. Joyce Brothers）擔任顧問，布拉德替家崙動物背書，指出這個品牌可以「幫助學齡前的兒童自行打理穿著」，而那種「我辦得到」的感覺，可以培養孩子的獨立精神。看重這個概念的家長，讓家崙的市占率與商業價值水漲船高。

一九八〇年代，家崙加入其他紡織廠商，把生產移到海外，以求保住成長、繼續擴張，但部分產品依舊留在國內製造。沃爾瑪在零售界崛起後，成為家崙最大的客戶。此外，家崙還取得授權，在自家衣服上放上各校校徽，以及迪士尼卡通人物。一九九〇年代初期，公司經歷了繁榮期，然而，即將進入二〇〇〇年時，公司的成本愈來愈高，還面臨愈來愈激烈的競爭，保留部分的國內生產，也讓公司的表現打了折扣。家崙的銷售開始愈來愈依賴沃爾瑪，這有好處也有壞處；沃爾瑪的確是重要客戶，然而金融圈擔心家崙的銷售得依賴沃爾瑪的表現。

李登斯坦和公司的其他人，靠著嚴格控制預算因應新情勢。他們拓展家崙動物的產品線，並將更多製造移到海外。家崙公司很少舉債，而且在一九六二年起便每年發放股利。此外，家崙雖是上市公司，公司四成的股份卻相當集中：一二%由李登斯坦持有，一二%由多思基的繼承人持有，剩下的一六%則在其他經理人手上。二〇〇二年時，家崙覺得公司需要更多資金才能保住業界地位，但又不希望將經營權拱手讓人，管理階層於是聯絡巴菲特。雙方很快達成協議，波克夏再度獲得另一支擁有創業精神的管理團隊。

打造熱銷牛仔鞋——賈斯汀

賈斯汀牛仔靴知名的程度，等同柯爾特點四五手槍（Colt 45 guns）、李維斯牛仔褲（Levi's）、斯泰森帽子（Stetson）等西方品牌。創始人賈斯汀（H. J. Justin）在一八七九年開設修鞋鋪，他在一九〇八年去世之後，三個兒子接掌鋪子，並開始自行製造牛仔靴。一九三〇與一九四〇年代，美國西部的牛仔風開始退燒，三兄弟擔心牛仔靴的未來，於是開始賣起大眾化的鞋子。

第三代的約翰・小賈斯汀（John Justin Jr.）生於一九一七年，年輕時便具備創業精神。他不喜歡長輩用委員會管理事業的方式，希望能自己獨立領導，最後也成功掌控家族事業。他上台後，要求員工必須兢兢業業，例如他要求銷售部門每天晚上都要交報告，確保所有人都盡全力工作，員工每天要拜訪每位潛在客戶。

小賈斯汀對自家的產品、德州牛仔風以及家族名聲充滿熱情，十分崇拜家族長久以來服務的牛仔。不過，雖然他努力把目標市場拓展到牛仔靴以外的產品，令人意外的是，他的鞋櫃裡一直沒有半雙牛仔靴。三十六歲時，他太太說他這樣很不應該，所以他也開始穿起自家產品。由於聽太太的話，小賈斯汀成為自家品牌的活廣告。

另一件有趣的事，則是小賈斯汀在一九五四年之前，也就是三十七歲之前，從來沒騎過馬。那年他參加年度牛仔競技活動時，在懷俄明州的夏安（Cheyenne）接受馬術速成課程。他解釋自己之所以開始騎馬，是因為：「我知道這對生意有好處。」他後來迷上騎馬，接下來的三十五年間都參加牛仔競技活動。懷俄明州之旅還帶來延續數十年的傳統：賈斯汀家族開始每年舉辦慶祝「沃思堡牛仔秀」（Fort Worth stock rodeo show）的晚餐派對，讓公司得以和牛仔秀明星以及牛仔迷，培養深厚的情誼，建立起寶貴客源。

如同克萊頓興建平價的活動屋，桑圖里的利捷航空讓人得以共同持有飛機，小賈斯汀在一九五四年時，發現牛仔活動有利可圖的市場需求：牛仔競技的騎師需要適合穿著套牛的靴子，而那種靴子需要比一般牛仔靴更扁平的後跟。賈斯汀公司不斷試驗，但總是無法結合牛仔靴的傳統高筒和普通鞋子的低跟，設計出來的產品，看起來或感覺起來總是不太對勁。後來小賈斯汀想起德州農工大學「儲備軍官訓練團」（ROTC at Texas A&M University）的軍靴，靈光一閃，把軍靴改造成適合牛仔競技的鞋子，命名為「套牛鞋」（Roper）。賈斯汀團隊花了許多心力，不斷反覆試驗，最後終於成功。套牛鞋在牛仔競技場及其他地方都賣得很夯，成為公司最暢銷的產品。

小賈斯汀是德州基督教大學（Texas Christian University）橄欖球隊的球迷。一九五〇年代中期，他特別按照球隊的吉祥物和暱稱，訂做了一雙鞋頭是「角蛙」（horned frog）的鞋去看比賽，其他球迷看到後也很心動，賈斯汀公司於是開始大量生產——這是另一個依照客群需求量身打造產品的例子。其他學校的球迷看到報導後，也想要類似產品，賈斯汀公司把老闆一時興起的發明，擴大成一條產品線，替德州基督教大學球隊的所有對手做靴子。早在大學周邊商品服飾尚未興起之前，賈斯汀公司就制定過對象為貝勒大學（Baylor University）、德州理工大學（Texas Tech University）、堪薩斯大學（University of Kansas）、德州大學（University of Texas）等大型學校的行銷計畫。

賈斯汀公司自一九五〇年代末開始，乘著橫掃全美的西部懷舊風，開始擴張市場。公司推出廣告，讓觀眾觀看穿著傳統西部服飾的牛仔鄉村。小賈斯汀特別向零售商強調服務的重要性，以他的話來說，「民眾即是王道」。賈斯汀公司順利打進新市場，在美國消費者心中留下強烈的品牌印象。在小賈斯汀當家作主期間，公司的年銷售額從一百萬美元飆升到四億五千萬美元。

一九六八年，小賈斯汀得了闌尾炎，在鬼門關前走了一遭。這次的病讓他關心起家族的未來，以及他離開後公司的明天會如何。他擁有的一切都和公司綁在一起，資產流動性、公司估值和遺產稅問題令人憂心。最後在律師的建議下，小賈斯汀同意讓公司和福特沃斯公司

（Fort Worth Corporation）合併。福特沃斯是大型企業，旗下尚有艾克美磚材公司，當時正準備在紐約證交所上市。小賈斯汀把賈斯汀公司賣給福特沃斯後，除了個人得到流動性資產，公開上市也讓公司取得估值，遺產稅的問題也一併解決。

合併案順利成交，但小賈斯汀很快感到幻滅，福特沃斯公司的管理階層似乎對快速獲利較感興趣，不重視長期價值。他們願意採用的是取巧，而不是穩健的手法，也不像小賈斯汀希望的那樣，對商業夥伴開誠布公。小賈斯汀表達自己的反對意見，威脅採取法律行動取消這次的合併。福特沃斯團隊的回應，是把管理權交給小賈斯汀。他接了下來，全面接掌營運事宜——除了靴子之外也管磚材，雖然他對這個行業一無所知。

曾經獨霸市場的品牌——艾克美磚材

小賈斯汀喜歡製造業，發現自己可以為一九六〇年代末期營運狀況不佳的艾克美磚材帶來價值。一九七〇年，艾克美磚材因房市不景氣，業績停滯不前，訂單數下滑，不過小賈斯汀並未下令停產，反而繼續增加庫存，因為他算出關閉工廠的成本，高過維持少量產能的成本。除此之外，始自一九一七年的公司紀錄顯示，磚材這一行確實有景氣循環的現象，而美國經濟也的確在不久後復甦，磚頭需求大增，此時賈斯汀公司的庫存立刻派上用場，為公司帶來利潤。

一九八〇年代，艾克美磚材的品牌獨霸市場——許多人會說這是得來不易的成果。公司請來達拉斯牛仔隊（Dallas Cowboys）的橄欖球明星特洛伊・艾克曼（Troy Aikman）擔任代言人，並在住宅磚材上印上商標，提供百年保固。調查顯示消費者偏好艾克美品牌，艾克美的業績持續隨著景氣好轉而蒸蒸日上，還購併多家建材公司，多角化經營，例如一九九四年買下美國瓷磚供應公司（American Tile Supply），一九九七年又收購創新建材公司（Innovative Building Products）。小賈斯汀顯然成功在建材這一行建立品牌，證據是艾克美的產品價格比別人貴一成。

後來更名為「賈斯汀工業」（Justin Industries）的賈斯汀公司，一九八五年時成為敵意購併的標的。由於公司的股價遠低於「真實價值」（intrinsic value）[7]，投標人建議透過分拆公司來「釋放」那個價值，被賈斯汀的董事會拒絕了。恰巧當時賈斯汀工業終於買下了一直想收購、但時機一直不對的東尼拉瑪公司（Tony Lama Company），而這樁買下對手的購併案，造成通常反對舉債的賈斯汀，承接了東尼拉瑪公司所有債務，意圖購併賈斯汀的投標者因而興趣大減。此外，賈斯汀的忠實支持者也買下大量股份，讓小賈斯汀覺得可以安心繼續衝刺事業，接下來一直到一九九〇年，都專注於本業。只是，即使購併危機已經解除，公司的營運並未一帆風順。

一九九八年，賈斯汀全面更新電腦系統，將所有部門全部電腦的功能整合在一起。進貨、銷售、記帳與人事等系統可以互通後，理論上可以提升效率、降低成本，然而，公司在聖誕節購物季即將來臨時安裝新系統，不但未能提升效率，電腦系統還全部當機。小賈斯汀把這件事交給自己親手挑選的繼承人藍迪・沃森（Randy Watson），沃森跳下去救火，安撫緊張不安的同仁，帶大家隨機應變，然而，系統問題花了十八個月才修復，公司一直要到二〇〇〇年秋天才重新全速運轉。在這段混亂的時期，競爭者乘機搶下市占率，賈斯汀差點關門大吉。沃森為了力挽狂瀾，關閉兩間靴子工廠，裁員五百人——此舉或許救了公司，但沃森一直耿耿於懷。

二〇〇〇年年底，小賈斯汀的健康嚴重惡化，不得不尋找可立即見效的方法，保住自己多年來打造的公司。某個投資集團在此時邀請巴菲特一同收購賈斯汀，巴菲特表示波克夏很少與他人一起投資，不過他願意與小賈斯汀見個面。巴菲特搭機前往福特沃斯公司，在二〇〇一年二月時，雙方達成協議，小賈斯汀不久後便過世了。巴菲特完成購併後，立即將艾克美磚材與賈斯汀分拆成兩個事業體，讓兩者成為各自獨立的波克夏子公司。兩家公司遵循小賈斯汀遺留下來的領導風格，都具有創業精神，不過，兩者是以不同的方式展現這樣的企業文化。

首先，馬靴的部分由沃森負責，公司更名為「賈斯汀品牌」（Justin Brands）。觀察家表示，沃森的創業精神與管理風格，和小賈斯汀像到出奇。原因或許是：雖然小賈斯汀已離開

7 譯註：指公司或資產本身固有的價值，可能與市值有明顯差距。

人世，但沃森在管理公司時，一直記得小賈斯汀生前會問他的問題，例如：「所有的銷售人員都盡心盡力工作嗎？」遇上困難抉擇時，沃森依舊會問：「小賈斯汀會怎麼做？」沃森開朗、勤奮，努力推銷公司，後來依舊與小賈斯汀建立的牛仔人脈保持良好互動。二〇一三年，安永會計師事務所（Ernst & Young）將沃森選為區域「年度最佳企業家」（Entrepreneurs of the Year）。公司財報數字亮麗，二〇〇八至二〇一二年間，銷售每年成長一成以上。

艾克美磚材則由一九八二年進公司的丹尼斯・納滋（Dennis Knautz）管理。會計出身的他，擁有強烈的會計師氣質。由於磚材產品十分沈重，艾克美採取分散式經營法，讓製造廠與經銷點散布各處，納滋也因此將每個銷售地點當成獨立的營運點，每個點的營運者都成為獨當一面的創業者，十分類似以下即將介紹的冰雪皇后餐廳的連鎖店文化。公司擁有品牌，也擁有集團底下散布各地、成千上萬的創業者。

以實驗精神製作冰淇淋——冰雪皇后

國際冰雪皇后公司（International Dairy Queen, Inc.）的歷史，可以追溯到一九二七年愛荷華州達文波特（Davenport）的「家庭冰淇淋公司」（Homemade Ice Cream Company），創始人是暱稱為「爺爺」的約翰・麥考倫（John F. McCullough），以及他兒子艾力克斯（Alex）。這對父子以創新的手法製作冰淇淋，先是在「爺爺」的地下室不斷實驗溫度和口感，接著不久後搬到隔壁的伊利諾州，在綠河（Green River）定居。皇天不負苦心人，父子倆終於實驗出半凍、半軟的創新霜淇淋，最後在冰雪皇后的推廣下，打造出知名的經典品牌。

一九三八年，麥考倫爺爺說服客戶謝普・諾布（Sherb Noble）舉辦吃到飽的霜淇淋銷售活動，來測試消費者感興趣的程度。那次的活動相當成功，接下來在其他地方舉辦的類似活動也反應熱烈，證明爺爺的預感沒錯——大家想吃霜淇淋。爺爺抓到冰淇淋業的「眉角」：結凍的硬冰淇淋，對製造商和販售者來說比較方便，但消費者吃起來並沒有那麼享受。

霜淇淋需要冷凍櫃和霜淇淋機，但最初麥考倫父子遍尋不著願意設計與製造這類機器的廠商，幸好爺爺恰巧在《芝加哥論壇報》（*Chicago Tribune*）的廣告上，看到一台剛剛取得專利、能夠擠出冰淇淋的連續式冷凍機。爺爺聯絡了發明人哈利・奧茲（Harry M. Oltz），兩人在一九三九年夏天達成協議，一起共享機器的專利權，以及冰淇淋銷售的權利金。

一九四〇年，麥考倫父子和諾布一起投資，開設第一家冰雪皇后店面。創始店生意很好，幾年間，三人又在地方上開了數家分店。二戰結束後，冰雪皇后連鎖店的生意一飛沖天，某一天，農場器具推銷員哈利・艾克辛（Harry Axene），留意到冰雪皇后的伊利諾州莫林分店（Moline）大排長龍。擁有創業頭腦的他，希望能加入投資。他聯絡麥考倫父子，取得在限定的州販售冰雪皇后霜淇淋的權利，接著又轉賣區域銷售權，向其他業者收取固定的初期費用，以及後續的冰淇淋銷售權利金。艾克辛以這個模式在美國中西部開設多家分店，到了一九四七年，冰雪皇后的全美分店數已達到一百家。

冰雪皇后不斷展店，但公司的經營方式比較像是一次賣斷智慧財產權，而不是持續性的加盟關係。艾克辛與麥考倫父子並未對分店採取集中式管理，每一家店的經營者都是投入一生積蓄的創業者，可以按照自己喜歡的方式經營。冰雪皇后在美國與加拿大迅速展店，一九五〇年代初期達到一千四百家，一九六〇年達三千家，每家店形形色色，各有不同。冰雪皇后一名資深員工就開玩笑說：「冰雪皇后的起家方式，是長出一堆手和一堆腳，卻是沒有頭的身體。」

奧茲的連續式冷凍機專利權在一九五四年到期後，冰雪皇后開始顯露疲態，部分分店的經營者不再支付權利金。麥考倫父子一狀告上法院，主張權利金是各店掛冰雪皇后招牌應該支付的費用，不受專利期限影響。雪上加霜的是，部分加盟業者主張他們不是從麥考倫父子手中取得販售權，而是艾克辛。這起訴訟曠日費時、代價高昂，艾克辛體系的店家在一九六二年卯足全力打官司，最後和麥考倫父子以和解收場。

麥考倫父子放棄索賠，把手中股份賣給在大型區域擁有大量冰雪皇后分店的業者所組成的投資集團，包括在伊利諾州與密蘇里州擁有一百七十三家分店的吉爾伯・史坦（Gilbert Stein）、在喬治亞州擁有六十四家分店的詹姆士・克魯克山克（James C. Cruikshank），以及在明尼蘇達州、威斯康辛州，以及加拿大東部，擁有數百家分店的伯特與密勒・邁爾斯父子（Burt and Miller Myers）。集團付給麥考倫父子一百五十萬美元，接著又貸款買下其他區域的販售權，開啟冰雪皇后第二階段的創業。

加盟主充分擁有自主權

冰雪皇后投資集團希望各店能有集中式的管理，成立「國際冰雪皇后公司」管理加盟體系。新公司以明尼蘇達州為基地，正式採取當時愈來愈流行的加盟模式。加盟體系可以追溯到一九二四年艾倫與萊特的A&W麥根沙士（Allen and Wright's A&W Root Beer），以及一九三九年的霍華德詹森連鎖旅館（Howard Johnson），並在二戰結束後流行起來。起先通常只有產品的經銷方式需要取得加盟特許權，特別是加油站與車行，戰後則成為全面的營運方式，各分店採取相同的事業計畫書、行銷策略、營運手冊，以及品質控管標準[8]。

冰雪皇后連鎖制度的獨特之處，在於制度是由史坦、克魯克山克、邁爾斯父子等擁有代銷權的人士自行建立。加盟計畫一般由總公司制定，並由總公司招募與訓練加盟業者，例如

8 連鎖加盟事業的概念，同時滿足了許多美國人相互矛盾的兩個看法：他們敬佩小型事業，但又覺得大企業才可能成功。連鎖店讓個人能擁有事業，又能享有美國大型企業的規模。此外，連鎖加盟店也具備美國夢的特質。財力普通的創業者，只需投入相對較低的初期投資，就能擁有一間事業。在加盟組織的協助下，數百萬人士得以享受打造事業的樂趣。

大約在一九七〇年時，冰雪皇后與全美各地大量的加盟業者遭逢困難。一九六〇年代的加盟熱潮，帶來一千個品牌的六十七萬間加盟店。接著這股浪潮泡沫化，許多批評者指出無良的加盟體系利用了天真的人。許多加盟主是希望能自己開店、但缺乏經驗或能力的小夫妻。不過，實際情況並沒有廣為流傳的負面例子那麼糟。事實上，美國聯邦貿易委員會（U.S. Federal Trade Commission）的調查結果是偶有欺騙事件，而非全面出現問題。威斯康辛大學（University of Wisconsin）的研究人員認為，加盟具有正面的淨經濟效益，特別是加盟提供了擁有一間店的機會——這是白手起家者的美國夢。

米達斯・穆菲勒汽車保養中心（Midas Muffler）、電子零售商睿俠（Radio Shack）、華美達飯店（Ramada Inns）都採取這樣的模式。冰雪皇后則由擁有代銷權的人士組織加盟主，實際的訓練人也是他們。他們除了負責取得區域銷售權，還整合各店的採購、廣告、展店、員工訓練、產品研究與海外拓展事宜。他們訂出新的加盟協議，除了和麥考倫父子與艾克辛一樣，要求加盟業者支付品牌產品的權利金，還要求總銷售的抽成。

冰雪皇后的新做法可以統一體系，但也有缺點，其中一個問題便是必須調解加盟主之間不同的策略觀點，每個人原本按照自己的方法順利經營各分店，即使他們同意接受共同的策略，各店依舊可能自行其是，因為從麥考倫家族和艾克辛的時代開始，公司便採取鬆散的制度。到了一九六〇年代末期，新的加盟體系已無法掌控加盟主，而且由於冰雪皇后的主管計畫讓公司上市，顧問力促公司增加展店數，以增加成長潛能。冰雪皇后接受大量展店的建議，但公司熱中於達成數字目標時，品質被犧牲，許多新分店開在地點不佳的位置，而且缺乏管理，資金不足。

雪上加霜的是，冰雪皇后加盟體系的管理者跟隨當時流行的集團風，買下不相干的事業，包括雪橇出租公司，以及連鎖營地公司，總部愈來愈無法控制旗下的加盟業者。一九七〇年，冰雪皇后計畫買下當時剛由一群明尼蘇達州商人救起的「全國租車系統公司」（National Car Rental System），全國租車沒有接受冰雪皇后的提議，最後把公司賣給家庭金融國際公司（Household Finance International, Inc.）。冰雪皇后立刻再次聯絡明尼蘇達州的企業家，這次則是問他們是否有意願買下冰雪皇后。企業家的帶頭者，包括肯尼斯・葛雷瑟（Kenneth C. Glaser）、威廉・麥金斯特里（William B. McKinstry）、魯迪・魯瑟（Rudy Luther）與約翰・穆迪（John W. Mooty）。

麥金斯特里與穆迪進行詳盡的盡職調查，發現冰雪皇后加盟體系的最上層，整體來說有著迫切的財務問題，但連鎖店本身體質完好，似乎有可能解決加盟者的問題，讓冰雪皇后擴展為大事業，然而如果要達成這個目標，勢必得強力打造一個完整的組織——麥考倫家族和艾克辛的時代不曾存在這種體系，後來才由加盟者自行制定。北美各地的冰雪皇后生意非常好，但由於公司最初的鬆散體系，德州在內的許多各區分店，和總部都沒有太緊密的互動。

明尼蘇達集團買下冰雪皇后後，立刻進行基礎改造，加強組織加盟業者。集團投資者以三百萬美元現金，買下冰雪皇后大部分的股份，並投入兩百萬美元的營運資金；另外，也迅速投入五百萬美元，削減經常性支出，採取對加盟主最有利的政策。

新上台的經營團隊，先是由麥金斯特里暫時擔任董事長，接著又由穆迪接棒，在接下來的十年間努力整合公司的連鎖體系。集團後來又投入數百萬美元，取得北美所有地區的販售權——先是加州與賓州，最終是加拿大西部與德州（光是後者就花了一千四百萬美元）。經營團隊關閉不賺錢的分店，規定統一的標準，建立起有效的經銷體系，以及成功的廣告方式。冰雪皇后原本只賣冰淇淋，後來也賣各種漢堡、熱狗及其他常見的美式速食。

一九八〇年，冰雪皇后的營收突破十億美元，成為全美第五大速食業者，僅次於漢堡王

（Burger King）、肯德基（KFC）、麥當勞（McDonald’s）與溫蒂漢堡（Wendy’s）。分店數當時達四千八百家，而且持續增加，超越其他所有速食連鎖業者，僅次於肯德基與麥當勞。一九八五年，冰雪皇后推出混入糖果、餅乾或水果的「冰風暴」霜淇淋（Blizzard）。接下來的兩年，冰雪皇后加強自己的營運方式，接連買下敵對的餐廳連鎖店，一九八六年，買下懷俄明州的卡莫爆米花（Karmelkorn），一九八七年又買下加州的橙色朱利斯（Orange Julius）。

冰雪皇后集團很強調對加盟主來說非常重要的永續經營精神。冰雪皇后由地方上的個人經營，幾乎所有分店都是加盟店，而非直營店。許多加盟主會因為生意好，或是因為家族有了下一代，買下更多分店。冰雪皇后的母投資集團，很鼓勵這種類型的擴張，畢竟和長期經營事業的加盟主合作比較有保障。

冰雪皇后是權力高度下放的組織，加盟主擁有充分的自主權。有的加盟主會將自己擁有的地區銷售權再轉授權給他人，子授權區又會再授權給數個業者。許多子加盟業者會相互結盟，通常是同一個區域的業者集合在一起，一起滿足地方需求，其中最大的聯盟是「德州冰雪皇后營運者委員會」（Texas Dairy Queen Operators’ Council），這個委員會讓不屬於最初的冰雪皇后組織的德州店，得以協調各分店的行銷與營運事宜。

冰雪皇后的加盟主通常也是地方社區的活躍人士，他們贊助世界少棒聯盟（Little League baseball teams），帶頭參加教堂活動，擔任學校董事，並在店內舉辦社區與社交活動，提供適合家庭聚會的場所。冰雪皇后在美國文化所占據的特殊地位，從大眾讀物的書名便可略窺一二，例如賴瑞・麥莫特瑞（Larry McMurtry）的《在冰雪皇后的班雅明：六十歲後的反思》（*Walter Benjamin at the Dairy Queen: Reflections at Sixty and Beyond*）、鮑伯・格林（Bob Greene）的《雪佛蘭的夏天，冰雪皇后的晚上》（*Chevrolet Summers, Dairy Queen Nights*）、羅伯特・英曼（Robert Inman）的《冰雪皇后歲月》（*Dairy Queen Days*）。

一九九六年，明尼蘇達投資集團中擁有冰雪皇后一五%股份的魯瑟過世，他的家人詢問巴菲特是否有興趣買下股份。巴菲特興趣缺缺，不過他先前曾數度暗示，波克夏有意買下整間公司。魯瑟的家族以及由穆迪領導的冰雪皇后管理階層，認為是賣掉公司的時候了。波克夏買下冰雪皇后時，冰雪皇后在二十三個國家，擁有五千七百九十二家分店，以及四百零九家橙色朱利斯、四十三家卡莫爆米花。為了幫助冰雪皇后的股東節稅，明尼蘇達投資集團堅持波克夏必須支付現金或股票。

穆迪認為要不是因為買主是波克夏，他的投資集團不會出售冰雪皇后。他接受本書訪談時，提到成交價大概低於公司的財務價值，但波克夏提供了冰雪皇后的三大成員——股東、員工與加盟主——都重視的價值。

股東方面，投資集團的所有成員都選擇拿波克夏的股票，每個人都讓自己高比例的淨資產轉為波克夏的股票。他們認為波克夏是極為優秀的公司，願意永久持有波克夏的股票。冰雪皇后的管理階層及員工，也喜歡波克夏賦予的自主權。從過去的紀錄來看，波克夏一向讓原本的管理人員留任，波克夏的企業總部不存在管理階層這點，讓不裁員的保證令人心安。

此外，波克夏永續經營的理念也使加盟主安心，他們相信巴菲特，認為接下來數十年間，自己都會隸屬於一間好公司。

冰雪皇后的執行長位置，二〇〇一至二〇〇七年間，由約翰・穆迪的兒子查爾斯（Charles W. Mooty）擔任，接著在穆迪家族及其他資深經理人提名、巴菲特同意的情況下，由約翰・蓋諾爾（John Gainor）接任。冰雪皇后目前擁有六千三百家分店，其中由馬修・弗朗舒（Mathew Frauenshuh）領導的家族企業「弗朗舒迎賓集團」（Frauenshuh Hospitality Group）為大型加盟主，在美國中西部長期持有六十一家分店，二〇一一年時，又另外買下肯塔基州與印第安納州五十八家分店，其中二千六百五十萬的資金來自奇異資本（GE Capital）。直到今天，冰雪皇后的加盟主，依舊每年舉辦一至兩次的社交聚會，交換對事業的看法。

對於公司如何走到今天，冰雪皇后的內部人士是這樣說的：

我認為冰雪皇后一直有很強韌的生命力。儘管大部分的問題，來自早期打造加盟體系時發生的錯誤，但也正是那個體系，讓我們得以成功。冰雪皇后的經營者，一般是一對投入畢生積蓄、日以繼夜工作的夫婦。把那樣的經驗複製千萬次後，才造就了冰雪皇后今日的規模。從以前到現在，那種創業精神一直是冰雪皇后體系的活力泉源。

波克夏文化充滿強烈的創業精神，旗下管理者通常具備天生的開創精神，提倡實驗、創新與堅忍不拔的文化。他們如同奧爾傑小說中的主人翁，把傳統的小本事業，變成價值數百萬美元的大企業，提供了眾多窮人翻身的故事。巴菲特本身是購併界的創業典範，他靠著隨機應變，讓一間夕陽西下的紡織公司，變身成超巨型的集團。這種創業的精神，和波克夏的另一項特質相輔相成：提供經營自主權的「不干涉」哲學。本章提到的艾克美磚材經銷中心，以及冰雪皇后的加盟體系，都體現了這種哲學，下一章將進一步詳細介紹這個特質。

CHAPTER 8

不干涉原則

權力下放給子公司，
主管授權給員工

不干涉，其實也是不得不然

波克夏的奧馬哈企業總部雇用二十四人，波克夏位於世界各地的子公司，則雇用超過三十萬人。波克夏高層採取不干涉的做法，強調波克夏文化的兩大重要原則——權力下放，以及讓個人擁有自主權。一般的商業組織，則大多採取階層制度，透過委員會與會議，以層層上報、層層監督的體制掌控公司。

波克夏刻意採取「不干涉」的管理方式，這其實也是不得不然的結果——波克夏擁有數量驚人的子公司，而且涉足各種產業，不可能採取事必躬親的嚴格掌控方式。波克夏一開始便選擇將權力下放的經營方式，顯示公司重視自主權，相信人們會善加利用交到自己手中的權力。不論是製造、經銷、顧客服務、購併，或是營運的任何面向，讓負責人做決定，將帶來無形的商業價值。

除了母公司採取權力下放的模式，波克夏旗下許多子公司也是一樣；在波克夏的大家庭，大量子公司中的個人擁有公司的支持，但也被授權建立個人的成功事業。

專業顧問團隊教你做菜——頂級大廚

桃瑞絲・克里斯多福創立的頂級大廚公司，充分展現出組織提供自主權可以獲得的好處——以及其中隱藏的缺點。克里斯多福雖是親力親為的管理者，她主要的商業模式卻是放手讓大家去做。

一九六〇年代末期，克里斯多福在伊利諾大學（University of Illinois）教授家政專班。一九八〇年，當時她三十五歲，孩子還小，她面臨必須兼顧工作與家庭的挑戰，不知該如何擁有成功的事業，同時又當個開心的媽媽；但她解決了這個難題，最後贏得白手起家獎，獲選安永年度最佳企業家。

克里斯多福在先生的建議之下，在家中聚會直銷高級廚具，讓傳統的特百惠（Tupperware）商業模式有了新面貌。一九八〇年，她用壽險保單借了三千美元——這是公司唯一借過的一次錢。克里斯多福以批發方式買下廚房用品，開始建立自己的事業。她舉辦「廚房秀」（而不是「特百惠派對」），銷售團隊的名稱是「廚房顧問」（而不是「雅芳小姐」（編按：雅芳是另一家直銷公司））。顧問在廚房秀上一邊做菜，一邊展示廚具，接著讓所有受邀者一起享受美食。

克里斯多福最初在家中地下室創業，成長速度不快。第一年（一九八一年）一共招募了十二位顧問，總銷售額六萬七千美元。一九八四年，銷售達到四十萬美元，地下室已經不夠大了。一九八九年，兩百位廚房顧問帶來三百五十萬美元的營收。

頂級大廚公司的廚房顧問數量穩定上升，營收也隨之成長：一九九一年達一千萬美元，一九九三年達六千五百三十萬，一九九五年達兩億，一九九七年達到四億兩千萬。廚房顧問數成長至兩萬五千人，不久後就翻了一倍，接著又變成三倍。

克里斯多福小心挑選廚具，務必使專業人士和新手都能享受做菜的樂趣。她在推銷廚具之前會先實驗所有產品，還親自擬好展示用法時的食譜和菜單。

然而，頂級大廚成功的關鍵是公司的廚房顧問團隊，這個團隊是權力下放與自主權的絕佳範例：顧問最初加入公司時，會先繳一小筆錢，購買廚房秀會用到的廚具，接著公司以一年數次的頻率，增加他們必須購買與推銷的新產品。公司會教顧問展示廚具的方法，並提供食譜及注意事項。

增加顧問數量，可以讓公司在不必增加支出的情況下，就增加營收與利潤。顧問的初始佣金是總銷售的兩成，超過目標銷售額的部分，可以再多領二%。顧問每個月只要達到相當低的基本業績，就可自行決定要花多少時間銷售。公司提供的銷售誘因，還包括費用都由公司贊助的全家旅遊。

克里斯多福稱讚顧問是公司的「無價之寶」、「最寶貴的資產」，以及「事業的核心靈魂」。她強調他們是一群獨立作業、「自雇的商業人士」，而非頂級大廚公司的員工。顧問沒有固定的上班時間，也沒有指定的推銷區域。大部分的直銷組織每週都會開銷售會議，但頂級大廚一個月只開一次，而且每月的聚會是溫馨的加油時間，而不是許多公司那種壓力爆表的銷售檢討大會。頂級大廚的聚會除了討論銷售事宜，也是提振士氣的社交機會，顧問可以交換有用的點子。

頂級大廚也採取多層次傳銷模式。顧問可以招攬自己的下線，而下線也能賺取銷售佣金，因此大家有動機建立銷售團隊。頂級大廚確保上下線的銷售來自真正的消費者，不像有的多層次傳銷是靠下線購買產品，純粹是老鼠會。在多層次傳銷的體系，「自主權」與「公司權力」明顯成反比。如果給直銷商做主的權力，他們大多會負起責任，想辦法獲利；若是內部強力控制銷售團隊，許多人的表現則沒那麼理想。

克里斯多福本人是親力親為的管理者，她日以繼夜工作，隨時思考如何改善營運，不過頂級大廚的商業模式必須給顧問自主權，而且規模擴張後也需要授權給公司同仁。克里斯多福信奉「有權力的責任」原則：「人們不喜歡被指揮……要讓（員工）自由發揮。」

顧問才是公司最寶貴的資產

頂級大廚比較大的煩惱，是如何跟上營收成長的腳步。一九八〇年代末期，頂級大廚招募的顧問人數快速倍增，銷售額成長的速度，超越公司所能提供的庫存管理、訂單交付、收款與支付手續。頂級大廚面臨許多成功創業者都會面臨的兩難：選擇犧牲某種程度的服務品質，讓公司繼續成長；或者是維持品質，放棄成長的機會？凍結人事，對直銷來說通常是「敲響喪鐘」——消費者會感覺事情不對勁，銷售團隊的士氣也會受到影響。然而，一九九〇年時，頂級大廚選擇追求品質，不追求數字，暫時不再招人。這個引發爭議但大膽的舉動，意味著公司重視基本價值，不重視短期獲利。然而，如同克里斯多福多年後的感想，重視基本價值，最終還是帶來了財務方面的好處：

現在回想起來，暫停招募顧問的決定，讓銷售團隊、顧客、供應商對我們更有信心。大家覺得我們是誠實的公司，覺得我們試著做對的事，沒有高估自己的能力。我們一向採取十分謹慎的做法，我們的人也知道這一點。如果我們告訴他們一件事，他們會知道那是實話[1]。

二〇〇二年，在六萬七千名廚房顧問的協助之下，頂級大廚的年銷售額突破七億美元。克里斯多福為了加強自己替公司的未來訂下的計畫，聯絡波克夏，請求在奧馬哈與巴菲特碰面。巴菲特開門見山就告訴克里斯多福，她個人的淨資產不會因波克夏而增加，甚至可能減少。雙方若是交易，她得一次把自己的資產換成現金，接著她大概會把那筆錢拿去投資各式資產，而巴菲特認為，頂級大廚未來大概會比那樣的投資組合值錢，所以他很好奇為什麼她要賣掉事業？

克里斯多福用「核心價值」解釋自己的決定：她想把公司交給波克夏的原因，在於她想保護銷售團隊與員工，還想保護她們一起建立的文化。克里斯多福考慮過讓公司上市，因為上市可以帶給成功的創業者驚人的報酬（前文提過，克萊頓以自己在公司上市時拿到數百萬美元為例，解釋為什麼許多創業者考慮讓公司首次公開募股）。然而克里斯多福看重波克夏的文化，波克夏不干涉子公司的營運，而且承諾讓公司永續經營。有識人之明的巴菲特，立刻對克里斯多福產生好感，兩人在三週內敲定交易。如同波克夏其他交易，這次頂級大廚的員工也依據個人年資收到紅利，一年的年資價值一千美元。

二〇〇三年一樁最終導致波克夏終止股東慈善捐款計畫的政治立場爭議事件，讓人看到波克夏如何支持頂級大廚的顧問、如何替他們著想。企業一般由董事會選擇公司的慈善捐款對象，但波克夏不同，波克夏的捐款計畫在一九八一年由蒙格制定，捐款對象由股東選擇，董事會則決定總金額。波克夏的股東很喜歡這個計畫，因為除了可以輕鬆做慈善，也比自己直接捐款更能節稅。波克夏的股東指定五花八門的慈善收款人，例如「天主教社會服務中心」（Catholic Social Services），以及「計畫生育聯盟」（Planned Parenthood）。

波克夏的慈善計畫金額龐大，範圍觸及各領域，引發社會行動主義人士的關切。二〇〇〇年代初期，關切墮胎等熱門議題的行動主義人士，發起抵制波克夏子公司與產品的運動，頂級大廚公司首當其衝。廚房顧問告訴克里斯多福，行動派人士威脅，如果波克夏繼續贊助違反他們立場的慈善機構，他們將聯合抵制頂級大廚。抵制行動影響了頂級大廚顧問的

1 波克夏其他子公司也以相同的方式解決這種兩難的情形。威利公司的比爾・蔡德表示：「如果成長得太快，公司的設備與架構將不足以應付成長。公司的設備與架構，必須和銷售以相同的速度成長，否則公司將無法有效交付產品，導致成本上升、顧客滿意度下滑。」有的企業在成為波克夏子公司之前，未能遵守這個原則，請見本書第十一章布魯斯運動公司（Brooks Sports, Inc）的例子。

潛在收入，始料未及的副作用影響持續擴大，克里斯多福不得不上報巴菲特。

最終的結果，是波克夏終止股東慈善捐款計畫。這個決定反映出「不干涉的管理方式」加「子公司自主權」令人意想不到的一面：不干涉的意思並非讓人自生自滅，而是要適時提供協助。高度分權的組織如果要能自治，所有代表組織行使自主權的人，都要能獲得組織的支持。以頂級大廚而言，廚房顧問正是組織的代表人。為了保護波克夏所重視的自主權與尊嚴等基本價值，公司寧願付出代價，取消股東慈善捐款計畫。

巴菲特寫道：

（這次的抵制行動）意味著信任我們的人士，其收入受到嚴重影響，然而他們不是我們的員工，也無法參與波克夏的決策。對我們的股東來說，由波克夏出面捐款，比起他們直接捐款，更具有部分的節稅效果。然而，相較於（頂級大廚旗下）苦心建立個人事業的忠實夥伴所受到的傷害，節稅事小。查理和我認為，靠傷害正直、努力工作的人，讓我們和其他股東得到些微的節稅好處，並不具有慈善意義。

二〇〇六年成為新任執行長的瑪拉·戈特沙爾克（Marla Gottschalk），很快就明白頂級大廚真正的資產，是公司的廚房顧問大軍。戈特沙爾克加入頂級大廚之前，有十四年時間是擔任卡夫食品（Kraft Food Groups Inc.）的資深主管，她立刻發現兩間公司的文化截然不同。卡夫食品偏好監督型的管理哲學，波克夏則放手讓人去做；卡夫層層監管，頂級大廚則只有薄薄的一層管理階層。戈特沙爾克的主要任務，是繼續吸引人們成為頂級大廚的廚房顧問，幫助他們成功。她每天早上研究兩份每日統計數字：銷售額與顧問數。她強調兩者之中，顧問數遠遠較為重要，顧問一直是公司最寶貴的資產。

二〇一三年十二月，戈特沙爾克卸任。在她擔任執行長的期間，公司順利運作，但成長有些疲軟。原本已經退休的克里斯多福重新擔任執行長後，發現公司的自主與創業精神依舊，但公司的商業模式目前面臨了網路購物與人口變化的衝擊。克里斯多福接受本書訪問時表示，她很開心能回鍋擔任執行長，也正在尋找能打造下一代頂級大廚的正確願景。

經銷商的自主勝過行政成本——斯科特菲茨

斯科特菲茨公司最有名的產品，包括最早採取登門推銷法的科比吸塵器與世界百科全書，以及透過電視購物銷售的金廚刀具。公司部門採取類似頂級大廚的直銷模式，例如科比吸塵器一向由「科比行銷體系」（Kirby Marketing System）販售。

科比的模式是：經銷商（distributor）以批發價買下吸塵器，接著再透過直銷人員（dealer）登門拜訪消費者來轉銷。科比要求所有銷售人員使用相同的印刷品，包括使用者手冊以及保證書，除此之外，經銷商和直銷人員可以按照自己的方式行銷，很適合具有開創精神的人。公司靠著授權給銷售人員，不需增加支出，就能增加銷售與利潤。

權力下放型的商業模式，主要會碰到人事監督的問題，例如當上線經銷商壓榨下線，或是當直銷人員使用違法的「高壓式銷售手法」[2]，此時該如何處理？在斯科特菲茨，科比吸塵器的經銷商是擁有自主權的老闆，但也代表著品牌與公司。有時他們會違反公司政策，未能採取適當的銷售手法，或是未能妥善照顧員工，甚至違反消費者保護制度與公平勞動法，導致私人訴訟與州政府的執法行動。

為了避免法律訴訟與法律責任帶來的成本，將得取消經銷商的自主權，重新修正商業模式，讓所有員工接受全面的訓練、監督與補救教育。這種做法會導致直接的行政成本，以及其他看不到的成本，例如自主權原本會帶來開創精神，但公司插手後，原本積極主動的精神將會消失。斯科特菲茨公司的管理階層依據數十年的經驗，最後決定了經銷商體系的自主價值，勝過這些成本。

索科爾事件，對波克夏的自治帶來重大考驗

波克夏的公司政策在「自治」與「權力」之間取得平衡。巴菲特每兩年會以書面方式下達反映這個平衡的指示，我們可以從相關指示中，看到波克夏子公司交給子公司執行長的任務：一、守護波克夏名聲。二、及早報告壞消息。三、討論退休福利的變動，以及大型的資本資出（包括波克夏鼓勵的購併活動）。四、採取五年計畫視野。五、向奧馬哈推薦所有波克

夏可以進行購併的機會。六、提出書面的接班人選推薦。除了這幾項任務以外，波克夏不會對子公司下達指令，只強調眾人都是因為能力出眾而被選為經理人，不應辜負公司的期望。

營運方面的事務，巴菲特盡量尊重子公司的執行長，很少會由中央進行監督。巴菲特不過問一切的日常決定，例如蓋可的廣告預算與承保標準、克萊頓房屋的放款條件、班傑明摩爾油漆的環保品質，或是佳斯邁威公司、家具行、珠寶店的產品組合與定價。人事、銷售、庫存、應收帳款管理等事宜，也全部交由艾克美磚材、家崙、頂級大廚等子公司自行處理。此外，如同冰雪皇后與賈斯汀品牌公司的例子，波克夏也尊重子公司決定的執行長等資深職位的接班人選。

蒙格說過，波克夏很接近無為而治。最極端的例子是：波克夏子公司魏斯可金融的執行長路易斯・文森提。自從波克夏一九七三年購併公司後，文森提一直擔任執行長，他在罹患阿茲海默症的情形下，依舊管理公司多年──巴菲特與蒙格都不知道他的病情。蒙格表示：「我們太愛他，即使我們知情之後，依舊讓他繼續工作，一直到他住進阿茲海默之家的那個星期。他喜歡進公司，而且沒有造成任何傷害。」蒙格與巴菲特沖淡感傷的氣氛，打趣地希望能擁有更多如此誠實、如此有信譽的子公司，就算是健康情形如此不佳的人士，也有辦法管理那些公司。

2　譯註：例如靠羞辱顧客刺激購買。

話雖如此，但波克夏賦予的自主權顯然不適用某些情形。大型的資本支出——或是可能出現的大型資本支出——會導致再保主管接下過於大型的保單，讓總部蒙受風險。波克夏會插手極端的情形，例如當通用再保的承保標準不斷惡化、造成高昂代價時，或是當班傑明摩爾油漆差點背棄波克夏對經銷商的承諾時，波克夏都會及時出手。此外，波克夏也以強制或非強制的方式，介入威利公司在猶他州以外地區展店的決定，並在子公司決定投入高額資本時，表達母公司的立場，例如當飛安公司買下航空模擬器，或是利捷航空增加待命機數量時。

說來諷刺，波克夏放任式管理的好處，在某次巴菲特破例時顯現出來。巴菲特多年來一直在構想可額外提供給自家數百萬車險客戶的產品，最後他說服蓋可的管理階層推出保戶信用卡。蓋可的管理階層警告過，這並非明智之舉，最後大量業務可能來自信用最不佳的顧客，最可靠的保戶則不太會申請。二〇〇九年，蓋可的信用卡業務已經損失超過六百萬美元，接著公司將應收帳款按面額折讓出售後，再度損失四千四百萬美元。要是那次波克夏堅持讓子公司自治的原則，就不會出現損失如此慘重的事業體。

更重要、也更難解決的問題，則是自治的代價。巴菲特提過，波克夏偏向讓子公司自治，也評估過相關成本：

我們一般讓旗下許多子公司自行營運，不會有任何程度的監督，也就是說我們有時會較晚才發現管理出現問題，有時子公司會有（不理想的）營運方式，做出不適當的資本決策……，然而大多數經理人都回報了我們對他們的信任，善加利用自己得到的自主權，採取以股東利益為導向的態度。這種態度是無價之寶，甚少出現在大型組織。我們寧願承受少數幾個糟糕決策帶來的有形成本，也不想承受由於體制僵化、決策速度過慢——或是根本沒做決策——而產生的無形成本。

由於波克夏所採取的做法十分不尋常，波克夏偶爾發生危機時，人們會爭論哪種企業文化比較好——是波克夏的自治與信任模式比較好？還是較為常見的由上層下達指令並控管比較好？對波克夏文化造成最大考驗的重要事件，莫過於大衛・索科爾的事件。索科爾是波克夏備受敬重的資深主管，管理過許多子公司，卻因為買下波克夏購併對象的股票，涉及內線交易。

二〇一〇年，巴菲特吩咐當時在桑圖里離開後，同時管理利捷航空與中美能源的索科爾，尋找購併機會。其實所有波克夏子公司執行長，都被鼓勵尋求購併的機會，對索科爾來說，那次的任務原本是證明自身能力的大好機會，畢竟當時許多人都看好他是巴菲特最可能的接班人選。

然而，索科爾卻採取了最不波克夏的方式：請銀行人士幫忙尋找收購對象。索科爾請花旗（Citi）的團隊特別留意化學產業，花旗也依照要求找到十八個可能的收購目標，其中索科爾特別屬意路博潤公司。路博潤是專業化學品製造商，產品包括汽車與石油工業添加物。二〇一〇年十二月十三日，索科爾請銀行詢問路博潤的執行長漢布里克，看他是否有意願和巴菲特洽談收購事宜。漢布里克表示自己會和路博潤的董事會提這件事，花旗也在十二月十七日把這個答案回覆給索科爾。

索科爾認為路博潤是非常優秀的企業，也是絕佳的投資標的，因此年收入兩千四百萬美元的他，在二〇一一年一月的第一週，買下價值一千萬美元的路博潤股票（他在前一年十二月中旬，也曾買進較為少量的股票，隨即又賣掉）。在接下來的一月十四日那週，漢布里克打電話給索科爾，表示公司有興趣和巴菲特談一談。索科爾接著向巴菲特報告這個購併機會。

巴菲特聽完後表示：「我對路博潤一無所知。」

索科爾回答：「反正參考一下，或許會適合波克夏也說不定。」

巴菲特問：「怎麼說？」

索科爾回答：「我擁有這家公司的股票，這是一家好公司，是屬於波克夏型的公司。」

巴菲特研究路博潤的年報，他不懂化學，只知道引擎發動時一定得有石油添加物。不過他表示，相較於產業的經濟特性，以及購併對象在業界的地位，高深的技術細節並不那麼重要。他和索科爾討論這家公司，並在二月八日和漢布里克共進午餐後，感受到路博潤的文化，也覺得這間公司前景看好。

三月十四日當天，波克夏同意以比路博潤股價高三成的價格，收購路博潤。消息發布之後，巴菲特在花旗的股票經紀人約翰・佛列德（John Freund）打電話恭喜他，告訴他花旗很榮幸能幫上忙。巴菲特聽完後大吃一驚，要波克夏的財務長馬克・哈姆伯格（Marc Hamburg）立即打電話給索科爾，問他花旗怎會參與此事，以及他為什麼會持有路博潤的股票？波克夏聘請的孟托歐事務所律師，在接下來一週盤問索科爾更多細節，並協助路博潤的律師擬定此次交易的揭露文件。那週巴菲特人在亞洲，他回國時，索科爾提出辭呈。先前索科爾也曾兩度提出要離開波克夏，但巴菲特及其他波克夏股東說服他留下，這次巴菲特並沒有慰留。

在波克夏，誠信沒有灰色地帶

三月二十九日那天，巴菲特草擬宣布索科爾辭職的新聞稿。他把草稿寄給索科爾，上頭說他之所以辭職，是因為最近的事件粉碎了他在波克夏接班的希望。索科爾反對這個解釋，認為自己是因為私人理由而辭職，他不曾希望接下巴菲特的棒子，也不認為自己做錯任何事。

巴菲特因而在隔天發布新聞稿之前，更改原先的用詞，改為摘錄索科爾的辭職信。巴菲特說明索科爾之所以辭職，是為了管理家族財產，接著他稱讚索科爾對波克夏有「卓越貢獻」，管理中美能源、利捷航空、佳斯邁威公司有功。新聞稿接著摘要說明索科爾購買路博潤股票一事，表明皆為合法買賣，並重申索科爾的主張，說明此事與他辭職無關。

巴菲特三月三十日的這篇新聞稿引發了批評，在外界眼中，這是一起內線交易，人們無法接受素來以剛正不阿著稱的波克夏與巴菲特，對此事輕描淡寫。此種做法「顯示（巴菲特）和索科爾親密的情誼，或許還顯示了某種程度的私相授受與縱放，因為他過去曾替波克夏立下汗馬功勞。」股東想知道為什麼巴菲特不生氣。

巴菲特接受了這樣的批評，表示如果當初新聞稿是由波克夏的律師執筆，措辭會更加小心。蒙格承認這份新聞稿有瑕疵，但也提醒大家不要被憤怒沖昏頭。企業律師擅長擬定四平八穩的新聞稿，執行長通常會把這個任務交給他們，只是，正如同巴菲特提議讓蓋可進軍信用卡業務，他也犯下自行寫新聞稿的錯，顯示出授權的價值。以索科爾事件來說，這相當諷刺，因為批評者立刻把矛頭指向波克夏過於放任的公司文化。

波克夏的稽查委員會讓孟托歐事務所的律師評估這個事件。四月二十六日那天，委員會判定索科爾購買路博潤股票一事，違反波克夏政策。相關政策規定，經理人不得購買波克夏正在考慮收購的公司股票，也嚴禁私人挪用機密的公司資訊。最重要的是，索科爾違反了巴菲特在兩年一封的信上，交託給波克夏子公司執行長的第一項任務：保護波克夏的信譽。內部稽查委員會打臉巴菲特三月三十日輕描淡寫的新聞稿，嚴詞批評索科爾的所作所為。

消息發布之後，立刻引發批評聲浪，評論者質疑波克夏未能進行公正調查，理由是稽查委員會是董事會的分支，而路博潤事件令人懷疑董事會有失職之處。此外，委員會原本可以聘請多家事務所進行調查，卻只請了與波克夏有深厚淵源的孟托歐事務所。

儘管如此，巴菲特最初的判斷被稽查委員會推翻後，他改變了看法。四月三十日那天，他在波克夏的年度股東大會上，把開場時間用來談這件事。他給大家看自己二十年前所羅門兄弟事件發生時的媒體訪談，當時他就曾告誡員工，不要做出會登上報紙頭條的事。巴菲特接著批評索科爾的行為「無可辯解、無法自圓其說」——他在評論所羅門兄弟醜聞案主角時，也說過同樣的話。股東大會過後，輿論開始探討更全面的議題，不再只討論波克夏的不干涉文化。

評論者認為，索科爾（或任何主管）違背公司政策，顯然公司內部的控管系統出了問題。現代的公司控管體系主要依賴正式命令，包括必要程序、匯報、批准，以及層層監督。波克夏則反其道而行，信任人，而不是信任程序。批評者懷疑波克夏賦予自主權與信任的文化，正是索科爾事件的元凶。

將所有違反公司政策的行為，都解釋成公司的控管或文化有問題，其實是過分解讀。世上沒有任何體系能全面防堵違規行為，即便是最有效的控管也一樣。索科爾事件，代表了所有公司希望透過公司的文化與控管加以防堵的事，而這起事件，也暴露出「自主權與信任」模式的侷限[3]。

蒙格在波克夏二〇一一年四月三十日的年度股東大會上，進一步說明這個議題：

> 最好的機構……會挑選非常值得信任的人，而且非常信任他們……。人被別人信任的時候，他們會自重，會努力報答那份信任。最守法的文化源自信任他人的文化。某些擁有最

龐大法紀部門的（企業文化），例如華爾街，卻也最常爆發醜聞。所以，事情沒那麼簡單，並不是你擁有更多遵守法紀的部門，就能讓人們更自動遵守法紀。人與人之間相互信任，才是人們守法的主要原因。波克夏先前並未因為信任他人而爆發大量醜聞，我也不認為以後會出現大量問題。

不論公司採取何種文化，重點在於主管如何處理違規問題。巴菲特曾在所羅門兄弟債券交易醜聞案的國會證言上，正式向員工提出他的勸誡，並在二〇一一年的波克夏股東大會上，重申當時的警告：「如果公司因你而虧錢，我會諒解，但如果公司因你而損失一絲信譽，我不會手下留情[4]。」

索科爾事件發生時，波克夏其他子公司趁機給員工上了一課。索科爾成為佳斯邁威董事長時指派的執行長拉拉巴，在稽查委員會報告出爐那一天，給了巴菲特與全公司的員工一份備忘錄：

稽查委員會明白指出，索科爾先生違反了波克夏與佳斯邁威兩間公司極力培養的正直與清廉，佳斯邁威的每位員工都該記住這不幸的一課。誠信不能有灰色模糊地帶……[5]。

索科爾案爆發時，波克夏將所有資料交給美國證券交易委員會，委員會著手調查案件，但最終在二〇一三年一月以不起訴作結。證交會並未提供任何解釋，不過很難說案子會有什麼結果。首先，索科爾無權決定波克夏是否收購路博潤，也就是說他買下路博潤股票時，他掌握的「資訊」並不成熟，也不可靠；因此證交會可能難以在法律上證明是「重大」內線消息。此外，索科爾並非路博潤員工，他買下路博潤股票並非典型的內線交易行為，因此證交

3 即便當初有更為嚴密的控管系統，也很難說索科爾的事件就不會發生。假設波克夏擁有大型的法規遵循部門，層層監管，明令個人必須依據特定程序，向法規遵循委員會交代個人投資，但如果波克夏長久以來的固定政策，都未能嚇阻索科爾，很難說再多一層官僚體制，就能阻止他的行為。反倒是行政管理制度可能取代「自主權與信任」的文化，引發更多遊走在邊緣的行為。

其實，包括波克夏在內，許多公司都有禁止員工交易特定股票的明確規範。波克夏禁止交易的證券，包括波克夏手中有持股的公司，但除此之外，公司的一般性政策還禁止交易波克夏有意收購的對象。然而列出公司已經擁有的全部證券很容易，卻不可能完全列出公司有朝一日可能買下的股票。一切按規定走的公司行政管理體系，能夠禁止前者的證券買賣，但無法禁止後者，後者要靠某種程度的自制與信任。

4 巴菲特表示：「遵守法規的精神和要求遵守的命令一樣重要，甚至重要性更勝一籌。我要下正確的命令，也要公司有完整的內部控管。然而，我也要求每位所羅門員工，必須當自己的法規遵循長。除了首先必須遵守所有規定外，我也要求員工捫心自問，他們是否真的要做任何隔天會上地方頭版的行為，是否真的要做出他們的配偶、孩子、朋友會在新聞上看到的事，是否要被記者嚴詞詳細報導。如果他們能通過這個自我檢驗，就不必擔心我接下來要對他們說的話：如果公司因你而虧錢，我會諒解，但如果公司因你而損失一絲信譽，我就不會手下留情。」

5 波克夏二〇一一年年會巴菲特回答股東提問紀錄（取得作者授權）。稽查委員會嚴聲批評索科爾，同時也給所有波克夏員工一個警告。委員會授權巴菲特公開報告的信上強調：「公開的聲明將使所有替波克夏工作的人士，以及波克夏服務的其他人士，明白公司嚴肅看待自己的政策。公司在法庭上對代表公司的人員下達的指示是公司政策，而非公關。我們期望本報告將大聲宣達公司給所有人的政策，並在未來嚇阻所有圖謀違反政策精神與明文規定的人士。」

會將必須證明他「侵占」波克夏的財產，但這點並不明顯[6]。

雖然證交會決定不起訴索科爾，但稽查委員會嚴詞譴責他違反波克夏政策。公司的認定與法律結果不同，是司空見慣的事，因為道德規範通常比法令還嚴格。法律是最低要求，公司可自行提高標準。事實上，許多控管系統只遵循字面條文，波克夏的信任自主文化則希望做到更高的標準[7]。

和證交會的結論一樣，索科爾所犯的錯，有很大一部分，並不是他買了路博潤的股票，而是他並未告知巴菲特自己是近期買下股票。稽查委員會的反應，顯示出波克夏很在意大眾的觀感，而索科爾則歡呼慶賀證交會的裁定，證明他是無辜的。他的律師甚至主張，他和波克夏之間的雇傭合約明白允許他的行為。相較於索科爾所付出的代價，他的違規情節並不重大，這也說明了巴菲特口中的「不會留情」。

授權給員工有其價值

一手打造威利公司、讓家族企業成為地方大型家具用品店的比爾・蔡德，曾以對手的故事說明自主權的重要性。對方和他一樣，先是在住屋隔壁開店，一切能省則省，價格低廉，提供一對一服務。生意好轉後，又跑到商業區開店並聘請員工，生意愈做愈大。

然而，這位老闆從不讓員工有任何做主的權力，什麼都自己來，就像當初店裡只有他自己一個人的時候，結果就是顧客服務打了折扣，員工士氣低落，銷售額再也跟不上愈來愈高的經常性支出，最後只有關門大吉。因此，蔡德得出兩個結論：

一、小公司要成長茁壯，一定得授權給員工。二、只有在老闆信任員工，放手讓他們做事，不事事干預的時候，才是真正的授權。

波克夏旗下的執行長接受本書訪談與書信來往時，強調波克夏賦予自主權的重要性。不

6 索科爾事件造成部分波克夏股東控告波克夏的德拉瓦州董事會（公司登記州）。如同輿論對波克夏自主信任文化的批評，股東認為董事會未能維持適當的內控系統，力促董事會調整控管架構，修補自己的監督職權。法院最後判定這個主張「十分薄弱」。

同一群股東也試圖控告索科爾，希望替波克夏追討三百萬美元，不過，波克夏董事會拒絕提告。除非股東能證明董事會無法公正行事，否則公司是否對特定人士提起訴訟，董事會擁有最終的決定權。股東無法證明波克夏董事會，在是否控告索科爾一事上缺乏獨立性。德拉瓦法院認為巴菲特的新聞稿讓此事有了模糊地帶，索科爾與巴菲特之間的情誼可能誤導董事會，不過法院表示那只是「傳言」（smoke），不足以影響董事會的判斷。

7 索科爾事件也影響了波克夏對大眾觀感的敏感度，強化了巴菲特所說的，員工要依據登上報紙頭條的結果，來檢視自己的行為。要是當初索科爾最初打電話給巴菲特時說：「華倫，我認為路博潤是很誘人的公司——誘人到我自己剛剛買了一千萬美元的股票，我認為你也該替波克夏考慮看看。」如果他當初明白告知，整件事就會不一樣。索科爾甚至可以多加一句話，進一步打消所有的正當性疑慮：「如果波克夏願意按原價買下我的股份，我會很樂意賣。」如果他那麼說，巴菲特的反應大概會是：「不用了，沒關係。如果最後我們買下這間公司，你有權擁有股票。」

論公司是大是小，自主權都有其價值，例如克萊頓房屋的凱文・克萊頓解釋，他們垂直整合的大型房屋製造公司，便是讓旗下的事業體自治。製造、零售、金融、保險、拖車房屋等每個事業體都各自獨立，而這樣的做法也帶來了長期的經濟效益。此外，克萊頓房屋也採「九〇／一〇」原則：初階經理人做九成的決定，資深經理人負責剩下的一成。那一成的決定涉及特殊風險、特殊技能，或是超出初階經理人的能力範圍。

波克夏旗下的布魯斯運動鞋公司執行長偉伯，也接受了本書訪談。他說他在事業生涯中，從未享有如此大的自主權，也從未感到如此責任重大。想讓公司朝著理想方向走，就要信任事業的管理者。

路博潤的漢布里克，也認同波克夏自主文化的價值，並以自己的專業能力協助母公司維持這樣的文化。他每一季會寄報告給巴菲特，但除非報告提到重大事件，否則不會收到回音。報告內容包括路博潤的營運狀況，以及他本人執行了哪些業務。他四處奔波，聯繫公司遍布全球的七千五百位員工，以及無數的相關人士。每季提供報告，讓他得以在找到需要批准的購併機會時，可以摘要說明，並在幾分鐘之內就得到巴菲特的批准，不需要先行讓資料送審。這種做法對波克夏的子公司來說特別重要，因為波克夏的子公司和路博潤一樣，不斷尋求購併機會，下一章將進一步解釋這點。

CHAPTER 9

精明投資

購併時，不融資，
也不用股票

透過購併，創造無人能敵的成長率——麥克連

麥克連是食品百貨的批發兼經銷商，公司每年的營收，比全球多數國家的GDP還高，二〇一三年達到四百六十億美元。二十世紀末，麥克連在全美各地不斷擴張，逐步達到今日的驚人規模，不過，十九世紀時，公司尚處於小本經營的階段，它就已經在做波克夏今日所做的事：用盈餘再投資，可帶來最多獲利的機會。

羅伯特・麥克連（Robert McLane）在一八九四年創立公司，用了二十年時間，讓麥克連從德州中部農場小鎮卡麥隆（Cameron）的一間小雜貨店，翻身變成地方上的知名企業。在早期，麥克連靠著高效率的物流體系，不斷擴張事業，重要轉捩點是把馬車換成卡車，讓公司如虎添翼。

羅伯特以及一九二一年進公司的兒子德雷頓（Drayton），帶著公司一步一腳印走過艱難歲月，先是撐過一九二〇年代重創德州農夫（麥克連的供應商）的惡劣天候，接著又挺過一九三〇年代猛擊德州商人（麥克連的客戶）的經濟大蕭條。他們不屈不撓的精神，在二戰後開花結果，一九四六年時，銷售額突破百萬美元大關，接著又碰上美國開始擴建全國的公路系統，運輸成本下降，麥克連在家鄉德州及其他各州的事業，跟著蒸蒸日上。

德雷頓的兒子小德雷頓・麥克連（Drayton McLane Jr.）一九五九年進公司，他在接下來的四十年間，同時透過垂直整合，以及靠著將業務拓展到各地，讓公司迅速成長。他讓麥克

連從單純的食品百貨批發商，變成零售客戶的物流幫手，協助他們處理存貨控管、訂貨、食品加工、倉儲、貨運與資料管理等業務。

小德雷頓一進公司就開始求新求變，他提出創新的行銷計畫，協助獨立的零售食品商，集資大宗購買麥克連銷售的自有品牌，零售商得以用更有效率的方式和連鎖業者競爭。此外，麥克連還協助客戶處理廣告、推銷與商店營運事宜，許多客戶加入小德雷頓的計畫，雙方互蒙其利，麥克連的營收在一九六四年增加到四百萬美元。

麥克連公司也成為德州中部7-Eleven連鎖便利商店的批發商。小德雷頓在一九六〇年代末、一九七〇年代初7-Eleven剛起步時，就開始培養合作關係，麥克連因此得以在便利商店產業起飛時，提供可靠的物流服務。7-Eleven及其他便利商店，在麥克連的協助下如虎添翼，Pay Less、Wawa、Zippo's等地方業者開始興起，連帶帶動了麥克連的成長，公司一九七五年的營收達六千六百萬美元。

麥克連公司在德州以外的第一次大規模擴張，發生在一九七六年。當時麥克連的合資夥伴，說服麥克連在科羅拉多州興建物流中心，麥克連在科羅拉多一帶建立客群後，又進軍美國西北部的奧勒岡州與華盛頓州，讓公司的卡車自科羅拉多州的物流中心，提供遠距離的配送服務。麥克連公司靠著相同策略，一步步穩定擴張到德州以外的地區，等新地區的業務達到一定的高峰量後，就在那一區的中心點建立新物流中心，既服務原本客群，又將新的物流中心當成基地，讓卡車進一步服務更遠的新地區。麥克連靠著這個模式，將版圖從奧勒岡州擴張到加州，接著又從加州延伸到亞利桑那州，相同過程不斷如法炮製十幾次後，最後終於在全美建立起十多個區域物流中心。

麥克連的每個物流中心都採取自主的營運方式，彷彿他們是一家家獨立的企業一般，只不過公司總部會指派部門負責人，由負責人做該部門的所有營運決策。麥克連不得不採取這樣的管理方式，因為每一區的客戶性質都不同——商店種類不同，提供的食品也不一樣，必須因地制宜。此外，麥克連也把成立新部門的責任，交到部門管理者手上。這個模式十分成功，麥克連的營收在一九八四年飆升至十億美元。

麥克連公司採取的擴張策略，還包括在一九八〇年代末、一九九〇年代初期進行一連串重要的購併，買下了某食品批發供應商及其重要客戶「南方公司」（Southland Corporation，7-Eleven連鎖超商的擁有者）的物流中心，強化核心事業。除此之外，麥克連收購的其他企業，也增強了公司物流管理的垂直整合，包括兩家食品加工公司（其中一家為南方公司旗下事業）、一家提供便利商店產業自動化與財務服務的科技公司。

一九九〇年，麥克連的銷售額已逼近三十億美元，那年小德雷頓接到的一通客戶電話，進一步鞏固了麥克連批發物流事業的全國霸主地位。電話的那頭，美國零售商龍頭沃爾瑪的老闆沃爾頓，表明自己有意收購麥克連。小德雷頓過去曾有多次出售公司的機會，然而麥克連珍惜自主權，相當看重家族傳統，每次都拒絕。然而，這次小德雷頓的父親與幾個姊妹指出，家族面臨著棘手的遺產安排問題——必須決定如何分配財產給家族成員，以及如何支付迫在眉睫的遺產稅。小德雷頓和沃爾頓立刻達成協議，只有一個問題：當時沃爾瑪旗下有數家便利商店，然而麥克連一向對客戶保證，絕不在零售業這一塊和他們競爭，最後的解決辦法，是沃爾瑪同意賣掉旗下的便利商店。

麥克連賣給沃爾瑪後，原本就很驚人的營收成長，再度一飛沖天，一九九三年的銷售額超過六十億美元，也就是說一九六四年以來，平均每年成長超過三〇%。二〇〇三年時，麥克連的營收突破兩百億，沃爾瑪判斷麥克連已經超出沃爾瑪的企業核心能力，詢問波克夏是否有意收購。麥克連非常適合波克夏，因為兩家公司擁有相同的價值觀。此外，麥克連如果歸在沃爾瑪旗下，其實對麥克連不利，因為沃爾瑪的對手為了和沃爾瑪競爭，不會向麥克連進貨。如果是由波克夏持有麥克連，麥克連自然更有成長空間。波克夏最終點頭同意買下麥克連。

小德雷頓在一九九二年自麥克連退休，買下休士頓太空人棒球隊（Houston Astros baseball team），將公司交給喬・哈丁（Joe Hardin）。哈丁帶領麥克連十年，接著格雷迪・羅齊爾上台，管理麥克連至今。哈丁和羅齊爾都是出色的接班人，麥克連繼續透過一連串的購併，維持無人能敵的成長率。

羅齊爾讓麥克連傳統的食品經銷事業更上一層樓，購併北卡羅來納州的「牧場溪肉品公司」（Meadowbrook Meat Company, Inc., MBM）。該公司創立於一九四七年，當時已是傳承兩代的家族企業，創始人為J・R・華滋華斯（J. R. Wordsworth）。牧場溪肉品在全美各地共有三十五個物流中心，是美國連鎖餐廳的食材經銷商，客戶包括阿比漢堡（Arby's）、漢堡王、福來雞（Chick-fil-A）、達登餐飲〔Darden Restaurants，旗下有首都格柵（Capital Grille）與橄欖園（Olive Garden）〕，每年營收達六十億美元。牧場溪被麥克連收購後，除了規模變大，一切維持原樣。

羅齊爾還讓麥克連主要透過購併的方式，增加產品線，例如二〇一〇年時，麥克連買下喬治亞州與北卡羅來納州一帶的酒商帝國經銷公司（Empire Distributors），接著帝國又隨即收購隔壁田納西州的地平線酒類公司（Horizon Wine & Spirits）。二〇一三年，麥克連合資買下密蘇里飲品公司（Missouri Beverage Company），繼續將市場擴展到另一個臨近的州。預計在未來數十年，麥克連的葡萄酒與烈酒事業將遍布全美[1]。

大力進行補強型購併——MiTek

不論是為了促進公司內部的成長，或者是為了進行公司外部的購併，精明的資本配置管理十分重要，一旦出錯，股東將會損失慘重。當公司高層以過高的價格收購新事業時，錯誤的代價尤其昂貴。過高的購併價通常出自幾個原因，例如管理階層過度自信，又太容易取得閒置現金，或是公司靠著發行新股票與借貸取得資金，高估購併能帶來的好處，造成「價值摧毀」（value destruction）。

避免以過高價格收購新事業的方法，一是必須防止管理階層過度自信，二是必須控制資金來源，波克夏的文化同時提供了這兩道防線。舉例來說，購併市場一般有週期，一陣子熱鬧，一陣子沈寂，因此常見的錯誤是在週期從買方市場走到賣方市場時，跟風買下公司。以專有名詞來解釋，這種現象叫「社會認同」（social proof），意思是以為如果每個人都在做某一件事，那件事一定是好事。波克夏則一向把目光放遠，避免犯下從眾的錯誤。

此外，企業一般透過融資、股票或公司的超額現金，取得購併所需的資金，然而波克夏的文化與架構，讓管理者難以取得這三種資金，得以避開短視的決定，例如波克夏的對手通常靠融資進行購併，然而這種做法造成的代價通常多過好處。波克夏精打細算的文化，則讓子公司避免因購併或任何理由舉債。除此之外，有的企業會以股票支付購併案，但股票通常會讓管理階層感覺像是在付玩具鈔，沒有真實感，造成出手過度大方。那種心理狀態類似於到國外旅遊時花外幣，或是在賭場用籌碼賭博。波克夏的子公司從來不用股票進行購併，因而得以避免這種「假錢問題」（funny money）（事實上，波克夏只有七樁母公司層級的購併案使用股票。破例的原因在於那七個賣方高度重視這種形式的支付方式，包括冰雪皇后與赫爾

1　波克夏的部分子公司，明顯採取按照地理區域成長的策略，例如波克夏海瑟威媒體收購服務特定區域的地方報社，美國住宅服務公司則收購特定地區的地方住宅不動產仲介公司。ISCAR/IMC 則在全球發展，但也透過一系列的購併而成長，在歐洲一國接著一國收購企業。以上三個例子，未來都有驚人的成長機會。

茲伯格鑽石）[2]。

並不是所有波克夏的子公司進行再投資時，都會得到高報酬率。在波克夏的架構底下，報酬率不高的子公司會將多餘的現金交給波克夏，接著波克夏將資金投入其他有辦法達到高投資報酬率的子公司，例如斯科特菲茨與時思納入波克夏之後，都帶來數億美元的超額現金，然而時思只需要少量資金便能營運[3]，斯科特菲茨也很少像其他姊妹子公司一樣，有提升價值的機會，因此波克夏讓子公司之間互通有無，把一個子公司集團的超額現金，配置給另一個子公司集團。波克夏的金雞母所提供的經濟價值，不只在於現金，還在於他們讓波克夏擁有大型資本庫，讓母公司在出現適當的購併機會時，有能力迅速買下大量股份。

波克夏的子公司，有時也靠著波克夏買下自己時所採取的「核心價值法」，讓自己在購併其他公司時，不至於開出過高的價格，例如波克夏在二〇〇一年購併的聖路易（St. Louis）公司MiTek，也是靠著核心價值法，成功買下近數十年來帶給營建業革命性改變的數家公司。

如果你去看美國一九六〇年代興建的房子，以及一九九〇年代以後出現的房子，一比較，就可以發現兩者的屋頂十分不同。如果是一九六〇年代的房子，位於相同街區的屋頂都很簡單、外形一模一樣，因為屋頂相當笨重，組裝不易，如果每間房子都有不同的設計，成本就會太高。屋頂桁架（roof trusses，建築物內房間與屋頂之間的空間結構）以及建築物的屋頂，通常是事先就組裝好，以節省成本。然而MiTek公司改良機具，打造不同的屋頂風格，變得更便宜、也更容易了。今日美國的屋頂桁架擁有複雜的切面、頂部、底部與斜脊，再也不是整片突起的斜角，除了設計較有變化，也較為耐用，可以蓋得更高。

MiTek及其子公司製造切割機、沖床與建材固定工具，建設公司需要他們的機具與零件，才能讓建築的工程願景成真。今日的MiTek，是集合多家頂尖建材公司的集團，全力研發可以減少失誤與人力需求的自動化機械設備，例如附有數位刀鋒角度讀取機的六刀切割機，可進行工程分析、提供製造規格的軟體，以及能夠在工作桌台呈現屋頂桁架的雷射投影。

MiTek公司能有今日的規模，靠的是保羅・康納森（Paul Cornelsen）領導的購併。康納森原是堪薩斯州的農村男孩，二戰退役後進入職場，先是負責清理堪薩斯州威奇托（Wichita）一間飼料工廠的置物間。接著他花了三十五年的時間，一路在羅森普瑞納寵物食品公司（Ralston Purina）往上爬，最後當上公司國際部門的營運長。一九八一年，康納森因為對手搶下公司的最高位置，因而黯然離開羅森普瑞納，轉而接掌莫稜巴實業（Moehlenpah Industries，後來他將公司更名為MiTek）。

莫稜巴實業是製造液壓機與屋頂組裝材料的跨國公司，創始人為華特・莫稜巴（Walter

---

2 其他五樁包括班寶利基珠寶、BNSF鐵路、德克斯特鞋業、飛安公司，以及通用再保。

3 舉例來說，時思加入波克夏的前二十年，獲利近四億美元，但僅需一千八百萬的再投資——波克夏把剩下的盈餘分配出去。時思的營收自一九七二年的兩千九百萬，成長至一九九一年的一億九千六百萬；稅前盈餘自一九七二年的四百二十萬，成長至一九九一年的四千兩百四十萬。時思一九九一年交出財報成績時，淨值僅兩千五百萬美元，包括一九七一年的七百萬，以及波克夏總計讓時思留下的一千八百萬。時思在該時期累積的其他盈餘達四億一千萬，波克夏挪作其他用途。二〇一三年時，時思的年度獲利達八千萬。

Moehlenpah）。莫稜巴實業靠著高超的工程、設計與製造技術，在競爭激烈的產業建立過人的名聲，公司的液壓氣壓工程部門尤其有名，然而業績一直沒有起色。康納森設法提振公司，賣掉公司名下的飛機與遊艇等難以負擔的奢侈品，吸引新的外部投資人，下放決策權，並成立股票獎勵制度。康納森後來和七位同事透過新制度，一起成為公司股東。

莫稜巴開始穩定成長。一九八七年，康納森透過創意十足的購併法，買下夙敵「釘材系統公司」（Gang-Nail Systems, Inc.），同一時間又把合併過後的一半公司，賣給英國一家後來更名為雷盛（Rexam plc）的寶沃特集團（Bowater）。雷盛有權買下的另一半股份，則留在MiTek的股東兼管理者手中。自此之後，康納森大力重用讓MiTek不斷進行購併的主管團隊，公司益發壯大。一九八九年，康納森又從愛達荷州一家包裝公司挖來尤金・圖姆斯（Eugene Toombs）當自己的副手，並讓湯瑪斯・曼內帝負責管理釘材系統，麥可・康菲帝（Michael D. Conforti）負責液壓氣壓工程部門。

康納森於一九九三年退休時，雷盛集團行使權利，買下MiTek百分之百的股份，然而幾年後，雷盛重新把精力集中在生產鋁罐的核心事業，MiTek被邊緣化，留待出售。不過，因為MiTek太賺錢，雷盛堅持要等到高價才賣，一直留著MiTek，但又不願意投資圖姆斯團隊找到的購併機會。

因此，二〇〇一年時，圖姆斯在取得雷盛集團的許可之下，向波克夏推薦MiTek。他連夜寄了一個包裹給巴菲特，裡頭放著MiTek的產品，以及一封說明MiTek業務的信。巴菲特收到後，摸不著頭緒，「那是一塊看起來再普通不過的金屬，想不出究竟有什麼用途」。那塊三乘五吋的金屬接片，其實是MiTek製造屋頂桁架的旗艦產品。巴菲特在了解此類產品在屋頂產業的重要性與必要性之後，以三億七千九百萬美元，買下MiTek九成股份。剩下的一成，則依據康納森當年的股東兼管理者制度，由圖姆斯與曼內帝在內的五十五位MiTek經理人買下（康菲帝已在二〇〇〇年過世）[4]。

波克夏買下MiTek後，MiTek加快購併的腳步，完成四十多樁交易。MiTek購併其他企業的主要原因，是為了增強自身實力，可能買下業務相同的對手，也可能增加公司的產品線。這類型的購併被稱為「補強型購併」（bolt-on），例如MiTek買下的聯合鋼材公司（United Steel Products, USP）就是一個好例子。成立於一九五四年的聯合鋼材，是建築樑架與連接設備的製造商，MiTek長期擁有其獨家經銷權，兩家公司成功合作過無數案子。一九九八年，直布羅陀鋼鐵公司（Gibraltar Steel Corporation）看上聯合鋼材與MiTek的合作關係，收購聯合鋼材的股份。二〇一一年，MiTek也因為兩家公司過去的合作關係，最後購併該公司，讓一切歸MiTek掌控。

購併分為兩種，除了「補強型購併」以外，還有「增強型購併」（tuck-in）。增強型的購

4 雷盛是厲害的談判對手，要求波克夏提高最初的出價，理由是他們相信波克夏提出的價格，沒算進一樁MiTek近期的購併。波克夏最後接受了那個價格。

併會帶來相關但全新的事業，不會補足任何事業，但也不是純粹的多角化事業，例如MiTek曾在二〇一三年收購帷幕牆的全球領導者班森實業（Benson Industries）。帷幕牆是鋼筋混凝土的昂貴替代品，用於預計能屹立數百年的建築。班森實業的客戶，包括紐約的自由塔（Freedom Tower，即世貿一號大樓）、聯合國大樓，以及新加坡的濱海灣金沙酒店（Marina Bay Sands），世界各地的高科技建築都有這家公司的身影。

波克夏鼓勵旗下子公司進行補強型購併，大部分的子公司都依令行事，MiTek更是勇往直前，大力進行。二〇〇八年，MiTek收購一九三三年成立於紐約的家族企業「H&B公司」（Hohmann & Barnard）。這間替各種規模的建築物生產大理石與花崗岩固材的公司，除了讓MiTek原本的建材事業如虎添翼，加入MiTek後又自行進一步購併多家公司，包括金屬強化建材製造商「布拉克洛克公司」（Blok-Lok）、帶來新產品線的防水建材製造商「山德爾公司」（Sandell），以及和H&B製造相同產品、創新的建築強化產品先鋒「杜歐沃公司」（Dur-O-Wal）。此外，H&B還買下地方上的競爭對手「RKL建設公司」（RKL Building Specialties Co.）。

波克夏的子公司有自己的購併哲學，可能採取波克夏的方式，也可能不會。舉例來說，許多波克夏子公司進行補強型購併時，承諾讓被收購的公司以及原本的管理者，可以繼續享有自主權並永續經營。然而，如果是增強型購併，買下的是直接競爭對手，則可能無法提供這兩項保證，因為購併案的價值，通常必須靠著精簡業務才能顯現出來，例如H&B收購夙敵杜歐沃後，兩家公司分別繼續販售旗下擁有專利的創新產品，但裁撤重複的部門。

在購併這一塊，波克夏子公司的共通之處，在於它們都是精明的投資者。它們複製波克夏的模式，進行購併時會尋找符合自身文化的公司，除了讓賣方得到經濟上的利益，還得到無形的價值交換。波克夏旗下較常進行購併的子公司，在加入波克夏的大家族之前，早已長期進行購併。不論是在加入波克夏之前或之後，這些子公司在與他人談合併案時，它們的公司文化都深受重視。

購併時必須篩選可能的收購目標，確保雙方擁有相容的文化。兩家企業如果要合併，這種相容性很重要，因為相似的文化能以有效的方式促成團結。另外，同樣重要的是，雙方的文化如果能夠相容，買方才能提供無形的價值交換。波克夏進行直接購併時，通常會遵守這個原則。波克夏的子公司也遵循這種做法，靠著公司文化的吸引力，用低於賣方提出的價格，打敗其他競爭者。

舉例來說，MiTek二〇〇九年收購的「熱導管技術公司」（Heat Pipe Technology）是暖通空調系統（HVAC）的領導者，提供高科技能源與濕度控管設備。創始人兼老闆丁康（Khanh Dinh）在一九六〇年代越戰開打前，逃離越南，在佛羅里達定居。這位創新又具有遠見的工程師，白手起家，出售事業時，強調買家一定得了解他的事業，而且喜歡他的產品，願意一起研發產品，他才肯賣。MiTek因為符合以上條件，順利以低價完成購併。

購併一向是MiTek商業模式的一部分，給子公司營運自主權，也是MiTek的關鍵策略——

聯合鋼材公司、班森實業、H＆B、熱導管技術公司都自主經營。MiTek的總部擁有負責購併的中心，由該部門尋找與審查購併機會。此外，總部還有協調子公司後勤辦公室的聯合單位，負責整合會計、人力資源與法務部門。MiTek採取下放權力的架構，多位總裁各自監督集團內自主的子公司，然後向執行長報告。

波克夏所提供的自主權，讓MiTek更能夠採取權力下放的模式。MiTek的資深經理人進行購併時，不須每次都事先得到批准。MiTek的執行長會以每月寄送備忘錄的方式，通知波克夏的執行長最新情形。碰上大型購併案或是非一般的補強型購併案時，則會先尋求波克夏的批准。除此之外，波克夏子公司的執行長還要負責推薦繼任人選。圖姆斯即將退休時，打電話給早自己幾年退休的曼內帝，請他回來管理公司。曼內帝在退休期間，屢屢拒絕重出江湖，但這次卻爽快答應，因為他知道將能按照自己的想法經營公司。曼內帝接受本書訪談時表示：「波克夏與巴菲特給了我完全的自主權。我被這樣對待，所以也能這樣對待我們的經理人。」

購併帶來新技術和專利——路博潤

路博潤公司是睡獅覺醒的故事，重振江山後成為波克夏的金雞母。執行長漢布里克先是透過一樁讓公司得以轉型的大型購併案，接下來又透過一系列的補強型購併，讓路博潤的人員在各種平台上，發揮自己的「表面處理技術」（surface technology）長才。

路博潤成立於一九二八年，創辦人是一群陶氏化學（Dow Chemical Co.）的前員工，包括一八九七年共同成立陶氏的化學教授亞伯特・史密斯（Albert W. Smith）的三個兒子。幾個人成立了石墨油產品公司（Graphite Oil Products），服務當時正在興起的汽車與石油產業化學，例如他們以複雜的技術讓石墨懸浮在油中，減少汽車的懸吊彈簧所發出的噪音。一九三〇年代，他們研發出可以冷卻引擎的含氯添加物，解決了造成大家不願購車的引擎過熱問題。路博潤今日的英文名字（Lubrizol）正是源自「潤滑添加物」（lubricant additive）一字（一九四三年，Lubri-zol中的「-」被拿掉，變成「Lubrizol」）。一九三五年，通用汽車（General Motors）及其他汽車製造商，建議客戶將路博潤的產品加進汽車引擎。

路博潤的創辦人努力讓公司的商業模式與護城河，變得更加完善。行銷團隊密切與客戶、製造商、監管單位合作，一起找出問題，接著把外界碰到的所有問題，告知路博潤的研發人員，由研發人員負責找出解決辦法，例如汽車、船艦柴油引擎與發電廠發電機的製造商，需要近似機油的潤滑油，也需要可以提升引擎運轉持久度的變速箱油，路博潤於是和這些製造商一起合作研發添加物。路博潤自行添購基礎油[5]（base oil）及其他石油化學物，研發添加物，得出能夠達到期望效果的產品，接著轉賣給潤滑油製造商。除此之外，路博潤的潤

5 譯註：潤滑油的液態成分。

滑油客戶會希望產品獲准用於廠商的機器設備，此時路博潤可以提供性能檢測證明。路博潤是價值鏈之中的思考研發環節，靠著專業知識與檢驗服務，讓自己的產品與眾不同，建立品牌，不必削價競爭。

到了一九八〇年代末，路博潤已經成為石油添加物的全球領導者，然而產業已達成熟階段，成長機會有限，例如一九八七年時，路博潤的年營收已經突破十億美元大關，收益達八千一百萬美元，然而十六年過後的二〇〇三年，淨收益僅成長至九千一百萬。不過，就在此時，一九七〇年代就進公司、年輕但資深的化學工程師漢布里克，在二〇〇二年時躍升為總裁，二〇〇四年又擔任執行長，路博潤因而出現轉機。

漢布里克十八歲就加入路博潤，他長期觀察路博潤的企業發展，強調營收的名目成長以及不高的收益成長，其實意味著路博潤正在萎縮。公司在石油添加物產業努力支撐，然而事業並不興旺。漢布里克希望傳遞訊息給員工和客戶：唯有靠著資本與專業知識達到高報酬率的公司，才會得到再投資。

漢布里克認為，要求路博潤負責研發的研發人員提振公司業績並不實際，他提出的辦法是化公司的核心技術為新的產品線。路博潤的核心技術，包括在長時間高速運轉的內燃機等最難處理的表面上，加上特殊化學物質。他的策略願景是向外擴張，將特殊化學品應用在所有想像得到的表面上，包括消費者的各種髮質、油漆及錢幣。

二〇〇三年四月，漢布里克請求路博潤的董事會授權，讓管理階層尋求大型的購併機會，讓公司擴展到傳統業務以外的領域。路博潤花了一年的時間才獲准，在二〇〇四年初買下諾譽國際公司（Noveon International, Inc.）。諾譽是製造特殊化學品的公司，前身為古立德集團（The B. F. Goodrich Company）旗下的部門，二〇〇一年起由私募股權公司持有。路博潤和諾譽的事業相輔相成：路博潤是運輸產業的液態技術龍頭，諾譽則專注於個人消費性產品、特殊塗層、聚氯、聚氨酯與液體聚合物。用科技術語來說，諾譽的專長是聚合物化學，可以補足路博潤的添加物事業傳統上仰賴的單體化學。

諾譽的營收為十二億美元，路博潤的營收為二十億美元，購併價為十八億四千萬美元（九億兩千萬的現金，加上承接九億兩千萬的債務）。向私募股權購買技術型公司是精明的舉動，因為私募股權有時不太理解路博潤與諾譽這類公司最重要的研發，漢布里克等化學工程師看得到價值主張，私募股權投資者則不一定看得到。此外，私募股權公司操作短週期的基金，可能導致出售的壓力，造成買家在協商價格時占有優勢。

路博潤購併諾譽是關鍵決策，之後公司開始替雅芳（Avon）、雅詩蘭黛（Estee Lauder）、寶僑（Procter & Gamble）等公司的護膚與護髮產品，提供個人護理的表層技術，競爭者有陶氏化學旗下的羅門哈斯公司（Rohm & Haas）。表面技術的工業應用範圍極廣，客戶可能是班傑明摩爾油漆、宣偉油漆、威士伯塗料（Valspar），也可能是巴斯夫（BASF）等化工競爭者。路博潤站穩未來的特殊利基市場，例如在政府的發鈔機關從紙幣改採各種塑膠材質時，提供貨幣塗層技術。漢布里克解釋了公司收購諾譽的理由：

我說過，如果無法找出讓公司的添加劑事業成長的方法，再投資是沒有意義的，諾譽讓我得以證明我是認真的。買下諾譽，是對外（包括我們的客戶）宣示我們的企圖心，也是對我的組織發出重大聲明。如果有什麼辦法能夠讓組織動起來的話，就是這件事。團隊可能不願意向我承認這件事，但我告訴你，諾譽讓路博潤發出「真想不到！」的驚歎。

路博潤買下諾譽後，接下來的數十年間又進行許多小型的購併，金額從一億至五億美元不等。所有的購併案都與表面化學有關，而且只要收購對象的研發人員與管理人員，能配合路博潤遵守道德原則並注重研發的文化，路博潤就會接收所有人才。路博潤的購併增強了公司的研發能力，讓公司得以實現最大野心：「用科技打進人文領域」。

購併帶來的新技術，也帶來了專利與商業機密，拓寬了路博潤的護城河。路博潤近期的購併案相加後，等同超過五億美元的投資，公司買下熱塑性聚氨基甲酸酯（thermoplastic polyurethanes, TPUs）領域的公司，並買下德州製造植物萃取物護髮產品的「活性有機公司」（Active Organics, Inc.）。

路博潤在進行所有購併案時，極力避開過高的出價，科寧公司（Cognis）的例子正是如此。二〇〇一年，私募股權高盛與帕米拉（Permira），從漢高公司（Henkel AG & Co.）手中，買下替營養產業、礦業、個人護理產業製造特殊化學品的科寧公司。二〇一〇年夏天，高盛與帕米拉預備出售科寧，巴斯夫、陶氏化學、路博潤都表示興趣，而公司搶手，意味著得用高價才能搶到。路博潤提出將近四十億美元的價格，價格最高，勝過巴斯夫，然而高盛與帕米拉暗示自己屬意巴斯夫[6]。換句話說，路博潤如果希望搶下科寧，就得再大幅加碼。漢布里克估算如果再加兩億五千萬，路博潤或許能從巴斯夫手上搶下科寧，但他放棄了這個機會。漢布里克認為進行購併時必須「遵守紀律，否則一不小心就會變成冤大頭。」

另一個例子，則是漢布里克曾在進行另一樁購併時，在二〇一二年勞工節假期即將開始的週五下午，寄電子郵件給巴菲特。他的結論是繼續追價並非明智之舉，最後會導致價格過高。他按下「傳送」鍵，希望巴菲特同意他的看法。他在當天晚上沒有收到巴菲特的回信，隔天早上直接打電話，鈴才響了一聲就被接起：「我是華倫・巴菲特。」漢布里克還來不及說出自己的姓，巴菲特就說：「詹姆士，我收到你的信了，好決定，就這麼辦！」

路博潤透過購併強化內部技術，不斷成長。二〇一一年，其淨收益達十億美元，成為巴菲特口中的波克夏「五虎」（fabulous five），也就是波克夏保險事業以外最大的五家子公司。路博潤靠著公司龐大的規模與全球事業，不斷進行小型購併，不斷得到傑出的研發人員、技術與發明，然後又放大他們的價值。路博潤說，這是一種「買小組大」（buying small and building large）的做法。

6 部分報導指出，賣方無法接受路博潤更高的出價，是因為他們已經和巴斯夫達成獨家協議。其他報導則認為巴斯夫的價格比較可能成交，資金較為確定，因此賣方決定把公司交給巴斯夫。

路博潤今日依舊不斷進行購併。二〇一四年，波克夏提供路博潤十四億美元的再投資，買下飛利浦六六公司（Phillips 66）旗下的單位——飛利浦特殊產品公司（Phillips Specialty Products Inc.），替工業管線研發流動性改進劑。波克夏用自己持有的大量飛利浦六六普通股，替這筆交易買單。

波克夏最大的投資管道——波克夏海瑟威能源

波克夏在接下來幾年間，透過波克夏海瑟威能源（二〇一四年之前原名「中美能源」）進行大型購併，將大量資金投入能源產業。波克夏海瑟威能源的歷史可以追溯到一九七〇年代，當時全球石油短缺，能源危機迫在眉睫。舊金山的查爾斯・康迪（Charles Condy）看準商機，成立「加州能源公司」（California Energy Co.，簡稱Cal Energy或CE），進行地熱發電。一九七八年，石油危機促使美國國會通過「再生能源法」，為加州能源公司注入強心針，公司在一九八七年上市。康迪後來因為開設舊金山的高級餐廳「水餐廳」（Aqua）而聲名大噪，花錢不手軟，使加州能源公司的財務十分吃緊。

小華特・史考特也看好能源產業。他是奧馬哈第二大企業家，辦公室在巴菲特樓下，一九八八年起擔任波克夏董事。他經營成功的彼得克威特建設公司（Peter Kiewit Sons Inc.），興建橋樑、水壩、高速公路與發電廠，並自一九八〇年代起多角化經營，進入新興的廢棄物發電領域，曾與歐登公司（Ogden Corporation）旗下由索科爾負責的部門，一起合作過十多個計畫案，因而和索科爾熟了起來。一九九〇年十月，索科爾離開歐登，史考特鼓勵他尋找能讓兩人一起合作的能源計畫。

索科爾認為可以買下加州能源公司。一九九一年，克威特公司投資八千萬，買下加州能源三四%的股份。史考特很快就和其他兩名克威特的主管，一起成為加州能源董事。董事會任命索科爾為執行長，康迪離去。索科爾上台後大力削減成本，頭三個月就砍掉一千兩百萬的年度經常性支出。他為了離克威特更近，讓加州能源的總部自舊金山遷到奧馬哈，還裁掉一半以上的員工。

加州能源公司出現爆發性成長，成長動力主要來自索科爾及其副手兼繼任者葛雷格・艾伯（Gregory E. Abel）進行的購併。克威特通常靠著加州能源旗下發電廠的少數股權，得到購併案需要的融資。一九九二年，加州能源公司在加州擁有五座地熱場，幾年內又在印尼與菲律賓各興建五座。

一九九四年年底、一九九五年年初，加州能源公司成功進行敵意購併，拿下公司在聖地牙哥的對手「岩漿發電公司」（Magma Power Co.）——索科爾在加入波克夏之前，並不反對敵意購併。這次的十億美元購併，鞏固了加州能源公司在加州能源市場的龍頭地位。一九九六年，索科爾在英國開放國內公用事業後，瞄準「北方電力公司」（Northern Electric），那是北英格蘭一間大型發電廠，現在更名為「北方發電控股公司」（Northern Powergrid Holdings

Co.）。加州能源公司以十七億美元，取得北方公司七成股份，克威特取得三成。這次的購併，讓加州能源公司成為跨國的能源公司。同一時期，各國政府正在取消過去對於地方公司投資公用事業的限制，能源產業充滿新興投資機會。

一九九七年，加州能源試圖買下「紐約州電力與天然氣公司」（New York State Electric & Gas Corporation），然而董事會不接受十九億美元的出價，加州能源很快就放棄這樁交易。此時加州能源的規模，已經大到不需要克威特公司提供的資金，克威特也希望盡快回收能源領域的投資，加州能源用十一億六千萬美元，買回克威特手中所有的加州能源及其他投資的股份，史考特與克威特一名主管依舊待在董事會，但另一名克威特主管辭職了。

一九九八年，加州能源以四十億美元收購中美能源。中美能源也是能源解禁後的新時代產物，源自一九九〇年與一九九五年時伊利諾州、愛荷華州、內布拉斯加州、南達科他州等數樁地方公用事業的合併案。加州能源購併中美能源後改組，更名為「中美能源控股公司」（MidAmerican Energy Holdings Co.），總部搬到愛荷華州的狄蒙（Des Moines）。

一九九九年，已經當了八年執行長的索科爾，受不了分析師的壓力，不願再經營上市的能源公司。分析師希望見到短期獲利，索科爾則著眼於長期。分析師希望加快購併速度，索科爾則希望精挑細選。達力智（Dynegy Inc.）與安隆（Enron Corporation）等能源公司紛紛成為市場寵兒、股價飆高時，中美能源不受青睞。

一九九九年年底，索科爾要求中美能源的董事會讓公司下市。董事會考慮過讓管理階層進行槓桿收購，但不願意分拆公司與裁員，於是放棄了。在一個星期五下午，索科爾打電話給史考特，討論是否有其他方案，恰巧史考特和巴菲特那個週末都在加州，他問巴菲特是否有興趣投資中美能源。巴菲特研究中美能源，週間和史考特、索科爾見面，最後同意投資，波克夏用二十億美元買下七六%的股份，剩下的部分由史考特買下（艾伯與索科爾也持有小額股份）。中美能源的七十億美元債務也由買家承擔。

索科爾認為，市場並未意識到能源產業開放後漸增的價值。當時在美國，電信公司一共只有十多家，電力公司卻有一百五十家，但兩者服務的民眾其實一樣多；索科爾預測，產業整併將使能源公司的數量縮減至二十家以下。他被問到波克夏打算買下這一百五十家公司中的多少家時，強調波克夏希望「將大量資本注入這個產業」，「我們會盡量買下所有公司」。

波克夏與中美能源接著依據索科爾的期望，持續進行購併，將大量資本投進能源產業。二〇〇二年，中美能源以近三十億美元的價格，買下兩家占有地利之便的跨洲天然氣公司，一家是服務懷俄明州至南加州的「肯恩河天然氣運送公司」（Kern River Gas Transmission Company），一家是服務德州至美國上中西部的「北方天然氣公司」（Northern Natural Gas Company）[7]。

二〇〇五年，中美能源與波克夏共同投資五十一億美元，收購在美國六個西部大州（加州、愛達荷州、奧勒岡州、猶他州、華盛頓州、懷俄明州）發電的太平洋公司（PacificCorp.）。中美能源出資十七億美元，波克夏出比例較高的三十四億美元。波克夏的直接投資，顯示中美能源進行的購併案（波克夏子公司目前為止最大型的案子）是波克夏閒置現金的重要投資管道。中美能源通常透過舉債取得資金，這以波克夏的子公司來說並不尋常。不過，中美能源參與的公用事業依舊屬於管制事業，借貸成本低，輕鬆就能靠現金流償債。

能源業全新的競爭情勢，帶來意想不到的好處，例如二〇〇八年年底，中美能源出價四十七億美元，預備收購巴爾的摩處於破產邊緣的「星座能源公司」（Constellation Energy），但中途殺出法國競爭者。被逃婚的中美能源，靠著先前的購併合約拿到分手費，已經買下的股份所帶來的利潤，再加上收購破局的終止補償費，最後有十億以上美元落入波克夏的口袋。這次交易讓人看到，波克夏一般在競標過程中，避免一次與數個買家搶同一間公司，因為搶標通常會導致想贏的情緒性出價，而不是冷靜分析後得出的價格，行為經濟學家稱之為「贏家的詛咒」。

二〇〇八至二〇一三年之間，中美能源與波克夏相繼投下數十億美元，收購各式各樣的替代能源資產，特別是風力與太陽能公司，例如阿爾塔風力（Alta Wind）、主教山風力（Bishop Hill wind）、柏樹風力（Juniper Wind）、托帕斯太陽發電（Topaz Solar Farms）。近期的收購計畫完成後，中美能源的再生能源投資將達一百五十億美元。

從投資的角度來看，受管制的上市公用事業，不一定會讓投資者賺大錢，但他們是報酬率合理的安全投資。除此之外，產業的加速整併，給了能源業一臂之力，使中美能源的其他能源投資帶來大量報酬[8]。

中美能源和波克夏在二〇一三年時，再次採取二〇〇五年時的太平洋公司合作購併方

7 北方天然氣公司最初是奧馬哈的公司，創立於一九三〇年代。一九八五年時，當時名為「英特北」的北方天然氣公司（Inter North，一九八〇年後更名），和休士頓天然氣公司（Houston Natural Gas）合併。交易內容要求將總部留在奧馬哈，英特北公司的執行長留任，並保留英特北的名字。然而一年之內，休士頓天然氣違背了全部三項諾言：總部搬遷至休士頓，肯尼斯・雷伊（Kenneth R. Lay）成為執行長，公司名字也改為安隆。接下來十五年間，安隆進行振奮人心、但混合大量會計欺騙手法的能源財務計畫。二〇〇一年年底，也就是安隆案即將爆發的前夕，安隆以舊日的北方天然氣管線做為抵押，向同行的對手達力智融資。安隆很快就無力償債，達力智取得管線。不久之後，達力智自己也面臨財務問題，主管為了套現，在二〇〇一年七月底一個星期五打電話給中美能源，希望出售北方天然氣，雙方在接下來的星期一簽約。

8 另一個資本導向的購併例子是珠寶供應商「富比集團」。富比最初比較像是資本主義創業者的夢想，而非一般的企業購併者。二〇〇六年五月，巴菲特在班寶利基珠寶的午餐會上演講。班寶利基是波克夏的西雅圖珠寶連鎖店，在場的聽眾包括公司的供應商，其中一人是小型金飾製造商的老闆丹尼斯・烏里奇（Dennis Ulrich）。二〇〇七年一月，烏里奇向巴菲特提議，如果能有波克夏的資本撐腰，他可以透過購併，成立珠寶供應大軍，巴菲特同意了。

波克夏為了成立富比，收購奧瑞菲公司（Aurafin）與貝爾歐羅國際公司（Bel-Oro International, Inc.）。這兩家公司都是小型的珠寶商，一家的老闆是烏里奇，另一家的老闆是競爭對手戴維・梅勒司基（Dave Meleski）。不久之後，貝爾歐羅進行三樁購併，買下麥可安東尼珠寶（Michael Anthony Jewelers）、艾凡妮斯（Inverness Corporation）與趨時珠寶（Leach Garner）。趨時珠寶又立刻進行三樁購併，買下艾克瑟爾製造公司（Excell Manufacturing）、范丁公司（Findings, Inc.）、斯特恩金屬（Stern Metals）。至少八家小型珠寶商結合在一起，成為強大的集團——接著又有更多業者加入。二〇一三年，富比收購珍珠商紅諾娜公司（HONORA, Inc.）。富比不斷增加旗下的事業版圖與產品線，但最終的動機就是：匯集小型業者的資本，以取得規模優勢。

式，一起用五十六億美元收購ＮＶ能源公司（NV Energy），這間公司旗下的主要事業，包括內華達電力公司（Nevada Power Company），以及塞拉利昂太平洋電力公司（Sierra Pacific Power Company）。目前由艾伯領導的中美能源，繼續尋找和波克夏一起投資的機會。這個波克夏最大的投資管道，將進行水利資源等各式大型的投資計畫，讓自己得到既深且廣的護城河。二〇一四年，中美能源和波克夏以二十九億美元，收購加拿大的AltaLink電力運輸公司，並在同一星期宣布，中美能源更名為「波克夏海瑟威能源」。

對波克夏來說，隨著子公司購併案的數量與規模增大，隨之而來的經濟價值也跟著擴大。子公司的購併案是波克夏配置大量資本的管道，舉例來說，在二〇一二年與二〇一三年，波克夏的子公司每年都進行超過二十四樁購併，交易價有的不到兩百萬美元，有的則超過十億美元，二〇一二年一共投資二十三億美元，二〇一三年投資三十一億美元。中美能源（今日的波克夏海瑟威能源）的例子，說明波克夏是如何透過單一子公司，在個別的交易中獲得配置大型資本的機會。這種機會的無形價值，在下一章即將介紹的ＢＮＳＦ鐵路公司購併案中更為明顯。

波克夏子公司近期重要購併案

表1

波克夏子公司	購併對象	購併時間（年）	單位：百萬美元*
艾克美磚材	Jenkins Brick	2010	50
波克夏海瑟威媒體	多家地方報社購併而成的公司		
克萊頓房屋	Cavalier Homes	2009	22
	Southern Energy Homes	2006	95
	Fleetwood	2005	64
	Karsten	2005	
	Oakwood Homes	2004	328
CTB	Meyn Food Processing	2012	
	Ironwood Plastics	2010	
	Shore Sales of Illinois	2010	
	Uniqfill International B.V.	2008	
	B. Mannebeck Landtechnik GmbH	2008	
	Laake GmbH	2007	
	Porcon Beheer B.V.	2007	
森林河	Dynamax	2011	
	Shasta	2010	
	Coachmen	2008	
	Rance Aluminum	2007	
鮮果布衣	Vanity Fair Brands	2007	350
	Russell Corporation	2006	1,120
美國住宅服務（HomeServices of America）	多家地方不動產公司購併而成的公司		
ISCAR/IMC	Sangdong Mining（少數股權）	2012	35

（接下頁）

（續上頁表1）

波克夏子公司	購併對象	購併時間（年）	單位：百萬美元*
ISCAR/IMC	Tungaloy	2008	
賈斯汀品牌	Highland Shoe Co.	2013	
路博潤	Phillips Specialty Products Inc.	2014	1,400
	Chemtool	2013	70
	Lipotec	2012	
	Active Organics	2011	
	Nalco's Personal Care Business	2011	
	Merquinsa	2011	
	Dow's TPU Business	2008	60
馬蒙集團	Beverage Dispenser Division of IMI（包括3Wire Group、Display Technologies、IMI Cornelius）	2013	1,100
	Tarco Steel Inc.（透過Bushwick Metals）	2012	
麥克連	Missouri Beverage Co.（合資企業）	2013	
	Meadowbrook Meat Co.	2012	
	Empire Distributors	2010	
	Horizon Wine & Spirits（透過帝國公司）	2010	
波克夏海瑟威能源	AltaLink	2014	2,900
	Nevada Power & Light	2013	5,600
	Bishop Hill Wind	2012	
	Alta Wind	2012	
	Topaz Solar Farms	2011	
	American Electric Power	2009	
	Juniper Wind	2008	
	PacifiCorp	2005	5,100

（接下頁）

（續上頁表1）

波克夏子公司	購併對象	購併時間（年）	單位：百萬美元*
波克夏海瑟威能源	Kern River Gas Transmission	2002	950
	Northern Natural Gas	2000	1,900
MiTek	Truss Industry Production Systems (Wizard)	2014	
	Benson Industries	2013	
	Cubic Designs	2013	
	Kova Solutions	2013	
	RKL Building Specialties（透過H&B公司）	2013	
	Sandell（透過H&B公司）	2011	
	United Steel Products	2011	
	Dur-O-Wal（透過H&B公司）	2010	
	Gang-Nail, Ltd.（再收購）	2010	
	Heat Pipe Technology	2009	
	SidePlate Systems Inc.	2009	
	H&B	2008	
	Robbins Engineering	2006	
利捷航空	Marquis Jet Partners	2010	
全國產物保險	Hartford Life International（透過Columbia Insurance）	2013	285
東方貿易	MindWare Holdings, Inc.	2013	
富比	HONORA Inc.	2013	
斯科特菲茨公司	Rozinn Electronics（透過Scott Care部門）	2007	
蕭氏工業	Stuart Flooring	2010	
TTI	Ray-Q Interconnect Ltd.	2013	
	Sager Electronics	2012	

*如有公開資訊，才提供金額。

資料來源註釋：本表資料整理自公開資訊，克萊頓房屋數據由克萊頓房屋提供。

CHAPTER 10

堅守基本產業

腳踏實地，
做自己在行的事

不賠錢，比賺錢重要

全國產物保險公司的網站，彆扭地說自己「可能是你不曾聽過的最大型保險公司」。波克夏的許多子公司都是如此，除非各位讀者是波克夏的信徒，也或者本身和那些公司有往來，否則在閱讀本書之前，大概不是很熟悉波克夏多數的子公司，例如飛安公司、ISCAR/IMC、路博潤或MiTek。不過，另一方面，波克夏旗下也有許多眾人耳熟能詳的品牌，例如冰雪皇后、鮮果布衣、蓋可及賈斯汀牛仔靴。只是，不論有無名氣，波克夏子公司的共通點都是：樸實無華。

波克夏的子公司經營能源、住宅、運輸、化學等基礎產業，或是其他堅守基本原則與技術的事業，例如保險、服飾、家具、珠寶、吸塵器、工具與金屬加工。飛行訓練以及私人飛機共享服務，已經是波克夏最引人注目的事業了。波克夏喜歡樸實，不追逐明星產業。

究竟基本產業的魅力何在？它們有什麼特別，為什麼是波克夏的企業文化特質？

波克夏之所以偏好基本產業，一個常見的說法是：巴菲特患有科技恐懼症。他常在公共場合開玩笑，說自己跟不上手機、筆電和社群媒體。一般人只要讀了本書，或是看一下波克夏的子公司名單，大概就能發現巴菲特避開了科技產業。

波克夏認為高科技公司不好懂，比較偏好收購易於了解的事業，不過，波克夏文化偏好基礎事業的原因，不單純是巴菲特個人的喜好，永續能力才是重點。這裡所說的基本產業，指的是過去已經存在數百年、未來大概也會繼續存在數百年的產業，例如農林漁礦、能源，以及也十分基本的化學、金屬加工與運輸業。

從永續的角度來說，傳統經濟是好的經濟，新形態的產業則有較高的風險。近年來由於科技快速發展，人們對於科技的變化感到著迷，然而，這種心態很容易讓人在試圖跟上產業快速變化的步調時，浪費許多資源；固守基本產業，則能降低過分投資科技的風險。此外，相較於倚賴高科技的事業，基本產業也比較不會受到科技的潮流影響。

換句話說，基礎產業比較能恪守「沒壞就不必修」的格言，尖端科技公司則比較難判斷該把資源投進哪個產業趨勢。報酬高，吸引力就大，許多公司因而追逐潮流。然而，對波克夏來說，不賠錢比賺錢重要。波克夏購併時的重點不是科技本身——許多基礎產業也砸錢投資科技——重要的是要理解自己投資的產業。

扭轉鐵路產業的文化——BNSF鐵路公司

「伯靈頓北方聖塔菲鐵路運輸公司」（以下簡稱BNSF鐵路公司）是美國今日四大鐵路龍頭之一，旗下共有近四百條可以回溯至一八四九年的鐵路，包辦了北美的長程貨運服務。BNSF鐵路公司靠著提供北美不可或缺的服務，已經欣欣向榮了一百五十年，未來的一百五十年，重要性大概也不會減少，而且獲利會更高。正如獨立鐵路分析師安東尼・哈區

（Anthony B. Hatch）所言，整個產業一直在經歷「鐵路的文藝復興」。

BNSF鐵路公司重視創業精神，而且關注五十年之後的願景，公司在先後兩個關鍵時期培養出來的文化，幾乎可說是為波克夏量身打造。一九八〇年代的鐵路解禁，讓整個產業開始遠離過去的傳統，進入第一個關鍵時期；第二個關鍵時期，則可以追溯至一九九五年時的兩大龍頭合併案，鐵路產業開始採取現代美國企業的做法。

自一八五〇年代起，一直到十九世紀末，鐵路的運量大增，每條鐵路都控制著特定區域。鐵路的力量與重要性，促使聯邦政府插手管制，一九〇六年，《海本法》（Hepburn Act）規定：由「州際商業委員會」（Interstate Commerce Commission）決定鐵路公司可以向顧客收取多少費用——一直到了一九八〇年，鐵路依舊受到管制，然而船運與卡車卻沒有相關的價格規定。鐵路業為了競爭，將心力放在削減成本，缺少提升顧客服務的動機。

一九三〇年代之後，鐵路陷入停滯期，空運、海運、貨車與輸送管線鋪天蓋地出現，鐵路需求下滑。一九五〇年代之後，汽車普及，郊區成長，美國各地的鐵路客運服務需求，連帶受到嚴重衝擊，鐵路公司養不起資產，開始相互整併，數量從數百家剩下數十家。

「BNSF」這個公司名稱縮寫，反映出美國鐵路的合併史。「B」代表的「伯靈頓公司」可以回溯至一八四九年，最初擁有伊利諾州的「極光分支鐵路」（Aurora Branch Railroad），後來又擴展成「芝加哥、伯靈頓和昆西鐵路系統」（Chicago, Burlington, and Quincy Railroad）。「N」所代表的北方，包含幾間十九世紀的鐵路公司，包括「大北方鐵路」（Great Northern

Railway）與「北太平洋鐵路」（Northern Pacific Railway）。「B」和「N」在一九七〇年合併，變成伯靈頓北方公司（BN）[1]。「S」代表的「聖塔菲」，則可以回溯至成立於一八五九年、行駛範圍率先橫貫美洲大陸的「艾奇遜、托皮卡和聖塔菲鐵路」（Atchison, Topeka, and Santa Fe Railway）。

到了一九七〇年代，鐵路產業陷入危機，無力與其他交通方式競爭，幾乎沒有人搭火車，利潤暴跌，然而鐵路的維修成本卻居高不下。這個時期的幾樁重大事件凸顯出鐵路面臨的窘境，包括聯邦政府成立「美國國鐵」（National Railroad Passenger Corporation, "Amtrak"）提供載客服務，以及賓州中央運輸公司（Penn Central）宣告破產。人們開始形成共識，認為鐵路產業的問題在於管制，國會通過一九七六年解除管制的《鐵路復興與管制改革法》（Railroad Revitalization and Regulatory Reform Act），以及一九八〇年的《斯塔格斯法》（Staggers Act）。

解禁立刻帶來不一樣的生態，新世界充滿競爭，鐵路公司必須採取新的營運方式。此時BN鐵路公司的動作快過所有對手，董事會任命了一群來自其他產業的新主管，他們不會固守原有的鐵路文化。

1 一九八〇年，BN收購亦成立於一八四九年的「聖路易舊金山鐵路」（St. Louis–San Francisco Railway, Frisco）。這家公司的鐵路主線連接芝加哥與西雅圖，分枝連到阿拉巴馬州、德州與懷俄明州。一九九四年時，BN是美國十幾家同級鐵路公司中最大的一家。

一九八〇年代的ＢＮ鐵路公司開始改變政策，強調投資報酬率，不像前輩那麼強調營運規模與長期願景。過去的鐵路產業缺乏以客為尊的精神，員工覺得自己的工作是開火車，而不是服務顧客。然而管制解除後，生態變了，管理階層的任務也跟著變。從前他們是鐵路營運者，現在則是資產管理者。ＢＮ鐵路開始研究新方法，幫火車找出更便宜、更乾淨，更貼近地方的燃料。到了二〇〇〇年代初期，資深主管只談資本報酬率，不談鐵路業以前喜歡講的市占率。

鐵路業過去也不談自治。每家鐵路公司雖然各有不同的文化，但全都採取嚴格的「命令與控制」（command-and-control）管理法。有的公司採取由上而下的軍事管理風格（例如聖塔菲），有的公司則顯現出管理階層的傲慢。少數幾家公司較為照顧員工，但依舊採取官僚體制（包括大北方鐵路）。ＢＮ公司則在政府解除管制後，一改過去的控管方式。管理階層認為死守規定，以及盲目遵從階層制度，對公司來說沒有好處。

ＢＮ公司文化所產生的變化，可以從工安問題一探究竟。一直到一九七〇年代的一百多年間，美國每間鐵路公司的安全紀錄都很不理想。傳統的鐵路文化帶來嚴重的工安問題——在火車上工作的壯漢，手上戴著容易卡進機器的戒指，臉上留著會卡住防塵面具的大鬍子，並在移動的設備上跳上跳下。此外，一個口令、一個動作的文化，更容易讓工作人員對安全視若無睹，也助長了對於員工保障的自以為是。管理階層以及懷有敵意的工會所帶領的工人，都認為員工受傷是對方的責任，雙方永遠僵持不下。

資方與勞方根深柢固的態度，讓BN公司擁有業界最糟的安全紀錄。然而，在一九九〇年代初，一群資深經理人為鐵路安全帶來跨時代的革命——他們彼此向同業推廣概念，認為不安全的工作環境會帶來居高不下的成本，除了責任保險的理賠金與和解金十分麻煩之外，營運也會被打亂。鐵路管理者開始禁止員工爬上非靜止的設備，也不允許戴戒指與留鬍子，公司也開始提供訓練課程，讓鐵路原本重視陽剛氣質的文化，改採現代審慎的工作態度。

BN公司的安全紀錄就此大幅改善，不但省下數十億美元，還讓無數的眼珠、手指、四肢與肺部免於悲劇。BN公司依據業界最低的受傷率（每二十萬工時發生二點五次受傷事件），成立「二點五俱樂部」（2.5 Club），每位有資格參加的員工，都可以拿到五股的BN股票。鐵路業過去採取有罰無賞的傳統管理方式，獎勵制度可說是前所未聞。BN公司革新之後改變的速度，快到連管理階層中支持改變的人士，不僅向其他主管推銷這套方法，還和工會代表合作，讓一般員工也支持改變。重視安全的文化，改變了整個鐵路業，例如聖塔菲公司也跟進擬定促進職場安全的措施，包括每年發給員工一雙免費的安全靴。

BN公司與聖塔菲公司在一九九五年合併，合併過後的BNSF公司為了調和兩家企業不同的文化，發起第二波的文化改造。第一任的新執行長羅伯特·克萊布（Robert D. Krebs）表示：「我原本沒想到企業文化的問題，直到上任後才發現BN與聖塔菲十分不同，絕對不能小看這種差異。」BN與聖塔菲公司的文化似乎完全不相容：

> 聖塔菲的主管是出了名的團結與強悍，BN則比較「柔軟」，比較鬆散。BN的人會出席會議，好像達成共識了，但會議一結束之後，就開始質疑每件事。

克萊布和營運長卡爾・艾斯（Carl R. Ice）在內的執行團隊，一肩扛下艱鉅任務，努力整合BN和聖塔菲的文化。BN和聖塔菲的公司文化出於不同的預設，擁有不同的管理方式：

> 聖塔菲的人認為人性本惡，人會依據獎懲（行事）。（BN的人）則認為人性本善，不得已才會做壞事。

克萊布與艾斯請顧問協助BNSF的經理人培養新文化，讓兩個極端的文化折中；怎麼做行得通，就怎麼做，視情況而定。舉例來說，要採取權力集中制，還是權力下放制？答案是「兩個都要」，看是為了決定什麼事。權力下放制可能最適合員工訓練計畫，權力集中制則可能適合與資本配置相關的決定。

二〇〇〇年，來自卡車貨運業、當時四十歲的馬修・羅斯（Matthew K. Rose）接下克萊布的位子，這個任命仿效了BN董事會在鐵路業解除管制後，請業外人士領導公司的決定。羅斯上台的時候，鐵路產業正在轉型。鐵路史上最激烈、最快速的變化，帶來了新文化，命令與控制的管理方式已經過時了。鐵路歷史學者勞倫斯・卡夫曼（Lawrence Kaufman）在探討BNSF公司時寫道：

今日的鐵路工人和父執輩不一樣，他們無法接受嚴格的管教，也無法接受辛苦的體力活。鐵路產業很晚才發生變化，但羅斯等支持改革的領袖，試著培養更團結的文化，讓所有人一起同甘共苦。

接著，BNSF公司就「顧客服務」這一塊，再次改造鐵路產業的文化，推動「聯合運輸」。聯合運輸讓拖車與貨櫃能夠在火車、卡車與船舶之間，輕鬆地裝卸與移動，提供高速的運輸服務。聯合運輸最初靠卡車起家，因此鐵路公司必須讓顧客有理由改用鐵路載送貨物，靠著更便宜、更安全、更可靠的服務搶生意。BNSF身為聯合運輸龍頭，開始向顧客提供服務保證，顧客也願意多付一點錢得到保證。BNSF的營收上升，服務變好，吸引到更多顧客，形成一個正向循環。

BNSF提供的升級服務，包括代為處理海關事宜的跨國貨櫃服務，以及能夠承載沈重車廂與貨櫃的強化鐵軌。此外，還有更佳的運輸路線、快速到府服務、溫度控制，以及準時到貨的保證。BNSF喊出行銷口號：「準時送達，否則免費」，率先在業界推出「貨物如果未按時送達，可全額退費」的做法。此外，BNSF也是第一家提供設備選擇的公司，客戶可以在平板車、裝箱車廂、敞蓋車廂、隔板車廂與冷凍車廂之中，自行選擇要用哪種車廂載送貨物。BNSF鐵路提供的多元服務，讓行銷與銷售團隊得以區隔自家公司及其他競爭者——包括BNSF的卡車貨運對手。

ＢＮＳＦ的第一任執行長克萊布，讓ＢＮＳＦ搶先轉型為強調客戶服務的鐵路公司。第二任的執行長羅斯，也靠著自身的卡車貨運資歷，以及營運長艾斯整合ＢＮ和聖塔菲文化的努力，增強ＢＮＳＦ的實力。鐵路產業目前靠著創新的服務成長，不再倚賴壓低成本。ＢＮＳＦ鐵路也從低成本的運輸業者，變成使命必達的服務提供者。

每年股本報酬率超過二〇%

今日以客為尊的ＢＮＳＦ鐵路公司，橫越美洲大陸，運送大量煤礦、穀物、石油、貨物與貨櫃，業務集中在美西三分之二的地區。公司最重要的鐵路線在一九七〇年代由ＢＮ打造，今日負責運送懷俄明州寶德河盆地（Powder River Basin）的煤炭。ＢＮＳＦ鐵路先是以南北向的主線運送煤礦，接著又透過支線將煤礦運往四面八方，載至全美各地的火力發電廠。除了煤礦外，ＢＮＳＦ另一項重要業務，是服務美國中西部數千個穀物倉庫，其中一條路線是將穀物運送至太平洋西北地區，供應美國當地，或是進一步出口到亞洲。另一條路線則是往南到德州，供應當地，或是進一步出口到墨西哥灣。ＢＮＳＦ還提供芝加哥與洛杉磯之間的快速聯合運輸服務，運送卡車貨櫃與海運貨櫃。

ＢＮＳＦ鐵路的員工數為四萬三千五百人，資產六百億美元左右，年營收超過兩百二十億美元，讓波克夏每年增加五十億美元的淨利。公司資產包括三條提供高速連結的跨州路線，提供通勤列車，服務南加州、新墨西哥、普吉特海灣（Puget Sound）的地方人士，以及美國各地無數個國鐵乘客。BNSF擁有遍布美西的運輸設施，有能力調控貨物運輸，包括洛杉磯港附近直接連接鐵路及陸運、海運的大量設施。BNSF擁有各種型號、各種尺寸的數千火車頭，以及數萬節貨運車廂，可以滿足客戶各式各樣的需求。

BNSF公司以及整個鐵路產業，最初不得不和貨車產業競爭，但近年來取得上風。在二〇〇〇年代初，也就是鐵路主管開始談投資報酬率時，許多數年前簽訂的長期供應商合約開始到期。那些合約當初給很高的折扣，價格僅市價六成，此次續約時，各鐵路公司則依市價簽約，資本報酬率因而提高。

BNSF公司在美國燃料成本上升時，也讓燃料成為運輸合約中「依實際價格浮動的項目」（pass-through item）。上升的燃料成本因而為鐵路帶來雙重好處：公司不須自行吸收所有成本，而且顧客覺得鐵路比貨車還省燃料，鐵路成為更便宜的選項。美國與亞洲、墨西哥之間與日俱增的貿易，也帶動了成長，BNSF鐵路以及美國西部的聯合太平洋鐵路公司（Union Pacific）受惠程度最高。鐵路和美國經濟情勢在許多方面連動，例如近日下滑的整體煤礦需求，拖累了鐵路的利潤，但水力壓裂法（fracking，編按：開採能源的方法之一）的普及，以及整體而言增加的工業活動與汽車製造，則讓鐵路公司的營收上升了。

波克夏逐步買下BNSF鐵路，一開始先在公開市場以每股七十五美元的價格，多次買進普通股。二〇一〇年，波克夏已經取得二二・五%的股份，接著又在進行購併協商時，以每股一百元的價格，取得其餘股份，部分付現，部分用波克夏股票交換。一百美元是波克夏提出的唯一價格，沒有商量的餘地，BNSF鐵路的董事會兩度要求談判團隊提高價格，卻鎩羽而歸。

巴菲特向BNSF的團隊解釋，他的分析顯示：BNSF鐵路每股大約值九十五美元，他是為了對BNSF的股東公平，願意讓波克夏付一百美元。此外，他也願意用波克夏的股票交換（用股票換購對波克夏來說，並非前所未聞的購併方式，但波克夏極不願採取這種方式），也願意保證股票至少會值一定價格，但不願意在購併價格上讓步。最後BNSF鐵路並未找其他人投標，因為顧問不認為會出現更優惠的條件。

有人質疑每股百元的價格，是否代表波克夏買貴了，因為這個價格是BNSF盈餘的二十倍以上，從許多標準來看都過高。如果還把BNSF的資本支出超出折舊費的程度（盈餘會因此減少）算進去，倍數就更高了。此外，評論者也懷疑BNSF鐵路部分資產的值錢程度，尤其是鐵路地役權（編按：由政府賦予鐵路公司預留鐵路建築用地的權利），因為這種權利只對鐵路公司有用，不容易出售。

按照巴菲特的說法，BNSF鐵路每股價值接近九十五美元，那為什麼要付一百呢？答案是BNSF擁有傲人的無形價值，尤其是它和波克夏的文化合拍，而且規模龐大。此外，BNSF尚有成長空間。專家與產業人士——包括羅斯在內——認為鐵路產業還會有最後一波的整併，預測最後會出現覆蓋北美的兩大巨頭，兩大巨頭在所有地區齊頭競爭，其中一家是BNSF。

BNSF除了深耕基本事業——在北美大陸輸送能源、糧食與貨物——還展現出精打細算與真誠的特質，誓死維護自己的信譽，以不同於傳統鐵路文化的扁平組織，提倡創業精神。BNSF把目光放在非常遙遠的長期，定期收購或打造預計可以使用五十年以上的資產，近幾年來，每年的股本報酬率都超過二〇%，因此，買下BNSF絕對是物超所值。[2]

低成本、高品質的地毯批發商——蕭氏工業

波克夏子公司的獨特之處，不只在於他們中規中矩地經營基礎事業，事實上，他們之中有許多是因為過去的慘痛教訓，才了解回歸基本面的重要性。波克夏的好幾間子公司曾經進行策略性轉向，發現情勢不對後，又回到原本的事業，例如飛安公司曾短暫提供船長訓練服務，冰雪皇后也曾買下雪橇租賃公司與露營連鎖店，一度希望成為集團模式。

蕭氏工業集團（Shaw Industries Group, Inc.）是波克夏這艘船上另一根重要的船桅，這根支柱歷經過的路線修正，比飛安或冰雪皇后的冒險還要驚心動魄。蕭氏工業二〇〇〇年被購併時，成為波克夏旗下最大的非保險事業，今日也依舊是前十二大。蕭氏工業是全球最重要

2 二〇一三年年底，BNSF宣布管理階層異動，一直擔任執行長與董事長的羅斯，改任執行董事長。一直擔任總裁的艾斯留任，並兼任執行長。

的地毯製造商，然而它試圖建立自家品牌、打進零售業失敗之後，重新專注於基本的低調任務：當個低成本的全球製造者。

蕭氏工業創立於一九七一年，創始人是鮑伯・蕭〔Rober E.（"Bob"）Shaw〕與巴德・蕭〔J. C.（"Bud"）Shaw〕兩兄弟。兩人的父親朱利斯〔Julius（"Clarence"）Shaw〕在位於喬治亞州的家鄉、有地毯聖地之稱的達爾頓（Dalton），經營一間小型的染布事業，其他家族成員也在公司幫忙，例如表哥亞伯特（Elbert）負責員工訓練，姊夫朱利安・麥肯米（Julian McCamy）是董事，巴德的兒子小朱利斯（Julius）從實習生做到資深經理。

鮑伯與巴德兄弟所建立的事業，則和父親的公司完全不同。父親經營小型事業，而且只專注於地毯產業很窄的一塊，兩個兒子的公司，則是採取垂直整合法的巨型地毯製造商。父親用舊思維做生意，一個人說了算，兄弟二人的公司，則採取扁平的組織架構。一九六〇年代後期，巴德提議買下創立於十九世紀的費城地毯公司（Philadelphia Carpet Company），蕭氏工業因而面臨重大轉型。

兩兄弟向銀行借錢買下費城地毯公司，部分靠公司資產擔保，部分靠個人擔保（這樁購併案是即將風行一時的槓桿收購的原型；蕭氏兄弟用自己的財產來擔保，具備傳統的創業精神，其他波克夏子公司的創辦人，後來也起而效尤，例如飛安公司的優奇、利捷航空的桑圖里）。蕭氏工業買下費城地毯不久後便上市，靠著上市募得的資金償還債務，勤儉持家，蕭氏工業接下來還會維持這種精神。

蕭氏兄弟希望讓事業成長，但也希望事業能長久經營。他們這種永續的態度，和同業的觀點十分不同。當時許多地毯公司為了快速收成，把自己賣給在一九六〇年代末、一九七〇年代初大力擴張的大型集團。蕭氏工業的主管解釋：「從很早的時候，我們的經營理念，就是建立在我們所有的人去世後還會存在的公司……，從一開始，我們就打算建立會長長久久的事業。」

蕭氏工業所處的日用品市場十分競爭，公司必須具備一般大型集團提供不了的創業精神，才有生存機會。蕭氏工業相當靈活，總能掌握產業動向，例如一九七二年時，公司碰上加州人口成長、運輸成本增加，於是在加州蓋了一座新的紡織整理廠，成立全國配送制度。蕭氏工業在整個一九七〇年代，不斷擴充自己扮演的角色，為整個地毯產業提供服務，例如那個時期十分流行毛絨毯，蕭氏便開始加工那種毯子需要的毛線。一九七三年，又收購擁有連續染色技術製程的公司，開始提供相關服務。

蕭氏工業持續成長的同時，公司採取權力下放的管理架構，讓各部門自行營運。然而鮑伯開始覺得，讓各部門獨立運作，對公司來說是種成本，例如在一九七〇年代末期，蕭氏工業的事業分為兩大部分，一部分由鮑伯負責，一部分由巴德負責，然而鮑伯負責的地毯整理廠，服務地毯製造商，巴德負責的地毯製造廠，則和鮑伯的客戶競爭。為了解決這類問題，鮑伯讓公司改組，他自行管理掌控公司所有部門，並精簡從下到上的報告系統，巴德則擔任董事長。雖然這次改組犧牲了部門主管的自主權，但是事業單位的垂直整合，降低了公司的整體成本。

削減成本是蕭氏工業向來奉行的箴言，這是為了配合地毯業的現實情況。地毯這一行沒有固定的消費者，也沒有品牌忠誠度可言，但可以靠著成為成本低廉的製造者，擁有競爭優勢（護城河）。一九八二年，蕭氏工業大膽成立貨運子公司。在那之前，所有的地毯製造商都找相同的貨運公司，每間公司遞送貨物的方式都一樣，沒有人靠著交貨服務競爭，因為沒有任何人能掌控交貨。蕭氏工業則靠著建立自己的運輸體系，得到對手追趕不上的策略優勢。

接著，蕭氏工業的交貨服務愈變愈好，競爭者則每況愈下。為什麼會這樣？因為蕭氏工業規模大，對運輸業者來說是「重要客戶」（filler）。一個地區少了蕭氏的訂單之後，卡車就得多跑幾趟，才能裝滿每次出貨的車子；這不但浪費時間，也浪費金錢。蕭氏工業成立卡車子公司，則好處多多：公司的貨運十分有效率，讓配送中心可以維持低庫存，但依舊有辦法交貨，省下眾多成本。蕭氏工業也說服自己的零售客戶，告訴它們即使減少庫存，依舊可以提供顧客完善的服務。零售客戶接受蕭氏的做法，一起省到錢。

一九八〇年代初，蕭氏工業對內靠著節省成本，帶動公司成長；之後又靠著對外購併，進一步擴張，一九八八年時抓住重要機會。威廉・法利（William F. Farley）是那個時期知名的槓桿收購者，他看上蕭氏的競爭對手「西點佩珀瑞爾公司」（West Point-Pepperell）。多角化經營的西點佩珀瑞爾為了防禦敵意購併，以一億四千萬美元的價格，將旗下的地毯事業賣給蕭氏，蕭氏的年營收因而暴增到十億美元以上。隔年蕭氏又收購阿姆斯壯世界（Armstrong

World）的地毯事業，整合新收購的事業，重新改造它們的文化，讓低成本的製造成為奉行不渝的箴言。

放棄建立品牌，回歸本業

蕭氏工業相當看重精打細算帶來的競爭優勢，即便如此，公司依舊在一九九〇年代中期犯下兩個錯誤：一是試圖打造地毯品牌，二是試圖打進零售端。雖然兩件事都失敗了，然而蕭氏工業當時之所以選擇那麼做，可說是合情合理。首先，他們想要創立品牌——此舉天真但立意良善——公司想傳遞訊息給消費者，讓他們感受到蕭氏引以為傲的產品所具備的魅力。此外，蕭氏工業之所以採取零售策略，則是希望做到垂直整合，避免讓公司過度依賴第三方。

可是，蕭氏打造品牌時，誤判了消費者想知道資訊的程度，鉅細靡遺地告訴大眾：每塊地毯毛線部分的重量以及股紗支數等數字，讓公司的「信任標章」（Trustmark）品牌計畫，「淹沒在汪洋般的技術細節之中」。頭昏眼花的消費者，最後還是不曉得如何選購地毯，另外，標示、採樣以及運送，也帶來很高的內部成本。小朱利斯稱這次的品牌嘗試為「一場鬧劇」。

蕭氏進軍零售業的代價更是高昂。這個策略很難執行，既要維持公司原本的經銷優勢，又得和自家客戶競爭，自己人打自己人。蕭氏為了進軍零售業，收購小型零售商以及兩家大型連鎖店，一共買下四百家店面，接著又因為不賺錢而收掉一百家。收購以及出脫的成本，吃掉了零售店所有利潤。

產業雜誌對於蕭氏的舉動感到錯愕，蕭氏的客戶也氣壞了。業界的規則是批發商不和自己的零售客戶競爭（那就是為什麼身兼食品批發商與經銷商的麥克連公司，向便利商店客戶保證自己不會和它們競爭。沃爾瑪之所以在收購麥克連時，處理掉旗下的便利商店，也是因為這個原因）。零售客戶是蕭氏的支柱，然而這下子它們倍感威脅，乾脆不再購買蕭氏的產品，家得寶（Home Depot）等大型客戶大批出走。蕭氏工業的市占率大幅下滑，投資人拋售股票，蕭氏的市場價格暴跌。

蕭氏工業除了遭受外界猛烈抨擊，內部也無力管理零售店。公司買下的零售店，原本由小型的獨立零售業者經營，他們是老闆兼管理者，帶著創業精神努力工作。然而，他們用一小筆錢把店賣給蕭氏工業後，雖然蕭氏請他們繼續管理店面，但他們選擇讓自己過得悠閒一點。蕭氏工業難以監督零售店的管理者，也難以讓他們提起精神工作。簡單地說，蕭氏擅長當低成本的製造商，但缺乏經營零售端的知識，不太可能打造日用品的品牌。

一九九八年，蕭氏工業放棄建立品牌的嘗試，也不再經營零售店，盡量找回原本的零售客戶。鮑伯宣布回歸本業——做蕭氏工業最擅長的事，也就是當個低成本、高品質的地毯批發商。公司因而收購皇后地毯公司（Queen Carpet），這家公司是蕭氏長期的合作夥伴，也是位於同鎮的友好對手，原本由達爾頓的梭爾家族（Saul）持有。皇后地毯的文化和蕭氏相仿，精打細算，具有創業精神，而且希望永續經營家族事業。除此之外，先前皇后地毯在蕭氏的客戶大批出走時，接收了蕭氏許多生意。

蕭氏工業試圖打造地毯品牌、打進零售業時犯了錯，不太可能再犯相同的錯誤。不過，這些挫折無損於蕭氏靈活的創業精神，並未打擊到公司成功的主因。近年來，美國人不再那麼熱中於鋪地毯，而是改採其他種類的地板，蕭氏工業也跟著拓展產品線，製造硬木地板。公司今日依舊使用自己的貨車與物流設施——這是帶來競爭優勢的護城河。

二〇〇〇年六月，蕭氏工業遇到另一次購併機會，然而未來的夥伴因為過去的訴訟，面臨潛在的石棉賠償義務，蕭氏希望靠保險降低風險。鮑伯・蕭與朱利安・梭爾（Julian Saul）和巴菲特見面，討論保險事宜。波克夏同意接手此種規模的保單，然而，巴菲特表示必須訂出曝險上限，才願意承保。蕭氏工業最後選擇放棄購併。

那次與巴菲特的約會埋下種子，雙方都有意願讓波克夏收購蕭氏工業，後來在夏天時達成協議，波克夏買下蕭氏八成股份，剩下的部分則由蕭氏與梭爾家族繼續持有數年——最終由波克夏全數買下。波克夏購併蕭氏工業時，蕭氏的年營收為四十億美元，是波克夏旗下最大的非保險事業。今日的蕭氏依舊堅定不移地專注於自己最在行的事。

員工數最多的子公司——鮮果布衣

如果蕭氏的品牌與零售的驚奇之旅帶來的啟示是「做自己擅長的事就好」，堅守本業的最後一課，則涉及企業的資本結構。鮮果布衣的例子，將帶大家上一堂「公司財務課」。

今日的鮮果布衣公司源自兩家老牌的紡織公司：奈特兄弟（Knight Brothers）與聯合內衣公司（Union Underwear Company）。奈特兄弟是十九世紀中葉、新英格蘭地區的家族企業。在從前那個年代，一般人通常會向紡織工廠買布，自己在家中縫製衣服。一八五一年，奈特兄弟給自己的織品取了一個簡樸的名字：「Fruit of the Loom」（鮮果布衣），字面上的意義是「織布機織出的成品」。（部分人士猜測，這個名字是在玩聖經的雙關語「fruit of the womb」／「子宮的產出」，也就是「孩子」的意思。）建立品牌在當時是創新的舉動，還要再過數十年，幫產品取名字才會成為常見的行銷策略。一八七一年，美國成立專利商標局（U.S. Patent and Trademark Office），奈特兄弟搶先註冊，成為數百萬註冊者的先鋒。鮮果布衣的商標，是中央有一顆大蘋果的水果堆。

到了一九〇〇年代初期，奈特兄弟的競爭者開始製造成衣，主婦之間流行讓家人穿「架上取下的衣服」，不再手工製作衣服。奈特兄弟讓鮮果布衣的市場目標，從主婦變成服飾批發製造商。一九二八年，鮮果布衣再次做出創舉，將鮮果布衣的品牌授權給服飾製造者。當時年輕的雅各・戈登法伯〔Jacob（"Jack"）Goldfarb〕為自己的聯合內衣公司取得授權，從奈特兄弟手中，取得鮮果布衣二十五年的品牌使用權，專門製造那個時期最受歡迎的便宜男性內衣「連衫褲」[3]。

戈登法伯只是品牌的被授權者，卻採取了不尋常的舉動：用自己的錢幫鮮果布衣打廣告。到了一九五〇年代中期，聯合內衣公司成為鮮果布衣最大的被授權人。由於戈登法伯的緣故，消費者看到鮮果布衣時，幾乎只會立刻聯想到內衣，而不會想到布料——即使鮮果布衣依舊是龍頭布料商。機緣巧合之下，授權者因被授權者而壯大。

一九五五年，費城里丁煤炭鋼鐵公司（Philadelphia & Reading Coal and Iron Co.）的本業搖搖欲墜，試圖靠多角化經營拯救公司，收購聯合內衣公司。一九六一年時，又買下鮮果布衣授權公司（Fruit of the Loom Licensing Company），讓授權者和被授權者成為一家人。一九六八年，芝加哥集團「西北工業」（Northwest Industries）收購費城里丁，戈登法伯退休。聯合內衣雖然數度易主，但費城里丁與西北工業先後維持著戈登法伯培養的創業精神。

聯合內衣透過創新的推銷手法，延續戈登法伯建立品牌的做法，請來體育播報員霍華・

3　對「連衫褲」（union suit）這個詞彙真正的意義，歷史學者有不同看法。有人認為，連衫褲是指底褲和汗衫連在一起、大約在腰部的地方接起來的一整套衣服。有人則認為，這個名詞是指因為穿它而出名的人，也就是南北戰爭時期的聯合軍（Union Army）。不論哪種說法是對的，戈登法伯用這個名詞幫自己剛成立的公司命名。

柯賽爾（Howard Cosell）等名人拍攝電視廣告。一九七五年的一支廣告大紅特紅，由三人扮成鮮果布衣的商標，一個當蘋果，一個當葉子，一個當葡萄串。公司還買下高級品牌BVD的商標，拓展產品線，販售沒有花樣的T恤，讓客戶得以依據各自的需求，製作那個時期非常流行的絹印成衣。

到了一九八〇年代，西北工業成為多角化經營的大集團，除了內衣事業，還跨足汽車電池、化學、烈酒、鐵路、鋼鐵渦輪機與葡萄酒等事業，多元的程度，引來那個時期特有的槓桿收購者——正如一九八六年時的斯科特菲茨公司，先是被波斯基等企業狙擊手盯上，最後由波克夏出手相救。

一九八〇年代，槓桿收購的情形遍布全美。購併者收購公司時，會以收購目標的資產做擔保，取得資金，接著一一分拆資產，出售還債。一九八五年，西北工業成為這類槓桿收購者的目標，被當時最出名的法利盯上，也就是前文提過、造成西點佩珀瑞爾公司把旗下地毯事業賣給蕭氏工業的元凶。

西北工業的槓桿收購照著劇本走：公司被收購後，資產被轉售償還大型債務，只有聯合內衣被留下來。法利深知鮮果布衣的品牌價值，讓聯合內衣直接更名為鮮果布衣，先是在購併過程中大賺一筆，接著又在一九八七年讓鮮果布衣上市。他個人的財富更上一層樓，卻讓鮮果布衣扛下大量未償還的槓桿購併債務。

法利在擁有鮮果布衣的期間擔任董事長，不過營運事務依舊由公司老臣約翰・霍蘭德

（John Holland）主持。公司在霍蘭德的領導下，讓鮮果布衣的品牌進入更多元的服裝市場，一九八四年進軍女性服飾，一九八七年進軍運動服裝，不斷增加生活休閒服飾的銷售。

儘管霍蘭德把鮮果布衣經營得有聲有色，公司的槓桿資本架構，仍讓公司在一九八〇年代末期持續虧損好幾年。在此同時，市場上的競爭益發激烈，鮮果布衣必須和便宜的進口商品競爭，又得面對宿敵「恆適公司」（Hanes）發起的「內衣大戰」，一九九〇年代還碰上美國經濟不景氣，雪上加霜。鮮果布衣屈服於龐大壓力，關閉國內大部分的製造廠，裁員一萬零八百人，把製造移到墨西哥、摩洛哥及海外其他地方，並在蓋曼群島（Cayman Islands）重新註冊避稅。霍蘭德在一九九六年退休，把公司交給法利。

然而，就算瘦身，也救不了鮮果布衣。內部的槓桿債務，以及外界的險峻情勢，讓公司連年虧損，鮮果布衣此時又再度進行失敗的融資購併，一錯再錯。一九九九年中期，在股東一把怒火下，法利辭職下台，年尾時鮮果布衣申請破產，破產管理人立即請退休的霍蘭德再度出馬來拯救公司。

鮮果布衣申請破產後，波克夏立刻表達買下鮮果布衣旗下服裝事業的意願。鮮果布衣的歷史可以追溯至久遠的一八五一年，後來則是因為一小段時期的過度槓桿與管理不良而走下坡，巴菲特難以抗拒這麼優秀的美國創業故事。

除此之外，巴菲特個人和鮮果布衣也有一段淵源。費城里丁一九五五年買下聯合內衣時，巴菲特當時工作的葛拉漢紐曼投資公司持有費城里丁，巴菲特也是費城里丁的股東。巴菲特慶幸費城里丁從戈登法伯手中買下聯合內衣，因為那筆交易對雙方都有利[4]。四十五年後，鮮果布衣的破產管理人選擇波克夏，巴菲特的公司再度買下鮮果布衣。

巴菲特慰留先前協助鮮果布衣走過槓桿收購困境的霍蘭德，請他繼續管理公司。霍蘭德讓鮮果布衣的資本架構回歸基本原則——負債不能多，營運支出要適中。鮮果布衣在幾年內重新站穩腳步，以員工數來看，是波克夏今日最大型的子公司。二〇〇六年的購併案，顯示鮮果布衣已經復甦：公司以十一億兩千萬美元，購併擁有眾多重要品牌的羅賽爾公司（Russell Corporation），將布魯斯運動鞋等品牌納入旗下。

對波克夏來說，經濟價值來自兩件事，一是腳踏實地，做自己懂的事；二是偏好相對容易了解的事業。波克夏的子公司專注於基本產業，從事自己最在行的業務，並採取簡單的資本結構，不去碰新奇的產業和過於冒險的事業，也不大量舉債。

4 巴菲特曾簡要說明這樁交易。買方：費城里丁是無煙煤製造商，事業正在走下坡，但擁有大量現金與免稅額。賣方：聯合內衣有五百萬美元現金，全年稅前盈餘達三百萬。條件：購買價一千五百萬。支付方式：一、九百萬的無息應付票據，來源是聯合內衣超過一百萬的盈餘的五〇％；二、聯合內衣目前現金餘額中的兩百五十萬；三、剩下的三百五十萬，顯然由費城里丁付現。巴菲特在二〇〇一年的波克夏股東信上提到這筆交易：「當年我光是想到這樣的交易，全身就會起雞皮疙瘩。」

CHAPTER 11

永續

歷經不斷轉手考驗的企業，
在波克夏找到永久家園

打造以五十年為期的願景——布魯斯

二〇一一年的聖誕節假期與新年之夜，吉姆・偉伯不斷檢查自己的電子郵件，卻漏掉了電話留言。一月二號銷假回辦公室上班時，他才聽到五天前的留言：「吉姆，我是華倫・巴菲特，我想和你討論一件事，請回電。」偉伯坐立難安，自己居然沒回巴菲特的留言，而且已經過了快一個星期。

偉伯回電時，巴菲特問：「告訴我鮮果布衣和布魯斯的事。它們整合的程度有多高？很多服務或系統是一起的嗎？」巴菲特問的是布魯斯運動公司，也就是鮮果布衣幾年前收購羅賽爾公司時一併取得的品牌。布魯斯過去十年都由偉伯管理，巴菲特想評估是否該讓布魯斯成為波克夏的獨立子公司，或者該讓布魯斯繼續當子公司下面一層的子部門。

布魯斯成立於一九一四年，創辦人是莫里斯・戈登伯格（Morris Goldenberg）。公司一直到了一九六〇年代都是運動鞋、釘鞋與溜冰鞋的中型製造商。到了一九七〇年代，布魯斯趕上美國的慢跑風潮，開始製造該時期最高級的跑步鞋。然而，公司成長速度太快，現金流和產品品質很快就出問題，公司的獨立性與永續性受到影響，幾經易手，二十年間換了五個老闆，最後成為無人願意接手的企業孤兒。

一九八二年，製造Hush Puppies休閒鞋的狐狼世界公司（Wolverine World Wide Inc.），買下破產的布魯斯。一九八〇年代，狐狼經營各式各樣的運動鞋事業，包括籃球鞋、健身鞋、網球鞋、訓練鞋、健走鞋等等，主要對手是愛迪達（Adidas）與耐吉（Nike）等大型企業。布魯斯原本專攻利基市場，狐狼公司則讓布魯斯變成各種鞋款全包，「從小眾走向大眾」，希望能借此刺激銷售，但成效不彰。

狐狼未能成功翻轉布魯斯，一九九三年時以兩千一百萬美元，將布魯斯賣給挪威的私募股權公司「洛克集團」（Rokke Group）。洛克集團整頓布魯斯的資深管理階層之前，布魯斯又持續虧損一年，後來集團任命海倫・羅基（Helen Rockey）為執行長，大力出擊，努力讓布魯斯重新成為慢跑愛好者的第一選擇，「從大眾回歸小眾」。除了慢跑鞋之外，也替相同的目標客群研發運動服飾。

然而，布魯斯四處流浪的命運尚未結束。一九九八年，當時已更名為安克（Aker RGI）的洛克集團，以四千萬美元的價格，把布魯斯的大量股份，賣給康乃狄克州的私募股權「惠特尼公司」（J. H. Whitney & Co.）。本章一開頭提到的偉伯，在二〇〇一年成為布魯斯執行長，他是兩年內的第四位執行長。布魯斯的獲利，在羅基接掌公司的時期有所進步，年營收達六千五百萬美元，然而公司受到龐大的負債結構拖累，重回虧損狀態。惠特尼公司僅持有布魯斯到二〇〇四年，接著羅賽爾公司就以一億一千五百萬，買下這間運動鞋公司，最後在二〇〇六年時，鮮果布衣以十一億兩千萬收購羅賽爾公司，一併將布魯斯、羅素（Russell Athletic）、Jerzees、斯伯丁（Spalding）等品牌納入旗下。

布魯斯不停地換老闆，但偉伯始終相信，只要堅持利基市場策略，專心替慢跑愛好者製造鞋子，努力行銷，公司就有很大贏面。他專注於售價八十至一百六十美元一雙的高階球鞋市場，撤掉低價的生產線。剛開始，布魯斯的營收因而銳減至兩千萬美元，但專注於單一事業讓公司獲得重生，幾年內營收便衝到六千九百萬。後來布魯斯加入波克夏大家族後，成長的速度與力道也持續好轉，營收穩定成長，成功打進偉伯鎖定的目標市場。

一連串的改善，讓巴菲特在二〇一一年的聖誕假期，開始思考：讓布魯斯成為波克夏旗下的獨立子公司，讓偉伯獨當一面，或許將是好事一樁。偉伯同意布魯斯不同於鮮果布衣的其他事業，已經成功回到小眾路線，不採取大眾策略。他抓住巴菲特提供的機會，讓布魯斯繼續衝刺。二〇一三年的波士頓馬拉松比賽（Boston Marathon），布魯斯是跑步選手腳上第二熱門的品牌，只輸給亞瑟士（Asics）。布魯斯持續交出亮眼財報，二〇一二年營收達四億零九百萬美元，二〇一三年時將近五億，預計二〇二〇年可達十億。鞋業公司的價值大約是銷售額的兩倍，換句話說，布魯斯今日的價值，已達波克夏不到十年前把羅賽爾整個買下時所付的價格。

偉伯接受本書訪問時，指出布魯斯之所以能快速成長，要歸功於波克夏提供的永久家園。今日的布魯斯不需要再像過去二十年間那樣不斷漂泊，管理階層不再受到干擾，可以專心做事，好好打造品牌，專注於五十年期的願景，不用想著討好一直換人的養父母的短期需求。布魯斯能夠成功的另一個原因是偉伯，偉伯具有創業精神，他是波克夏類型的人，曾被安永會計師事務所選為年度最佳企業家。

波克夏不常被外界視為「無家可歸的企業」的孤兒院，但波克夏確實是企業孤兒的樂園，給了許多公司永恆的家園。至少有七家波克夏子公司，是在母公司頻頻換人，一再經歷槓桿收購，或是被私募股權或破產信託人轉手之後，才在波克夏找到避風港——他們過去的遭遇，全是因為母公司短視近利。

逆轉命運，不再當企業孤兒——森林河

波克夏旗下的森林河公司，是另一間原本命運坎坷的公司。這間休旅車製造商的根源，可以回溯至知名休旅車品牌「羅克伍德」（Rockwood）。亞瑟・查普曼（Arthur E. Chapman）在一九七二年創業，幾年後把公司賣給製造飛機、帆船與槍械的班格普達集團（Bangor Punta Corp.）。一九八四年，規模龐大的里爾謝格勒集團（Lear Siegler）收購班格普達，羅克伍德再次被交到新的企業養父母手上。接著在一九八六年，槓桿收購人福斯曼李特公司（Forstmann Little & Co.）買下里爾謝格勒，羅克伍德再度易主。

福斯曼李特依照槓桿收購的劇本，大量借款，收購里爾謝格勒後，賣掉里爾謝格勒的資產，償還債務，羅克伍德因而被賣給彼得・李格爾（Peter J. Liegl）和他人共同持有的先驅美國公司（Van American, Inc.）。李格爾和夥伴讓先驅美國大幅成長，一九九三年時又為了增資，將公司賣給另一個槓桿收購人，但依舊擔任管理職。後來新公司以「眼鏡蛇工業」

（Cobra Industries）的名字上市，成為業界前五大公司，以眼鏡蛇和羅克伍德兩個品牌，販售旅行拖車與露營車。

然而，槓桿債務讓眼鏡蛇的財務難以支撐，槓桿收購人試圖主導公司策略。李格爾等人與新老闆之間的衝突，最後造成李格爾被開除。槓桿收購人為了填補他留下的空缺，聘請顧問，由上而下評估眼鏡蛇。公司試圖振作，但畢竟少了能幹的管理者，最後無力償債，一九九五年申請破產。

一九九六年，法庭拍賣眼鏡蛇的大批資產，李格爾開的新公司「森林河」，順勢買下羅克伍德品牌及其他眾多資產（不包含負債）。

森林河運用眼鏡蛇工業的資產，開始製造野營車（pop-up camper）與旅行拖車，創業前三年成立「貨運」、「行動辦公室」與「海洋」三個新部門。接下來幾年，森林河對外收購三間公司，對內則成立新部門「洛克波特商用車」（Rockport Commercial Vehicles）。

二〇〇五年，森林河的營收達十六億美元。李格爾懷抱雄心壯志，希望有朝一日能製造所有級別、所有類型的休旅車，然而，他需要資金才能達成這個目標，但過去的慘痛經驗，讓他避開集團買主與槓桿收購者，甚至不願意首次公開募股。

李格爾因而在二〇〇五年時，發了兩頁傳真給巴菲特，逐條解釋為什麼森林河符合波克夏的購併條件。巴菲特沒聽過森林河這間公司，更沒聽過李格爾這號人物，不過他喜歡森林河的故事，也喜歡這間公司的財報數字，隔天便開出條件，一週內和李格爾達成協議[1]。

李格爾替公司找到永遠的家，並取得經營自主權之後，火力全開，替森林河追求大膽的目標，先後買下朗斯鋁業製造（Rance Aluminum Fabrication，二〇〇七年）、考區曼公司（Coachmen，二〇〇八年）、山斯塔公司（Shasta，二〇一〇年）、達那威公司（Dynamax，二〇一一年）。森林河靠著一連串的購併，以及公司內部的成長，在今日製造各式各樣的休旅車以及數種相關設備，包括旅遊拖車、第五輪拖車（fifth wheels）、野營車、移動屋（park model trailer）、目的地休旅車（destination trailer）、貨運拖車、廁所拖車、行動辦公室與浮橋車（pontoon）。

森林河的市占率不斷成長，工廠數也從二〇〇五年的六十間，成長至二〇一〇年的八十二間。員工數則從二〇〇五年的五千四百人，成長至二〇一二年的七千六百五十三人，二〇一三年更達八千七百七十人。森林河的規模帶來傳統的休旅車製造商未曾享有的好處，龐大的製造產能，讓森林河有能力快速完成客戶的訂單，但依舊遵守嚴格的製造與檢查標準。森林河交出亮眼財報，二〇一〇年的銷售額將近二十億美元，利潤也創新高。二〇一三年，銷售暴增至三十三億美元，年成長率達二四%。

---

1 在二〇〇五年的董事長信上，巴菲特簡明扼要地解釋這則故事：李格爾是了不起的創業者。幾年前，那時他的公司比今天小很多，他把公司賣給槓桿收購人，結果對方馬上開始指揮他應該如何管理，沒多久他就離開了，公司也很快就破產。後來李格爾重新買回公司，這次我絕對不會指揮他，告訴他要如何管理公司。

依據產業雜誌的報導，李格爾宣布波克夏即將買下森林河時曾表示：

（我們）保證在人力所及的範圍，讓森林河永續經營。波克夏一向留下自己收購的公司，他們有能力這麼做。把公司交給波克夏，是安全的做法。如果我們把公司賣給投資集團，情況可能就不同了。森林河以前不負債，以後也不會。

找到永遠的家，重返好時光——東方貿易

東方貿易公司也是在歷經槓桿收購者帶來的沈重債務後，最後在波克夏找到家。奧馬哈的日本移民哈利・渡邊（Harry Watanabe）在一九三二年成立東方貿易公司，販售自日本進口的丘比娃娃（Kewpie doll）等小飾品，深受歡迎，立刻就在美國中西部開了十幾家類似的分店。然而在二戰期間，美國限制自日本進口商品，渡邊被迫關閉奧馬哈以外的全部分店。在那之後，他增加陶器產品線，並把遊樂園業者當成目標客戶，這個利基市場一直到了一九七〇年代初期，依舊生意興隆。

一九七七年，哈利的兒子泰瑞〔Terrance（"Terry"）Watanabe〕擴張父親的商業模式，增加玩具與派對用品等產品線，並瞄準平日籌辦募款活動的組織，例如教堂、社團與學校，採取直接銷售的行銷方式。泰瑞靠大量發送產品目錄，以及挨家挨戶登門的銷售網，擴大直銷事

業。除此之外，他在一九八〇年代提供免費訂貨電話，一九九〇年代又提供網路訂購服務。

二〇〇〇年時，東方貿易公司旗下有四萬種產品，客戶名單數達數千萬，並有近兩千名員工。泰瑞向私募股權公司「布萊特伍德」（Brentwood Associates）募資，原本的安排是布萊特伍德提供資金，泰瑞的團隊繼續經營，然而計畫生變，泰瑞將自己全部的股份賣給布萊特伍德，並且離開公司。

二〇〇六年時，布萊特伍德希望脫手東方貿易公司，在一場槓桿收購中，安排凱雷集團（Carlyle Group）買下東方貿易的多數股份（六八％）。東方貿易公司擁有人數眾多的客戶郵寄名單，年銷售額達四億八千五百萬美元，還擁有四億六千三百萬美元的資產，然而到了二〇一〇年，公司債務達七億五千七百萬美元，龐大的成本讓公司不得不申請破產。在東方貿易公司破產的期間，另一間槓桿收購公司「科爾伯格克拉維斯羅伯茨」（Kohlberg Kravis Roberts）買下東方貿易很大一部分的公司債務，打算以更高價格出售，或是轉換為公司債。

東方貿易公司在二〇一二年的灰頭土臉之中，和波克夏聯絡，試探波克夏是否有意願買下自家公司。東方貿易的主要目標，是給這間老牌的家族企業一個永遠的家，而不是以最高價出售。

巴菲特喜歡東方貿易，強調帶來代價的頻頻易主將進入尾聲。東方貿易之所以能撐過這段困難的時期，原因是公司一直是業界的領導者，向來提供無與倫比的客戶服務。東方貿易近期表現良好，營收在二〇一〇年、二〇一一年、二〇一二年持續增加，轉虧為盈。這間販售新奇小玩意、玩具與派對用品、讓人們獲得歡樂的公司，在找到自己永遠的家後，也重返美好時光。

美好的美國價值——CTB

在本質上，槓桿收購與私募股權追求的是短期的投資，即便是「成功」的案例，也可能讓旗下的企業管理者渴望永恆的家園，CTB國際公司（CTB International Corp.）正是這樣的例子。霍華德・布蘭貝克（Howard Brembeck）在一九五二年成立原名「僑太」（Chore-Time, CT）的CTB公司。他是美國中西部的創業家，在家中地下室白手起家，替家禽與牲畜場設計與製造設備，後來進一步拓展到飼料與穀物倉儲業。布蘭貝克和夥伴研發機械化的禽畜給料與給水設備，以創新手法在業界掀起革命。

一九九六年，布蘭貝克家族認為在印第安納州起家的CTB，已經準備好從家族企業轉型，成長為大型事業，但依舊希望保留布蘭貝克留下的良好傳統。然而，他們缺乏資金，需要向外尋找合作夥伴。布蘭貝克曾擔任印第安納州共和黨國會議員的孫子克里斯・肖科拉〔Joseph Christopher（"Chris"）Chocola〕，負責帶領這次轉型，家族與紐約的「美國證券資本合夥人」私募股權公司（American Securities Capital Partners，簡稱ASCP）合作。CTB在ASCP的建議下，進行十樁購併，並在一九九七年首次公開募股。

然而五年後，ASCP希望退出。CTB依舊有成長的機會，但CTB是小型股，投資者不多，只在業界有知名度。布蘭貝克家族轉而投向波克夏的懷抱，獲得需要的資金，以及「永恆的家園」。

巴菲特說CTB是「擁有美好美國價值的強大公司」，在基礎工業這個領域，不但擁有優秀的聯盟以及強大的市占率，還擁有一流的管理技術。CTB是那種會在波克夏如魚得水的企業，公司具備的特質包括精打細算、真誠、信譽卓著、由家族持有、具備創業基神，還從事在今日不是那麼光鮮亮麗的基本農場設備事業。CTB靠著優秀的特質茁壯成長，贏得了可再投資一系列購併的超額資本。

不亮眼卻優秀的公司——CORT家具租賃

接下來的例子是CORT家具租賃公司（CORT Business Services Corporation）。CORT自一九七二年創業以來，便由保羅・阿諾德（Paul Arnold）管理。一九八八年，莫哈斯科地毯公司（Mohasco Corporation）多角化經營，進入家具製造與租賃產業，把CORT納為子公司。莫哈斯科在花旗先鋒資本（Citicorp Venture Capital, CVC）的安排下，靠著讓管理階層進行槓桿收購，抵擋了諾特克公司（Nortek, Inc.）的購併行動。

然而，沈重的債務問題，讓莫哈斯科在一年之內處分掉CORT公司，把CORT交給

CVC也提供融資的其他管理團隊。這讓CVC在交易中處於奇怪的地位，既是買方、也是賣方公司的金主，這對談判架構來說並不是好事。CORT果然面臨厄運，一直在高槓桿運作中，掙扎著維持流動性。

不過，阿諾德努力撐了下來，除了還債，還能夠發薪。一九九三年，他說服CVC，讓公司得以用優惠條件重整債務，並吸引更多股權投資。他專心經營事業，透過多樁小心翼翼的購併，讓公司穩定成長，持續開發新市場。

一九九九年，CORT的財務人員再次面臨槓桿收購，阿諾德和公司面臨了轉捩點。十一月二十三日，巴菲特收到友人傳真的《華盛頓郵報》報導，讀到CORT的最新交易。巴菲特對CORT的財務表現感到印象深刻，一週後與阿諾德會面時，也得到良好的印象，兩人迅速談妥由波克夏出面收購CORT。巴菲特喜歡CORT在阿諾德優秀的管理之下，「不亮眼但優秀的事業」。

阿諾德非常開心能在波克夏找到永久的家園，掌舵四十年後，在二〇一二年退休。他讓CORT透過五十多樁購併案，從一間小公司變成市場領導者，接著又把棒子交給二〇〇四年進公司的CORT主管傑夫・佩德森（Jeff Pederson）。佩德森繼續領導公司向前，二〇一三年時，CORT的盈餘達四千萬美元。

把事業交給精心挑選的新老闆——TTI

俗話說：「聰明人會從錯誤中學習，智者則從他人的錯誤中學習。」如果這句話沒錯，ＴＴＩ公司的創辦人與執行長安德魯斯就是個智者，他在看到其他公司陷入本章前面提到的困境後，便毅然決然把公司賣給波克夏。

ＴＴＩ是原名「德電」（Tex-Tronics, Inc.）的德州電子經銷商。創辦人安德魯斯原本是通用電力（General Dynamics）的採購人員，因此了解廠商外包電子元件時會碰上的麻煩。他在一九七一年被裁員後，在小公寓的空房間裡創業，銷售額從那年的十一萬兩千美元，一路成長至二〇〇六年的十三億美元。對專賣各種電阻器、電容器、連接器產品的公司來說，十三億算是相當大的數字，因為每個產品的售價不超過一美元。波克夏二〇〇〇年收購的賈斯汀工業，董事長約翰・羅區（John Roach）在二〇〇六年時，向巴菲特提起ＴＴＩ公司和安德魯斯。羅區先前曾幫助小賈斯汀替自己最愛的靴子和磚材事業找到永遠的家，現在又再度打電話給巴菲特，告知安德魯斯正在替ＴＴＩ尋找永恆的家園。巴菲特表示，當時六十四歲的安德魯斯出售公司的動機打動了他：

> 不久前，安德魯斯恰巧目睹了，對私人企業的員工以及擁有企業的家族來說，創辦人的死會帶來多大的混亂，而且開頭的混亂通常會演變成大災難。因此大約在一年前，安德魯斯開始考慮出售ＴＴＩ。他的目標是把事業交給自己精心選擇的新老闆，不想讓信託人或律

師在他死後拍賣公司。

安德魯斯不要「策略性」的買家，因為他深知這種買家在追求所謂的「綜效」（synergies）時，將分拆他這輩子苦心經營的事業，除了數百個一起奮鬥的夥伴將流離失所以外，TTI的事業也可能跟著付諸流水。此外，安德魯斯也不希望找私募股權公司，因為如果找上他們，他們很可能讓TTI負債累累，然後就立即出售。安德魯斯剩下的唯一選擇是波克夏。

安德魯斯和巴菲特很快就談妥條件，兩人在早上碰面，午餐之前就達成協議。兩人在商量TTI的估值時，波克夏的永續文化是重要考量。TTI的銷售和盈餘在二〇〇八年破紀錄，二〇一〇年又再創新高，不過，公司身處於十分競爭的產業中，二〇一二與二〇一三年時利潤吃緊，除了靠內部的成長，也靠購併讓公司壯大，二〇一二年收購朗奕信電子（Sager Electronics），二〇一三年收購Ray-Q公司（Ray-Q Interconnect Ltd.）。

波克夏並未刻意尋找不斷被轉手的公司——那些被大膽的金融人士或破產信託人經手之後還能存活、證明自己擁有永續商業模式的公司。不過，經歷過這種考驗的企業——包括鮮果布衣與佳斯邁威——的確證明自己愈挫愈勇，它們的擁有者與管理者，非常希望能得到每間波克夏子公司都珍惜的永恆家園。

除此之外，波克夏也不會購併需要轉型的企業，因為這種艱鉅的任務通常包含了改造企業文化。巴菲特說過，蓋可雖然曾在一九七六年瀕臨破產，但也算不上是起死回生，因為「當聲譽卓越的管理階層，試圖提振名聲不佳的企業時，企業的名聲通常還是不會改變。」不過，這並不代表應該放棄「翻轉行動」，有些人正是靠著讓企業反敗為勝，而重振聲威。下一章將介紹的波克夏子公司「馬蒙集團」及其管理者普利茲克兄弟，就是逆轉勝的典範。

CHAPTER 12

波克夏的縮影

從馬蒙集團，
一窺後巴菲特時代的波克夏

即使創始人過世，依然屹立不搖

假設你是個分析師，要分析一個多角化經營的大集團，集團旗下有數百種事業，涵蓋金融服務、運輸、能源、建築、製造等各行各業，那些事業是樸實無華的低科技事業，也是業界的領導者，在母公司的不同時期受到購併，沒有統一的規畫。

這個集團年事已高的董事長與副董事長，自從集團創建以來，已經領導公司四十年，幾乎所有重要的公司決策，都由這兩位億萬富翁來拍板定案，董事會不太監督。這個集團採取不插手的經營政策，強調個人自主性的重要，所有日常決定都由各子公司的管理者來做。如果現在要你預測，這個集團在正副董事長過世後會有什麼樣的命運，你的答案會是什麼？

以上是一九九〇年代中期時，分析師在馬蒙集團的傳奇領導人普利茲克兄弟過世後，必須預測的情境。當然，這也是今日的分析師預測波克夏未來時的難題。先前有許多分析師認為，巨大的馬蒙集團過於笨拙，只有普利茲克兄弟有能力經營，因此預測兩人去世之後，馬蒙集團很快就會分崩離析。

然而，分析師錯了！馬蒙集團後來在二〇〇八年成為波克夏子公司，繼續依照過去數十年的模式順利運作著[1]，而這也是為什麼馬蒙集團的例子如此重要。馬蒙集團稱得上是迷你版的波克夏，它所擁有的文化特質，和波克夏及其他姊妹公司相同。它們共通的特質，可以解釋為什麼這間波克夏最大、最賺錢的子公司，馬上就在波克夏如魚得水。

在母公司這個位階，波克夏和馬蒙集團有更多相似之處，包括強大的資本力量、購併帶來的成長，以及多重現金流。馬蒙集團與波克夏的這些共通點，讓我們可以據以預測波克夏的命運。波克夏和馬蒙集團一樣，即使優秀的創辦人離世，也可以安然無恙。假如普利茲克兄弟創下的馬蒙偉業，在他們過世後依舊屹立不搖，那麼巴菲特的波克夏也一樣可以。

兄弟合作無間，打造龐大私人企業

一八〇〇年代末期，尼可拉斯・普利茲克（Nicholas Pritzker）和家人從烏克蘭移民美國，最後在芝加哥定居，一九〇二年時成立「普利茲克＆普利茲克法律事務所」（Pritzker & Pritzker）。這間專精不動產法的事務所，一直到一九二〇年代末期都生意興隆，在地方上有很好的名聲。接著事務所在創辦人之子亞伯拉罕尼可拉斯（Abram Nicholas, "A. N."）的帶領之下，逐漸轉型到不動產投資，為普利茲克家族的帝國打下根基。一九四〇年，龐大的不動產事業，讓「普利茲克＆普利茲克」不再是法律事務所，而是家族經營的投資公司。

亞伯拉罕尼可拉斯的兩個兒子——傑伊與羅伯特〔「鮑伯」（Bob）〕，後來接掌家族事業。在他們的帶領下，公司出現爆炸性成長。兄弟兩人各有所長，帶來相加相乘的效果。傑伊是畢業於西北大學（Northwestern University）的律師，二次大戰結束後，在美國接管德國企

1 波克夏在二〇〇八年取得馬蒙六〇%的股份，並逐年增加，預計在二〇一四年達到一〇〇%。

業的機構中工作，擁有商業與交易方面的歷練。他和巴菲特有共同的天賦，能夠靠著閱讀財報，設想一間公司的營運細節。此外，他也擅長交易談判。

傑伊的弟弟鮑伯，則對企業營運及組織很感興趣。他在伊利諾理工學院（Illinois Institute of Technology）念先進工業工程，取得工業製程與製造方面的專業知識，擅長分析經營不善的公司，知道可以用什麼方法解決營運方面的問題。

鮑伯的營運長才，再加上傑伊的交易能力，最後造就了全世界最大型的私人企業。兄弟倆合作無間，傑伊負責談判，以低於帳面價值的價格，買下陷入危機的公司，接著鮑伯與管理階層合作，重新改造購入的公司，讓公司價值翻漲數倍。

第一個例子就是考森公司（Colson Company），也是這個成功模式的原型。考森是俄亥俄州一家不賺錢的小型製造商，專門製造自行車、腳輪（編按：裝在行李箱、家具等下方的輪子）、推進器與輪椅。傑伊的分析顯示，相較於讓這家公司繼續營業，清算的價值還比較高。他用遠低於清算價值的價格收購這間公司，接著鮑伯加入原本的管理團隊，立刻賣掉自行車資產，並大力削減推進器的營運製造成本，但最後也結束了這個部門，讓考森的經理人把資金和精神集中在有利潤的腳輪與輪椅事業。

如果傑伊是抹肥皂，鮑伯是沖洗，普利茲克的公式，就是反覆地抹肥皂和沖洗。鮑伯擅長整合既有事業及被購併的事業，達到規模經濟。傑伊則透過有利的企業架構，進一步帶來價值，減少稅額支出，讓公司得到財務方面的優勢。不過，即便如此，鮑伯並不認為這種策略叫「綜效」，兄弟兩人對企業購併的綜效概念，保持存疑的態度，因為綜效可能讓人對收益過度樂觀，造成被收購的公司受到不必要的分拆。

馬蒙集團致力於留下自己收購的企業，慷慨提供資金與人力，努力讓子公司成功。普利茲克兄弟一律留下新公司原本的管理者，而且採取不干涉政策，讓他們自行決定日常的營運。不過，雖然普利茲克兄弟偏好留下自己購併的公司，他們的模式是買下搖搖欲墜的公司，如果有必要，也會結束不賺錢的部門，只扶植有潛力的事業，例如在一九六三年時，考森公司收購前身為馬蒙汽車公司（Marmon Motor Car Company）的馬蒙哈寧頓公司（Marmon-Herrington Company），處分掉重型拖拉機、運輸車與客車底盤事業，然後將出售的收益，再次投入核心事業。

然而，「願意處分」事業，不能和「興致勃勃地處分」混為一談。部分人士誤解了普利茲克兄弟的策略，其實他們的重整方式，十分不同於專門「買下後就脫手」的購併者。後者把公司當成商品出售，傑伊與鮑伯則是長期的投資者，認為買下就是要長期持有。馬蒙集團進行過的一百多樁購併，最後脫手的數量屈指可數[2]。

馬蒙集團曾短暫上市，但立刻又由普利茲克家族獨資持有。一九七一年，馬蒙集團不斷

2 波克夏擁有相同的政策，不過，由於波克夏一般不接手改造企業的工作，鮮少執行這個政策。波克夏如果插手改造，一般會是財務方面的改造，不會是營運方面。波克夏會改善表現不佳的資產負債表，但不會重新打造製造、經銷及其他基礎架構。

購併各種從事基礎製造業的中小型企業。看公司名稱就知道，馬蒙買下的全是樸實無華、從事基本工業的企業，例如阿馬里洛齒輪公司（Amarillo Gear）、基礎管線公司（Keystone Pipe）、賓州鋁業公司（Penn Aluminum）、史德林起重機公司（Sterling Crane），以及三角懸吊系統公司（Triangle Suspension Systems）。

一九七〇年代中期，馬蒙集團進行大型購併，買下跨足礦業、製造、貨運與不動產、年營收達八億美元的切羅集團（Cerro Corporation）。切羅集團符合普利茲克一貫的實際購併標準：資產如果出售，價值會高過繼續營運。然而切羅有一點十分不同，這是個會敵意購併上市公司的集團。鮑伯費了九牛二虎之力，反覆灌輸創業精神，針對切羅原本過度疊床架屋與緊繃的文化，重新打造。

馬蒙接著又立刻進行其他較為一般的購併。一九七七年時買下哈蒙德公司（Hammond Corporation），這是一家旗下還有威拉手套公司（Wells Lamont）的管風琴製造商。後來公司的管風琴業績不振，但手套產品成為業界領導者。一九七八年，馬蒙集團也買下製造安全帶的美國安全設備公司（American Safety Equipment Corporation）。

一九七〇年代進入尾聲時，馬蒙集團蒸蒸日上，資本雄厚，高度多角化經營，旗下的公司，有的製造農業用具、服飾配件、汽車產品、電線電纜、水管油管、樂器、零售設備，有的提供採礦與金屬交易服務。

一九八一年，馬蒙集團二度進行重大購併，以六億八千八百萬收購環聯公司（Trans

Union Corp.）。這間集團曾是洛克菲勒（John D. Rockefeller Sr.）帝國的一部分，主要事業包括製造與出租運送石油和其他物品的罐車，以及消費者信貸服務。這次購併除了規模龐大，也是普利茲克兄弟兩人合作模式的縮影。傑伊看見環聯的價值所在：環聯連年的虧損帶來投資免稅額，可以替馬蒙集團節稅；此外，鮑伯也眼尖地看出，環聯在營運方面一直無人發現的寶物（這樁交易凸顯出美國董事會在進行購併時，董事應盡卻未盡的義務。法院給出影響深遠的判決，認為環聯董事犯下重大過失，未能了解這樁交易的背景細節）。

一九八〇和一九九〇年代，馬蒙集團繼續定期購併各式各樣的基礎產業，雖然規模普遍不大，次數卻相當頻繁，一九九八年有三十次，一九九九年有三十五次，二〇〇〇年有二十次。同化被購併的公司不是問題，因為馬蒙採取權力下放的管理方式，成功整合大多數公司，只有少數幾間最後不得不結束營業。馬蒙不曾出售任何自己買下的公司，不過，二〇〇一年時，馬蒙處分了兩家歷史悠久的公司，一家是農業設備公司詹姆斯威（Jamesway），另一家是煤礦設備製造商朗艾道（Long-Airdox）。除此之外，從一九九〇年代早期開始，馬蒙集團的子公司也各自進行補強型購併，刺激成長。

運用八〇／二〇法則經營公司

早在一九八〇年代末期，批評者便曾質疑馬蒙的規模過於龐大，發狂似地成長，加上極度多角化，可能難以維持企業架構。他們問：除了傑伊和鮑伯兩兄弟外，還有誰能管理這樣的龐然大物？後來傑伊在一九九九年過世，鮑伯也在二〇〇二年時退休（二〇一一年去世），事實證明：質疑者多慮了。

當鮑伯自馬蒙退休時，把考森的業務切出一塊，由自己經營。環聯的消費者信貸部門，也被分到普利茲克家族帝國的其他地方，後來兩個事業都被售出。不過，除此之外，馬蒙集團沒有太多變化，而且在接下來兩位執行長的帶領之下，依舊欣欣向榮。二〇〇二至二〇〇六年間，集團由約翰・尼寇斯（John D. Nichols）掌舵，二〇〇六年之後則由法蘭克・普塔克（Frank S. Ptak）繼續領航。

尼寇斯與普塔克原本大半輩子都在「伊利諾州工具廠公司」（Illinois Tool Works Inc.，後文簡稱ＩＴＷ）擔任資深管理職。ＩＴＷ是一家傳承三代的芝加哥製造廠，一九一二年由拜倫・史密斯（Byron L. Smith）創立，企業文化與馬蒙集團十分相似。兩家公司在二十世紀下半葉時都有所成長，ＩＴＷ的成長速度尤其驚人，透過內部的成長與外部的購併，二〇〇五年時，在四十四個國家，有六百二十五個營業據點。

尼寇斯、普塔克及其他ＩＴＷ主管，採取「八〇／二〇法則」管理如此龐大的集團。八〇／二〇法則源自常見的統計分布：八〇%的產出來自二〇%的投入。一九八〇年代，尼寇斯與普塔克曾研究ＩＴＷ的獲利為何下降，最後，八〇／二〇法則派上了用場。

兩人發現全公司八〇%的銷售，來自二〇%的產品，而且八〇%的利潤，來自二〇%的客戶。他們得出這個八〇／二〇的結論後，進一步研究：整體而言，公司哪些事業最有貢獻、哪些最沒貢獻，接著把時間與資源，分配給帶來最多利潤的部門、產品與客戶，增加ＩＴＷ分權的程度，讓ＩＴＷ龐大的規模成為優勢。

尼寇斯自一九八〇年起擔任ＩＴＷ的執行長，一九九六年退休，二〇〇二年又重出江湖，在鮑伯・普利茲克之後接掌馬蒙集團。尼寇斯依據八〇／二〇法則，在普利茲克兄弟離開後，大幅改造組織，將集團分為十個事業體，每個事業體都由一個向他報告的總裁負責。這種組織方式除了讓尼寇斯有辦法監督集團分散各地的事業，也讓集團有辦法依據事業體與產品，推動成長與購併。

二〇〇六年，普塔克成為馬蒙執行長，尼寇斯改任副董事長。普塔克二〇〇三年起就是馬蒙的董事，也是尼寇斯在ＩＴＷ數十年的同事。他除了是註冊會計師（ＣＰＡ），也是獨立投資研究公司「晨星」（Morningstar, Inc.）的董事。

二〇〇八年，波克夏自普利茲克家族手上，買下馬蒙集團的控制股權，雙方並同意在二〇一四年之前，波克夏可以分批取得其餘股份。這樁八十億美元的交易案，很快就拍板定案，過程中沒有討價還價，也未進行盡職調查。巴菲特曾在某樁一九五四年的交易中見過傑伊・普利茲克，後來就密切追蹤傑伊的動向，他說傑伊喜歡簡單就好。

普塔克繼續用原本的方式經營馬蒙集團，不斷運用八〇／二〇法則，二〇一二年時，又進行另一次組織調整，事業體數量增加為十一個，被分別納入三個新的自治公司，三個自治公司各自由一個資深的「馬蒙人」領導。在普塔克的帶領下，馬蒙集團和從前一樣蓬勃發展，股東權益自二〇〇六年不到五十億美元，二〇一二年增至近七十億美元。評論家原本確信普利茲克兄弟離開後，馬蒙集團就會分崩離析，現在證明了他們的預測顯然錯得離譜。

馬蒙集團也具備九項成功特質

馬蒙集團成功的秘訣是什麼？馬蒙具備波克夏式的特質：這間具有創業精神的家族事業，旗下的基本產業部門，抱持永續的態度自主經營，而且精打細算、真誠行事，恪守道德規範。尼寇斯與普塔克在波克夏購併馬蒙集團之前與之後，一直讓公司保有下列特質：

精打細算：馬蒙集團精打細算。傑伊與鮑伯都不做曠日費時的調查，不開冗長的會議，做決策時絕不拖拖拉拉，集團總部雇用的人屈指可數。二〇一二年，普塔克很自豪：馬蒙集團的經常性支出占比，是製造業最低的二二・五％。

真誠：馬蒙集團說到做到。加入馬蒙的管理者知道，自己可以相信普利茲克兄弟在購併時所說的話，而他們也全力回報。馬蒙的管理者在自己的市場上，被視為可以信任的人，而馬蒙集團本身也贏得真誠的名聲——在ＩＴＷ的時期，尼寇斯與普塔克已經替自己和公司同仁建立起這樣的口碑。

信譽：普利茲克兄弟是正直的人士——他們認為一間公司成不成功，最重要的是公司行得正不正，而不是賺不賺錢。傑伊．普利茲克體悟到，長期來說對事業最好的事，以及表面上短期來說對股東好的事，兩者之間常常起衝突。馬蒙集團靠著無限期持有自己購併的公司，建立起信譽。普利茲克兄弟收購公司是為了經營，不是為了處分資產與裁員。大家想和傑伊與鮑伯做生意，也想和他們離開後的馬蒙集團繼續做生意。

家族力量：馬蒙集團是傑伊與鮑伯兄弟經營的家族事業，兄弟倆合作無間。他們做生意的天賦來自父親，兩人傳承父親留下的事業模型，買下遇上危機的公司，並加以改造。有個例子是老普利茲克在一九四一年時，用五萬美元買下工具製造商「科里公司」（Cory Corp.），後來在一九六七年時，用兩千三百萬賣給賀許公司。傑伊與鮑伯兄弟也把自己的衣缽傳給了孩子，幾個孩子都加入父親的家族事業。

普利茲克家族後來也出現家族事業會有的問題。傑伊與鮑伯退休後，兒子輩和孫子輩為了爭論該如何處理馬蒙集團而長期失和。十一個繼承人原本似乎已經準備好要分拆馬蒙出售，幸好最後波克夏及時出手相助，才化解了這場危機。

開創精神：馬蒙集團是創業文化的典範。鮑伯與傑伊是標準的創業人士，其他的普利茲克家族成員也是一樣。他們的另一個兄弟，白手起家建立了凱悅連鎖飯店（Hyatt Hotel），後來交給傑伊的兒子湯瑪士（Thomas J. Pritzker）經營。馬蒙集團的商業模式在今日依舊注重開創精神：要有創新的精神、承擔風險的意願，還要有創意和耐力，才有可能改造需要逆轉的企業。

不干涉原則：普利茲克兄弟離開馬蒙後，馬蒙旗下的數百位經理人繼續管理自己手上的事業，完成一場漂亮的無縫權力轉移。馬蒙一向採取不干預的管理政策，給經理人很大的發揮空間。普利茲克兄弟從來不讓總部下經營決策；事實上，馬蒙的總部沒有任何行銷、銷售、工程與營運人員，讓集團的經理人專心管好自己的事業，不依賴讓經理人在各事業體遊走的方式，培養未來要晉升的人才。馬蒙人如果想擔負起更大的責任，他們會直接想辦法讓自己管理的事業成長。

普利茲克兄弟通常會在必要時刻，將馬蒙集團旗下的公司分割成更小的單位。普塔克運用八〇／二〇法則，永遠要組織裡的每個人，找出哪種投入方式，可以帶來最理想的產出，並把時間與資源花在上面。這種做法強化了不干涉的經營手法，讓馬蒙集團更能下放權力。

精明投資：普利茲克兄弟立下精明投資的標竿，並孕育了相對應的公司文化。一九八〇至一九八九年間，營收自二十億美元翻倍來到四十億；盈餘自八千四百萬增加了一倍以上，達到破紀錄的二億零五百萬；股本報酬率，從一九．一％（比一九八〇年財星五百大公司（Fortune 500）中位數高五個百分點），成長到二六．三％（比一九八九年的中位數高十個百分點）。不過，也有失靈的時候，一九九〇年時盈餘縮減四成，變成一億兩千五百萬，儘管那年營收將近四十億。

二〇〇五年時，營收達五十六億美元，收益為五億五千六百萬，獲利率達九．九％；二

馬蒙集團：財報資訊摘要

表1

	2005年	2006年	2007年	2008年	2009年	2010年	2011年	2012年	2013年
營收	5,605	6,933	6,904	6,919	5,062	5,963	6,913	7,163	6,979
收益	556	884	951	977	751	855	1,018	1,163	1,176
獲利率	9.9%	12.8%	13.8%	14.1%	14.8%	14.3%	14.7%	16.2%	16.5%
股本	4,495	4,486	5,037	4,311	4,840	5,393	6,065	6,854	無
股本報酬率	無	19.7%	21.2%	19.4%	17.4%	17.7%	18.9%	19.2%	17.2%

資料來源：馬蒙集團2012年財報、波克夏2013年年報。（金額單位為百萬美元）

〇〇八年時，也就是波克夏收購多數股權的那一年，營收為六十九億，獲利率一四・一%。二〇〇九年碰到金融風暴，營收縮減至五十億，獲利率則上升至一四・八%。在那之後，各數字穩定上升，淨值也上升（請見表1）。

馬蒙集團除了將公司盈餘再投資，擴大事業，也維持普利茲克兄弟留下的購併傳統，例如二〇一三年時，普塔克以十一億美元，購併零售業的飲料機製造商IMI公司。

堅守基本產業：馬蒙集團專注於最不光鮮亮麗、最基本、但也最不可或缺的基礎產業。馬蒙旗下的公司沒有令人眼睛一亮的名字，品牌辨識度也不高。此外，馬蒙儘管規模龐大，資本雄厚，卻一直十分謙遜，保持低調，除了並未上市，家族也遠離大眾視線。

永續：馬蒙集團的購併理念是「買下－整頓－持有」（buy-fix-hold），和競爭者十分不同。馬蒙的對手是專業收購人、槓桿收購人與私募股權公司，這些人通常會在收購公司後快速脫手獲利。馬蒙則偏好永續經營，購併公司後留下管理階層原班人馬，讓子公司自主經營，還讓子公司自由地運用大量資金。

企業的賣家最愛這兩家公司

馬蒙集團與波克夏有許多共通的特質，這也正是為什麼馬蒙是完美的波克夏子公司。馬蒙和波克夏除了在控股公司這個層級有許多相似之處，它們也證明企業有可能永續——馬蒙集團在普利茲克兄弟離開後，依舊屹立不搖；同樣地，在巴菲特離開後，波克夏也可以如此。

馬蒙與波克夏都靠著不斷購併壯大事業。兩間公司進行購併時，遵守明定的標準與紀律，堅持以合理價格買下好公司，並且避開文化格格不入的企業。除此之外，兩間公司都不認為策略計畫可行。馬蒙集團的資深主管說過一句話，可以套用在馬蒙身上，也可以套用在波克夏身上：「我們不做計畫，我們見機行事。」

馬蒙和波克夏都靠著不斷成長，將各式各樣的盈餘進帳，匯集成現金流的汪洋大海。兩間公司幾乎年年擊敗標準普爾五百指數，而且掌控著巨額資本，有能力扶持子公司，讓它們得以進行其他單打獨鬥的同業做不到的投資。子公司得到了基本上是無限的資本挹注，但也得盡心盡力管理事業，不負所托。

馬蒙集團與波克夏在過去都建立了「首選買家」（buyer of choice）的名聲。兩家公司的股權結構，讓企業的賣家喜歡選擇它們。馬蒙集團做出承諾時，等於是擁有公司的普利茲克家族的傑伊與鮑伯兩兄弟在做承諾；波克夏做承諾時，等於是擁有控制股權的巴菲特在做承諾。不過，隨著時間過去，馬蒙集團和波克夏購併擁有相同特質的大量子公司後，兩間公司以及它們各自的子公司，也建立了相同的名聲，即便不是由傑伊與鮑伯兄弟或巴菲特親自出面，外界一樣相信它們。

總之，馬蒙集團與波克夏的創辦人與建立者，都是偉大的領導者，他們的公司烙著他們的印記。普利茲克兄弟、巴菲特，以及蒙格，全都擁有以下幾個相似的領導者人格特質：

- 不知為不知，是知也：鮑伯的專長是製造，他把主要心力放在這個領域；傑伊懂交易、金融、法律與稅法——把營運的事交給鮑伯；巴菲特與蒙格則說自己不懂營運和科技，因此不去碰。
- 寬闊的視野：鮑伯從多管齊下的角度，檢視自己預備進行的交易；巴菲特和蒙格則思考如果不做某筆交易，有哪些其他的可能性。
- 有耐心：重視長期的價值，但也會快速、靈活地做出決定，特別是購併事宜。
- 資本資產需要靠再投資來維持：折舊支出是實實在在的營運成本，並非可以忽略、只看現金流分析的會計慣例。
- 冷靜思考：運用常識，用邏輯思考。

普利茲克兄弟、巴菲特與蒙格早期運用上述能力時，目的是建立公司；他們在後期運用相關能力時，則是為了讓自己建立的公司永續經營。

最後，附帶一提，波克夏與馬蒙集團的名字都擁有悠久的歷史，但它們最初的源頭已經被遺忘：波克夏海瑟威是早已不營業的紡織公司，馬蒙則是歇業已久的汽車製造商。考森公司在一九六四年購併馬蒙哈寧頓公司後，抽出「馬蒙」二字，當成自己的名字——這個選擇帶有美國風。一九一一年的第一屆「印第安納波利斯五百汽車賽」（Indianapolis 500），冠軍車由專製高級車款的馬蒙汽車公司出品。

不過，每間公司當然都是獨一無二的，波克夏和馬蒙也有重要的不同之處，例如以購併來說，普利茲克兄弟用馬蒙集團來進行敵意購併，波克夏則捨棄這種做法，前文提過波克夏曾扮演白騎士，自企業狙擊手波斯基手中，搶救斯科特菲茨公司。此外，在敵意購併最盛行的一九八〇年代，波克夏也多次擔任白衣護衛，收購好幾間公司的股份，協助它們抵擋購併攻擊。

馬蒙集團希望收購企業時參與競標，波克夏則通常避免搶標，例如馬蒙集團曾在一九九五年時，搶下亞洲的阿特拉斯特殊鋼廠（Atlas Steel），不過，當時鮑伯強調，馬蒙與波克夏有個共通點：「我們通常是為了長期經營才購併，不會買了就賣。」此外，普利茲克兄弟會尋找需要起死回生的公司，波克夏則不然。鮑伯擁有工業工程技術，從營運的角度來說，他有能力改造一間公司；除此之外，傑伊則是精明的金融人士，能夠確保這樣的公司會帶來利潤。波克夏則避開需要重新打造的公司，因為那不是巴菲特擅長的領域——巴菲特強調，很少人擁有這種能力，普利茲克兄弟是特例。

在投資人方面，馬蒙集團是私人公司——股份完全由普利茲克兄弟持有——波克夏則是上市公司。如果波克夏是私人公司，馬蒙集團在創辦人離去後依舊屹立不搖的先例，絕對可以用來預測巴菲特離開後的波克夏。雖然過去發生的事，不一定是未來會發生的事，然而，馬蒙集團能夠永續經營，靠的正是自己的文化特質，即使自身的股權結構已從由私人持有，轉成上市公司的子公司。

無論如何，普利茲克兄弟離開後的馬蒙集團，提供了後巴菲特時代的波克夏可以參考的模式。尼寇斯與普塔克在普利茲克兄弟離開後，陸續做出許多改變。馬蒙集團今日的架構，是在幾間擁有自主權的公司底下，設置十一個事業體，方便後人管理事業，讓公司更能專注於購併及其他成長策略。波克夏則沒有這樣的架構，不過，波克夏擁有這類組織架構的藍圖。我們可以從巴菲特在年報上呈現子公司的方式，看出波克夏的架構：一、保險；二、管制事業／資本密集事業；三、金融；四、製造、零售與服務業。馬蒙集團的成員如果希望委託後勤辦公室處理一些事務，例如會計、預算擬定、人力資源、財務與法律事宜，馬蒙集團也會提供內部的專業服務公司；波克夏則讓每間子公司自行處理，不過，波克夏也有中央的會計與稽查系統，可以循相同模式提供其他功能。

最後，馬蒙集團的購併資金來自旗下的工業子公司，集團會留下盈餘，轉投資其他工業公司。波克夏的大型資金，則來自旗下的保險事業，而且除了投資「全資子公司」（編按：完全由一家母公司擁有或控制的子公司）以外，也會取得其他上市公司及私人公司的少數股權。雖然波克夏投資組合中的公司，不像波克夏全資擁有的子公司那樣，可以定義波克夏的文化，然而波克夏投資的公司，也可以幫助我們了解企業文化的概念，讓我們一窺波克夏本身的文化。下一章將檢視波克夏的投資組合，看看哪些投資，較能說明波克夏的文化。

CHAPTER 13

波克夏的投資組合

擁有護城河的公司，才會成為投資對象

投資美國運通、可口可樂等具有強大文化的公司

波克夏在協商ＢＮＳＦ鐵路的購併事宜時，ＢＮＳＦ鐵路的法務長提出了：波克夏旗下的其他鐵路投資，可能會帶來法規方面的問題。巴菲特立刻同意出脫所有需要處理的股票投資，波克夏立即出售手中諾福克南方鐵路公司（Norfolk Southern Corporation）一％的股份，以及聯合太平洋鐵路公司二％的股份。然而，巴菲特不會為了這方面的法規疑慮，同意出售子公司。同樣的，如果波克夏面臨超出現金準備金的保險求償，波克夏會先用股票變現，不會動任何子公司。以波克夏的文化來看，波克夏控制的子公司，以及波克夏投資組合中的少數股權持股，有許多不同之處，持有的期限不同，是其中一項差異。

如果是波克夏持有少數股權的公司，例如諾福克南方鐵路或聯合太平洋，波克夏可以影響它們，但無權指揮它們，即便是波克夏擁有九％至一四％股份的公司也一樣，例如美國運通、可口可樂及富國銀行。波克夏無法指定或控制所有股東或主管，也無法決定任何人的薪資。然而，如果是獨資擁有的公司，例如班傑明摩爾油漆、通用再保集團、利捷航空，以及其他子公司，波克夏可以全權管理，包括人事權、利潤分配方式以及薪資核定事宜。波克夏的子公司在許多方面都帶有波克夏的標識，波克夏投資的公司則不然。最明顯的例子，是波克夏子公司的商標上，名字後面都會附註為「波克夏海瑟威旗下公司」（A Berkshire Hathaway Company）。

波克夏投資的公司——波克夏擁有少數股權的公司——可能倒閉，可能被購併、可能重組，或是成為波克夏出售或交易的有價證券。波克夏先前曾投資、後來因為合併或其他影響企業壽命的因素而不復存在的公司，包括畢亞特麗絲食品、大都會／ABC公司、伍爾沃斯公司、通用食品與奈特里德媒體公司（Knight Ridder）。波克夏出售的股票，包括房地美、嬌生（Johnson & Johnson）、卡夫食品、麥當勞、中國石油（Petro China）、旅行家集團（Travelers）與迪士尼。波克夏曾在路博潤收購飛利浦特殊產品時，以飛利浦六六公司的股份支付購併費；波克夏也曾以前身為《華盛頓郵報》的葛蘭姆控股公司（Graham Holdings）股票，換購一家電視台；此外，波克夏也曾以白山保險集團（White Mountain Insurance Group）的股份交換保險資產。白山的創辦人是一九七六年拯救蓋可的約翰・拜恩。

以規模來看，波克夏的股票投資組合對上波克夏的子公司，可說是小巫見大巫，例如二〇一三年年底時，波克夏取得投資組合的總成本為五百六十億美元，僅波克夏子公司成本的三分之一。波克夏光是投資BNSF鐵路或波克夏海瑟威能源，金額就接近五百六十億。波克夏投資組合的市值為一千一百五十億美元，不到波克夏總資產的五分之一[1]。今日的波克夏，八〇%為子公司，投資組合僅占二〇%。一九八〇年代早期則相反，當時八〇%為投資

1 根據報導，波克夏當時的總資產為四千八百五十億美元——這是低估的數字，因為報導主要依據歷史成本（或稱原始成本）扣除折舊，而不是市值。

組合，二〇%為子公司。

有時候波克夏會先行取得某些公司的少數股份，後續才買下其餘股份，讓它們成為全資子公司，例如BNSF鐵路與蓋可。從投資角度來看，評估少數股權與評估整間公司有其共通之處，都得評估公司的財報，以及價格／價值的比率。若要成為波克夏的投資對象，不論是成為投資組合的一部分或是子公司，該公司必須擁有能夠長期保護公司獲利的護城河。然而，波克夏進行購併時，非經濟價值的因素也扮演了重要角色。如果是在公開市場取得少數股權，則沒有這方面的考量。

波克夏在私下談判中買下少數股權時，非經濟價值的因素的確有其一席之地。相關例子包括：一、波克夏購買可轉換證券或權證，例如一九八〇年代末的吉列（Gillette）與所羅門兄弟；二、高盛、USG公司（USG Corporation）及其他二〇〇八年金融危機時期的公司；三、取得私人企業股份，例如二〇〇八年的瑪氏食品（Mars, Inc.）與箭牌股份有限公司（Wm. Wrigley Jr. Co.）。波克夏進行此類交易時，不但能提供有形的利益，還能提供自主權與永續性等重要的無形保證。相較之下，波克夏購買普通股時，大多是在市場上匿名購買，沒有提供保證的機會。

上述的不同點意味著：波克夏的子公司，以投資組合辦不到的方式，構成波克夏文化的一部分。班寶利基珠寶、BNSF鐵路、蓋可、路博潤，以及時思糖果等波克夏控制的子公司，把自己的特色融入波克夏文化。然而，波克夏過去投資的公司則不然，即使是波克夏今日持有大量股份的公司也非如此，例如波克夏在二〇一一年用一百一十七億美元，買下IBM六%的股份，二〇〇六與二〇〇九年用三十億美元，陸續買下沃爾瑪一．八%的股份。這些公司頂多間接影響了波克夏的形象（第三一一頁表1列出了波克夏目前最大的投資，可以和波克夏的子公司做對照）。

波克夏的投資組合像是波克夏旗下的一個事業體，規模等同一個大型子公司。不過，波克夏投資的對象雖然不會影響波克夏的文化，但其買下與出售相關股票的原因，都反映了波克夏的價值觀。波克夏投資的對象中，有許多都擁有強大的公司文化，都是氣度恢宏、擁有精彩歷史的企業，其中最重要的例子，包括兩間最老牌的公司（《華盛頓郵報》、今日併入寶僑的吉列刮鬍刀）、兩間最大型的公司（可口可樂與沃爾瑪）、兩間順勢買入的公司（USG是特別明顯的例子，也是波克夏可能全面購併的對象。另外一間是高盛）。本章最後還會透過「亨氏食品」（Heinz）的例子，一窺波克夏的未來。亨氏是另一間波克夏可能全面購併的公司，波克夏採取前所未有的方式，和私募股權公司合夥，收購亨氏一半股份。五〇%的股份，意味著亨氏不算是波克夏的投資組合，也不算是子公司，讓人看到波克夏下個時期的交易新模式。

管理者和股東的完美組合——華盛頓郵報

波克夏於一九七三年買下華盛頓郵報公司的股份，一九七四至二〇一一年間，巴菲特在華盛頓郵報的董事會扮演重要角色，還和凱瑟琳・葛蘭姆與唐納・葛蘭姆母子，也就是華盛頓郵報公司後來的兩位執行長，建立起深厚友誼，使得這筆投資成為傳奇故事。葛蘭姆家族在二〇一三年出售旗艦報，公司更名為今日擁有其他各式媒體資產的「葛蘭姆控股公司」。不久後，波克夏在二〇一四年時，用手中的股份交換葛蘭姆控股旗下的邁阿密電視台。

《華盛頓郵報》的歷史可以回溯至一八七七年，創辦人是當時希望從民主黨觀點看全國事務的斯蒂爾森・哈欽斯（Stilson Hutchins）。一九〇五年，約翰・麥克連恩（John R. McLean）買下《華盛頓郵報》，採取報業大亨威廉・藍道夫・赫茲（William Randolph Hearst）的模式，除了新聞報導之外，還提供專題報導與體育專欄。麥克連恩一九一六年過世時，兒子愛德華（Edward）接掌公司。愛德華在一九二〇年代時，捲入華府的茶壺山醜聞案（Teapot Dome scandal），公司從此一蹶不振，加速財務危機。

《華盛頓郵報》（以下簡稱《郵報》）在一九三三年瀕臨破產，凱瑟琳・葛蘭姆的父親尤金・邁耶（Eugene Meyer）收購《郵報》資產。邁耶是紐約的共和黨銀行家，相信報紙可以同時提供公民價值與私人利潤（巴菲特後來也一樣）。《郵報》在邁耶手中欣欣向榮，他一直經營到杜魯門總統（Harry S. Truman）任命他為世界銀行（World Bank）第一任行長為止，接著

波克夏的大型投資

表1

投資對象	市值（單位：百萬美元）	波克夏持股比例（%）
American Express（美國運通）	13,681,349	14.27
Bank of America（美國銀行）	*	*
Bank of New York Mellon	828,828	2.15
Chicago Bridge & Iron	733,115	8.90
Coca-Cola（可口可樂）	16,184,000	9.06
ConocoPhillips	957,466	1.10
Costco（好市多）	528,930	0.99
Deere	339,468	1.04
DIRECTV	2,426,036	6.95
DaVita HealthCare	2,047,671	16.52
ExxonMobil（艾克森美孚）	3,834,548	0.92
General Electric（通用電氣）	304,122	0.11
General Motors（通用汽車）	1,606,800	2.88
Goldman Sachs（高盛）	2,184,196	2.88
IBM	12,522,183	6.54
Johnson & Johnson（嬌生）	30,891	0.01
Kraf Foods（卡夫食品）	10,317	0.03
Lee Enterprises	302	0.17
Liberty Media	837,897	4.97
Mastercard（萬事達卡）	307,180	0.34
Moody's	1,842,247	11.59
Mondelez	20,282	0.03
Media General	92,227	5.25
M&T Bank	615,167	4.13

（接下頁）

（續上頁表1）

投資對象	市值（單位：百萬美元）	波克夏持股比例（%）
Munich Re（慕尼黑再保）	4,415,000	11.20
National-Oilwell Varco	724,519	2.07
Precision Castparts	502,895	1.36
Procter & Gamble（寶僑）	4,462,070	1.94
Sanofi（賽諾菲）	1,747,000	1.70
Starz	160,461	4.97
Suncor Energy（森科能源）	434,980	0.87
Tesco	1,666,000	3.70
Torchmark	325,226	4.68
U.S. Bancorp	3,137,800	4.33
USG	1,208,246	25.10
Visa	314,000	0.24
Viacom	625,311	1.69
Verisk Analytics	105,266	0.93
Verisign	626,998	8.00
WABCO	368,051	6.51
Walmart（沃爾瑪）	4,470,000	1.52
Wells Fargo（富國銀行）	21,370,054	8.81

註：灰底表示持股集中，加總後占總投資組合近7成。

表1的數據主要取自CNBC，CNBC的數據取自波克夏提交給美國證券交易委員會的13-F檔案（2014年2月14日與2014年2月26日），多數數據為截至2013年年底的數據。本表亦列出2013年年底的市場價格。波克夏投資組合中的非美國股票與投資比例等補充資訊，取自波克夏年報。

*到2021年前，波克夏有權以50億美元，買下美國銀行7億股份。美國銀行目前的市值為110億美元。波克夏很可能在到期的前夕，行使這個選擇權。若果真如此，美國銀行將是波克夏投資的最大部位。

又把報社交給女兒凱瑟琳與女婿菲利普・葛蘭姆（Philip L. Graham）。菲利普一直經營到一九六三年，接著凱瑟琳接棒，公司在兩人的領導之下，實現了邁耶的願景，既能獲利，也能提供公共服務。

一九七一年，凱瑟琳・葛蘭姆不顧律師的勸阻，刊出〈五角大樓文件〉（*Pentagon Papers*）。律師指出，刊出政府的越南衝突最高機密，可能帶來刑事責任，然而凱瑟琳認為報社應該伸張正義，隨後最高法院支持凱瑟琳的立場，判決《郵報》有權刊載該文件。此外，年輕的活力二人組——鮑勃・伍華德（Bob Woodward）與卡爾・柏恩斯坦（Carl Bernstein）報導水門案、扳倒尼克森總統（Richard M. Nixon）時，也是由葛蘭姆坐鎮指揮。葛蘭姆認為應該給予自主權，放手讓記者與報社總編班・布萊德利（Ben Bradlee）去追這則新聞。葛蘭姆與《郵報》的真誠在此類事件中表露無遺，兩者都成為當代美國文化中的英雄。

至於《郵報》的財務方面，邁耶支持員工分紅計畫，用公司股票當獎勵，《郵報》因而必須提供股票交易市場。一九七一年，葛蘭姆讓公司的B股上市——她本人則繼續持有A股的多數股權，其餘的A股交給孩子，讓葛蘭姆家族繼續掌控公司。一九七三年，波克夏買下《郵報》超過一〇%的股份，但巴菲特向葛蘭姆保證，他絕對尊重她們的家族經營傳統。葛蘭姆投桃報李，一九七四年時任命巴菲特為公司董事。葛蘭姆的兒子唐納大約也在同一時期進入董事會，他表示巴菲特是《郵報》最重要的外部董事。

凱瑟琳・葛蘭姆與巴菲特的完美組合，讓人窺見管理者與股東之間可以魚幫水、水幫魚。葛蘭姆對外表示，自己的商業與財務知識來自巴菲特，巴菲特則讚賞葛蘭姆的判斷力與信念，以及以股東為重的原則。巴菲特提供葛蘭姆有關公司營運、管理策略，以及購併方面的專業意見，建議買下美國各地的電台與電視媒體。巴菲特還提議把《郵報》的退休基金，從大型銀行移至小型公司，以減少成本，增加收益。此外，他還建議用超額現金買回股票（此舉最終讓波克夏的持股增加至近二五%）。

唐納後來接手母親的公司，除了多年經營最主要的報紙事業，還多角化經營，旗下事業包括電視廣播、有線電視、卡普蘭教育服務（Kaplan education service）、網路雜誌《頁岩》（*Slate*），以及個人化新聞服務「寶庫」（*Trove*）。二〇一三年，葛蘭姆家族在平面媒體危機重重的年代，以兩億五千萬美元的價格，將旗艦報賣給線上零售商亞馬遜（Amazon.com）的創始人傑夫·貝佐斯（Jeff Bezos），公司更名為葛蘭姆控股公司。交易過後，波克夏所持有的股份，市值約為十億美元。二〇一四年，波克夏以手中持股交換電視台，正式結束史上最和善的四十年股東／經營者關係。那家電視台是WPLG，後面三個字母是菲利普·葛蘭姆（Philip L. Graham）的名字縮寫（譯註：W是美國電視台的代號，密西西比河以東的地區一般為W）。

差一點買下吉列

一九八八年，波克夏靠著現金以及反對敵意購併的名聲，取得吉列的優先股。寶僑二〇〇五年收購吉列時，波克夏的吉列股份換得寶僑股份，相關股份在今日依舊是波克夏投資組合中的驚人投資：當時收購的成本是三億三千六百萬美元，今日則價值四十五億美元，而且占寶僑二%的股份。不過，波克夏在過去幾年脫手許多寶僑股份，手上只剩下當初一半的吉列股份。

金・吉列（King C. Gillette）在一九〇一年創立吉列公司，這位跑遍大小城鎮的推銷員，受不了平時使用的直剃刀又鈍又難刮，很容易破皮流血，希望能有不需要太多技巧、也能安全使用的剃刀。於是他籌措開設公司的資金，並與科學家威廉・尼克森（William Nickerson）合作，取得發明專利。公司最初的名稱是「美國安全刮鬍刀公司」（American Safety Razor Co.），一九〇三年更名為「吉列安全刮鬍刀公司」（Gillette Safety Razor Co.）。吉列、尼克森，以及後來的繼承人，將公司打造成全球品牌。一九六〇至一九八〇年代之間，吉列公司多角化經營，多了蟋蟀打火機（Cricket lighters）、保鏢體香劑（Right Guard）、乾爽體香劑（Soft-and-Dri）、比百美原子筆（Paper Mate pens），以及德國百靈（Braun）和歐樂B（Oral-B）。

一九八〇年代，吉列充裕的現金引來覬覦，包括董事會後來擊退的企業狙擊手裴瑞曼。吉列為了在敵意收購之中打贏購併戰，將公司的可轉換優先股賣給波克夏，把大量股份交給這間支持吉列管理階層、反對敵意購併的公司，巴菲特也加入吉列董事會。之後吉列繼續專注於刮鬍刀事業，但也持續多角化經營，買下著名的金頂電池（Duracell International Inc.）。

二〇〇四年，也就是吉列被併入寶僑的前一年，吉列的銷售額超過九十億。

二〇一三年銷售額達八百四十億美元的寶僑，是美國最老字號的公司，公司史可以追溯到一八三七年威廉・寶克特（William Procter）與詹姆士・僑柏（James Gamble）合夥經營的蠟燭與肥皂事業。寶僑是品牌打造先鋒，一八五〇年推出由月亮星辰組成的商標，擁有各種一脈相承的經典產品，例如源自一八七九年的象牙肥皂（Ivory Soap）。寶克特與僑柏的事業（後來在一八九〇年時成立公司）靠著品牌壯大，一九三一年成立正式的品牌管理制度，某些人士認為寶僑是行銷之母。寶僑內部的成長，帶來一九四六年的汰漬洗衣精（Tide），一九五五年的佳潔士牙膏（Crest）。公司的購併，則帶來一九五七年的佳敏衛生紙（Charmin toilet paper），以及一九六三年的佛格斯咖啡（Folgers coffee）。

寶僑持續進行其他大型購併，包括一九八五年買下擁有Vicks、NyQuil、歐蕾（Oil of Olay）等品牌的理查森維克斯公司（Richardson-Vicks），一九八九年買下旗下有Noxzema產品、封面女郎化妝品（Cover Girl）的諾克塞爾公司（Noxell Corporation），以及一九九一年買下露華濃的蜜絲佛陀（Max Factor）化妝品與香水產品線。寶僑龐大的事業規模，帶來定期的公司重組，包括一九九八年時依據產品（而不是依據地理界限）重組公司。今日的寶僑依舊靠著品牌管理、產品研發與購併，持續成長。

寶僑擁有凝聚力極強的文化——除了核心品牌外，還穩定耕耘新品牌——而且公司文化比任何執行長的任期都持久。舉例來說，寶僑自立案為公司以來，一百二十年間，有過十二位執行長，但其中的德克・賈格（Durk Jager），只在一九九九至二〇〇〇年年中，待了短短十七個月。寶僑的獲利在二〇〇〇年初溜滑梯，股價也跟著跳水。寶僑的股價在一九九九年時，從八十八美元漲到一百零九美元，二〇〇〇年，則從一月的一百一十四美元，暴跌至三月的五十三美元，然後才在年尾反彈，之後穩定走揚[2]。分析師認為，賈格問題不斷的短命任期，起因於他忽視了「重新打造企業文化，並非一條暢通無阻的平直道路。」

寶僑與吉列自豪兩家公司的文化一拍即合，然而事實並非全然如此。兩家公司合併後，營運方式出現衝突：吉列採取權力下放的方式，鼓勵創業精神，吉列人喜歡迅速決策，靠交換備忘錄彼此協調。寶僑則必須召開幾次面對面的會議，深思熟慮之後才做決定。兩家公司合併後的營運方式是擁抱寶僑的傳統，把吉列的舊文化擠到一旁。巴菲特向來讚美吉列這家老字號的刮鬍刀與電池製造商，波克夏也曾經一度可能直接擁有吉列，但波克夏目前似乎不太可能全部買下寶僑的其餘部分。

巴菲特每年免費幫忙打廣告——可口可樂

二〇一三年，可口可樂公司的銷售額達到五百億美元。不論是品牌或是公司本身，可口

---

2 我自一九九七年起就是寶僑股東（一九九八年起也是吉列股東，直到吉列併入寶僑），文中的股價取自我的年底對帳單。我恰巧在二〇〇〇年三月增購大量寶僑股份，每股六十一．六二五美元。

可樂在家鄉亞特蘭大（Atlanta）以及全世界都無人可及。可口可樂的成功，完全要拜單一產品所賜：藥劑師約翰・史帝斯・彭伯頓（John Styth Pemberton）在一八八六年時，調配出的糖、水、咖啡因與古柯鹼〔抽取自古柯葉（coca）、可樂果（kola）〕混合物。一八九一年，另一名藥劑師艾薩・凱德勒（Asa G. Candler）買下彭伯頓的產品配方，開始透過一連串的動作打造事業，包括早期在一八九九年時，成為第一家瓶裝特許權廠商，在地方上尋找合作夥伴，為品牌找到後盾。合作方式是：先由可口可樂製造濃縮液，賣給瓶裝廠商，接著瓶裝廠商讓混合濃縮液變成液體，包裝後賣給零售商。可口可樂早期的其他重大事件，包括一九〇五年時，配方不再添加古柯鹼，以及一九一六年時設計出獨特的流線型瓶子。

一九一九年，凱德勒把公司賣給歐尼斯・伍德拉夫（Ernest Woodruff）的投資集團，投資集團立刻讓可口可樂上市。一九二三年，歐尼斯的兒子羅勃特（Robert Winship Woodruff）成為總裁，掌管公司到一九五四年，一直到一九八〇年代，依舊擔任董事。可樂在一九四〇年代被推廣到全球，在二戰的前線地帶設立瓶裝工廠。一九六〇年，在執行長威廉・羅賓森（William Robinson）的帶領下，收購美粒果公司（Minute Maid Corporation），一九六一年時推出雪碧（Sprite），接著又不斷擴張品牌，產品線製造五百種飲料。

一九七〇年代，可口可樂由保羅・奧斯丁（Paul Austin）掌舵。銷售額還算過得去，但公司不斷碰上麻煩。先是瓶裝廠商覺得受到誤解，接著美粒果的果樹移民工人也遭到不當對待，環保人士抱怨可口可樂的罐子不環保，聯邦政府也質疑可口可樂瓶裝特許權的合法性。

雖然奧斯丁將可口可樂打入中國市場，接著進軍世界各地，但批評者認為，他因為多角化經營，進入水、酒與養蝦事業，而忽略了旗艦品牌。投資者「懲罰」了可口可樂的股票（股價下跌），董事會終於在一九八〇年罷免奧斯丁，由羅伯托・古茲維塔（Roberto C. Goizueta）上台。古茲維塔是可口可樂最著名的執行長，任期為一九八一至一九九七年。

古茲維塔是傳奇商場巨擘，也是華爾街的寵兒。他回歸基本面，專注於可口可樂的品牌，用年輕活力翻轉可口可樂的傳統企業文化，鞏固產品龍頭地位，注重成本管理。古茲維塔讓公司的利潤率，自一四％升至二〇％，銷售從六十億美元暴增到一百八十億美元，利潤從不到十億增至近四十億，股本報酬率自二〇％上升至三〇％。這一切要歸功於可口可樂的全球布局，以及一九八二年推出了一炮而紅的健怡可樂（Diet Coke）。

當然，這一路上偶爾還是會踢到鐵板，譬如一九八五年曇花一現的「新可樂」（New Coke）。消費者拒絕接受新產品，顯示出可口可樂核心品牌的強大力量。另一次的失算，是一九八二年購併、一九八七年又因為摸不透好萊塢的運作方式，最後脫手的哥倫比亞電影公司（Columbia Pictures）。不過，這次的多角化嘗試，證明了可口可樂公司文化的持久性——而且還讓公司大賺一筆。可口可樂用七億五千萬美元買下哥倫比亞，用三十四億售出。

巴菲特十分讚賞古茲維塔的戰績，一九八八到一九八九年間，波克夏買下大量今日依舊持有的可口可樂股份，巴菲特進入可口可樂董事會（後來一直擔任董事至二〇〇六年）。然而，古茲維塔卸下十六年的掌舵任務後，可口可樂的執行長來來去去，十三年間就換了四任。雖然可口可樂偶有失誤，然而最嚴重的問題，發生在可口可樂的品牌或企業文化受到傷害的時候。一九九七到二○○○年間擔任執行長的道格拉斯・伊威斯特（Douglas Ivester）把可口可樂的流線瓶，換成消費者不熟悉的大瓶子，讓可口可樂珍貴的標識受到損害。另外，二○○○到二○○四年間的執行長道格拉斯・達夫特（Douglas N. Daft）大量解雇員工，嚴重打擊公司重視員工、終身聘雇的文化。

不過，如同賈格的寶僑故事告訴我們，改變強大的企業文化，並不是一件容易的事，幸好可口可樂後來的執行長立刻讓公司重返正軌。原本已經退休的聶維爾・伊斯岱爾（E. Neville Isdell）把船駛回正確的方向，二○○九年接掌公司的穆塔・肯特（Muhtar A. Kent）也恢復可口可樂分權式的架構，以及古茲維塔喜歡的專業風格。此外，新任執行長都了解全球市場的重要性，特別是成長力道強勁的東南亞。執行長肯特尤其強調可口可樂最重要的傳統：可口可樂擁有數百位下游瓶裝廠商，既放眼全球，也看重地方。

可口可樂讓波克夏做了一筆好投資——今日的價值是當初波克夏買下股票時的十二倍。此外，巴菲特的兒子霍華從二○一○年起擔任可口可樂的董事。可口可樂前程似錦，巴菲特父子也很看好這間公司。巴菲特與蒙格今日依舊免費幫可口可樂打廣告，每年開股東大會時，都在台上喝著可樂。不過，抱持懷疑態度的人士認為，現在的人重視健康，不喜歡碳酸飲料，可口可樂未來的表現仍有待觀察。

精打細算的超級零售商——沃爾瑪

波克夏先是在二〇〇六年、再來是二〇〇九年，買下大量的沃爾瑪股份。沃爾瑪是大型零售商，二〇〇三年時將旗下的麥克連公司賣給波克夏。沃爾瑪一九六二年才創業，但一下子就崛起，達到今日的規模。其創辦人是阿肯色州的兄弟檔——山姆與巴德‧沃爾頓〔J. L.（"Bud"）Walton〕。兩人開的第一間店，在十年內就變成有十八間分店的連鎖店，接著公司在一九七〇年上市，兩年後在紐約證交所掛牌，業績一飛沖天，營收在一九七九年達到十億美元。

沃爾瑪是內布拉斯加家具城等波克夏重要子公司模式的加強版，把精打細算的精神發揮到極致，大幅縮減成本，讓購物者能以超低價格選購各式商品。沃爾瑪的競爭對手定期提供折扣，必須為自己的特價活動打廣告；沃爾瑪的「天天低價」則不需要打廣告，省下廣告預算。沃爾瑪的另一項創舉，也令人聯想到麥克連公司的發跡史：自己蓋倉庫，存放以折扣價買進的大量存貨，並在距離倉庫數百哩內的地點開設零售店。沃爾瑪的第三招，和喬丹家具一樣：自建大型分店（稱為「量販店」或「超級購物中心」），並在店內提供兒童娛樂設施。另一件沃爾瑪和波克夏有淵源的事，則是馬蒙集團旗下的達里事業體（L.A. Darling）自一九六六年起，便是沃爾瑪店內展示系統的供應商。

沃爾瑪在一九八〇年代密集擴張，一九九〇年代成為全美最大零售商，將自己精打細算的精神與創業模式，推廣到全世界，在一九九四年購併伍爾沃斯公司的加拿大分店。一九九九七年，沃爾瑪取代波克夏曾經投資的伍爾沃斯，成為道瓊工業指數的三十檔「成分股」[3]。接著沃爾瑪呈幾何成長，一九九七年，營收超越一千億美元，並在全世界購併同業，鞏固自己的零售商龍頭地位，進入墨西哥（一九九七年）、德國（一九九七年）、英國（一九九九年）與日本（二〇〇二年），營收在二〇〇三年飆升至兩千四百四十億美元。

山姆・沃爾頓在一九九二年過世，但沃爾頓家族依舊持有沃爾瑪近一半的股份。山姆的兒子成為董事長，執行長的位置則交給大衛・格拉斯（David Glass）。格拉斯在二〇〇〇年買下堪薩斯城皇家棒球隊（Kansas City Royals baseball team），把沃爾瑪交給擔任公司資深主管二十年的李・小史考特（H. Lee Scott Jr.）。許多人議論紛紛，認為少了山姆・沃爾頓，沃爾瑪不知何去何從。不過，儘管有些風風雨雨，格拉斯與史考特還是證明了創辦人離去後，公司依舊可以經營下去。沃爾瑪雖然不再瘋狂成長，後續依舊在麥克・杜克（Mike Duke，二〇〇九至二〇一四年）與唐・麥米隆（Doug McMillon，迄今）的帶領之下，穩定擴張，營收在二〇一三年達到四千七百三十億美元。

短期內就累積驚人財富與力量的公司，很容易招來批評。供應商抱怨沃爾瑪濫用自己的購買力，堅持採取割喉價，頤指氣使，避開銷售代表與獨立製造商。競爭者則抗議沃爾瑪的大型郊區分店，讓小鎮無法維持生計，還使市中心的購物區空無一人，傷害地方上的零售商、小商店，以及其他代表美國精神的小型事業（波克夏子公司「班傑明摩爾油漆」的經銷商也被颱風尾掃到）。

沃爾瑪的員工面臨低工資與高離職率，社會評論者也質疑沃爾瑪在美國GDP所占比例代表的意義——沃爾瑪占了美國近三%的GDP，大如美國過去的巨型企業，例如一九一七年時的美國鋼鐵公司（U.S. Steel Corporation），以及一九五五年的通用汽車。最嚴重的批評，在一九九三年重創沃爾瑪。人們發現沃爾瑪販售的商品，來自孟加拉雇用童工的工廠，沃爾瑪號稱「美國製」的產品，其實來自海外。

因此，沃爾瑪著手改善供應鏈，監督海外勞工情形，並主持社區奉獻計畫，善盡優秀企業的公民責任。沃爾瑪在今日依舊是精打細算的超級零售商，但重新贏得了消費者的信任，抵擋住亞馬遜等市場新進者的攻擊。亞馬遜的網路零售力量，對沃爾瑪可能造成的威脅，正如同沃爾瑪過去對其他商家造成的威脅。整體而言，沃爾瑪比較適合當波克夏投資的對象，不適合當子公司——雖然沃爾瑪的大型家族持股，可能讓納入價值交換的協商購併，變成一件誘人的事。

金融危機時獲利最大的投資——USG

波克夏在機緣巧合下，以選擇權、權證、可轉換優先股的形式，或是陷入危機的公司的

---

3 譯註：道瓊指數計算美國三十家最大型、最知名的上市公司，如3M、微軟、可口可樂等。指數會被定期檢視，有的公司會被剔除，由其他公司取代，以反映市場環境的變化。

債務，投資企業的普通股。此時，波克夏的無形價值觀，清楚證明了自己的經濟價值。例如波克夏在一九八〇年代末投資吉列與所羅門兄弟，就是機緣巧合的結果。波克夏得到高股息與誘人的轉換率等好處，因為投資對象的管理者，重視波克夏的自主權與永續性等足以抵擋敵意購併的無形價值。

二〇〇八年的金融危機，讓波克夏提供長期資本、不插手經營的長期價值得以顯現出來。波克夏提供數目不一的資本給各式各樣的公司，包括美國銀行、奇異、高盛、哈雷（Harley-Davidson）、瑞士再保（Swiss Re）、蒂芙尼（Tiffany & Co.）。在信用市場凍結的情況下，所有企業都面臨了程度不一、暫時性的流動性風險，可能會因此一蹶不振。高盛是波克夏最大的投資案，波克夏買下五十億美元優先股，股利一〇%，高盛可以用一〇%的溢價贖回。此外，波克夏也有權以低於市場現價（一百二十五美元）的價格，以每股一百一十五美元，買下高盛類似數目的普通股，也就是說波克夏擁有履約即可獲利的「價內選擇權」（in the money）。

到了二〇一一年年初，信貸市場重新運作，金融產業穩定下來，高盛贖回優先股。波克夏賺到數年股利，以及買回時的溢價，一共是十八億美元。二〇一三年年初，波克夏行使選擇權，買下高盛普通股。高盛沒有讓波克夏付現金價五十億美元（當時價值六十四億美元），而是讓波克夏取走有十四億價差的股票。波克夏從這筆五十億美元的高盛投資，得到三十二億美元，也就是幾年內就得到六四%的報酬率——此外還得到高盛三%的普通股。波克夏同時期的其他投資，也得到驚人的成效。

從股東的角度來看，波克夏在二〇〇八年金融危機期間收獲最大的投資，則是波克夏長期持有、股價接近翻倍的USG公司。USG是全球最大的低成本石膏板製造商，石膏產業競爭激烈，對價格敏感，而且容易進入，USG的規模與低廉的成本，是公司的護城河。

石膏是一種產於北美各地的白色礦物，加熱脫水後成為熟石膏（plaster of Paris），可塑性強，加水後可以形塑為各種形狀，也可以加入阻燃劑，強化後用於建築牆板（通常稱為「乾牆」，或稱為USG的品牌名「石膏板」（sheetrock））。

十九世紀末，美國出現大量的石膏公司，其中三五％在一九〇一年時整併成「美國石膏公司」（United States Gypsum Company），也就是USG原本的名字。USG一直到一九五一年前，都由大股東賽維爾・艾佛瑞（Sewell L. Avery）管理，艾佛瑞後來在摩根（J. P. Morgan）的要求下，擔任美國鋼鐵公司的董事。艾佛瑞打造了USG精打細算的文化，還重視研發與購併——公司當年的特質一直延續到今日。

USG在早期的一九〇九年購併了「桑奇特石膏板公司」（Sackett Plaster Board Company），這間公司的名字來自於發明石膏牆板的奧古斯丁・桑奇特（Augustine Sackett）。石膏牆板是紙材之間夾著多層石膏的石膏板，隔熱又防火。USG改良桑奇特的牆板，減少隔層數目，並封住邊緣，解決容易碎裂的問題。二十世紀時，USG的市占率，從三分之一攀升至五成，公司的規模與文化帶來持久的競爭優勢，除了在一九五〇年代進軍國際，又在一九六〇年代打進裝潢產業。

USG在一九七七年之前的部分特製產品使用石棉，因此和佳斯邁威公司一樣，在一九八〇年代陷入官司，只是規模沒那麼龐大。此外，USG和同一時期的吉列一樣，兩度擊退敵意購併，但代價高昂，經歷了帶來大量債務的資本重組。屋漏偏逢連夜雨，一九八〇年代末，USG又碰上美國房屋產業不景氣，營運陷入危機。

USG試圖重整債務，但一九九一年時依舊無力償債，掙扎一年後，一九九三年申請破產。USG靠著協商決議減免債務（即「預組破產」（prepackaged bankruptcy），譯註：債權人同意在公司申請破產保護前重組債務），保住股份價值。後來住宅市場又隨即復甦，USG在一九九六年時轉虧為盈，再投資核心事業，興建新工廠，帶來內部成長，並靠著保險理賠處理石棉訴訟問題，讓公司不至於被賠償金壓垮。

二〇〇〇年，波克夏買下USG一五％的股份，當時市價十五美元。二〇〇一年上半年，USG試圖撐過石棉戰爭，但困頓的情勢，包括陪審團的不利判決，讓公司不得不投降，再度申請破產。USG走過為期五年、兩度破產的歲月，最後在二〇〇六年重起爐灶。能幹的董事長威廉・福特（William C. Foote）讓公司得以再次清償所有債務，保住公司普通股的價值。巴菲特說：「這是我這輩子見過最成功的破產管理。」

二〇〇六年，美國的房市泡沫讓USG業績大增，然而二〇〇八年的金融危機，也放大了營建業的景氣循環效應，房市跌至谷底。USG的股價在二〇〇六年飆高到一百美元，二〇〇八年又跌至六美元。此時，波克夏在金融危機最緊急的時刻，投資三億美元的USG公司債，年息一〇%，可以用每股十一．四元轉換為USG的普通股。

二〇〇九至二〇一〇年間，USG嚴重虧損，裁掉了五千人——只剩九千個員工。許多公司在經濟不景氣時會砍掉研發支出，但USG在二〇〇八年之後一路加碼，回應客戶需求，研發出比過去還輕三分之一的石膏板。新產品較易搬動，也較易施作，可以節省成本，滿足客戶喜好。

二〇一三年，USG再度轉虧為盈，開始成長。美國的經濟和USG重新站穩腳步後，USG的股價揚升至二十九元。此時波克夏把公司債轉為普通股，除了賺到五年的一〇%利息外，這次的轉換讓波克夏以極少的成本，得到雙倍的價值。波克夏持有的USG股份衝高到四分之一，而且USG符合波克夏的文化，時機成熟，波克夏今日有可能全面購併USG。

不是子公司，也不是投資組合——亨氏公司

二〇一三年，波克夏做了一件不尋常的事：和3G資本公司（3G Capital）一起聯合購併亨氏公司。3G資本公司是億萬富翁豪爾赫．保羅．雷曼（Jorge Paulo Lemann）管理的巴西私募股權公司，波克夏和3G資本分別出資一百二十億美元，3G資本承接亨氏的部分債務，波克夏得到部分優先股。波克夏持有亨氏五〇%的股份，也就是對波克夏來說，亨氏既

非一般的旗下子公司，亦非傳統的投資組合部位，而是介於兩者之間——這對波克夏來說是全新的交易架構，巴菲特指出這可能是未來的模式。（編按：3G資本的神秘傳奇，詳見《追夢企業家——巴西3G資本如何躍升全球食品龍頭》，商業周刊出版）

亨氏公司成立於一八六九年，創辦人是亨利·亨氏（Henry J. Heinz）與L·C·諾伯爾（L. C. Noble），原名「亨氏諾伯爾公司」（Heinz, Noble & Company），業務是販售瓶裝的辣根調味料（horseradish，編按：美式芥末醬是用辣根這種植物製作的）。一八七五年，亨氏公司在經濟恐慌之中破產，亨氏重組公司，把業務重心擺在番茄醬上。一八八八年，亨氏取得公司控股權，公司更名為亨氏公司（H. J. Heinz Company）。公司的行銷口號「五十七種變化」（57 varieties）首度出現在一八九二年；一九〇〇年時，雖然亨氏已有醃黃瓜、芥末、醋、橄欖等兩百種產品，「五十七種變化」這句標語，依舊出現在紐約市最早期的電子看板，包括第五大道與二十三街上的交叉口處，一個做成四十呎（約十二公尺）長的巨型醃黃瓜看板。

一九〇五年，亨氏公司成為全球貿易先鋒，在英國開設第一間海外工廠。此外，亨氏公司的工廠除了是職業安全典範，關心員工，還和業界不同調，支持一九〇五年希望改善加工食品的《純淨食品藥物法》（Pure Food and Drug Act）。亨利·亨氏支持的理由，是他認為這個推動改革的聯邦法案，可以增加消費者信心。

亨利·亨氏在一九一九年去世，公司由兒子霍華德（Howard）接掌至一九四一年，接著又由孫子傑克·亨氏二世〔H. J. ("Jack") Heinz II〕繼承。傑克管理亨氏的漫長時間（到一九六六年，他都是執行長，一直到二十年後去世前都是董事長），亨氏不斷在海內外擴張，一九四六年上市，接著又進行大型的購併計畫，買下星琪鮪魚（StarKist tuna，一九六三年）、Ore-Ida食品（Ore-Ida Foods, Inc.，一九六五年）、慧優體國際公司（Weight Watchers, International，一九七八年）。亨氏公司見證了產業變遷，也參與了新興連鎖超市與新型經銷體系的年代（包括波克夏子公司麥克連開創的體系）。

一九七九年，非家族成員的安東尼・歐瑞利（Anthony J. F. O'Reilly）成為執行長。歐瑞利是工作狂，把亨氏帶往更大膽的方向，一九八〇年代又進行二十樁購併。亨氏公司正面迎擊無品牌商品的競爭，採取有創意的成本削減法，例如靠更薄的玻璃瓶減少包裝和運輸費用，還縮減部分產品的大小，減少標籤。其銷售額在一九八〇年代增加一倍，從一九八〇年的三十億美元，成長到一九九〇年的六十億美元。

在一九九〇年代的全球化浪潮中，亨氏公司採取寶僑同一時期的做法，依據全球產品線進行大規模的公司重組，而不是依據傳統的區域劃分法。亨氏的計畫包括精簡組織（關閉工廠與裁員），以及選擇性的出脫事業（包括慧優體，不過依舊和該公司維持一同行銷的合作關係）。一九九四到一九九五年間，亨氏收購實惠美食公司（Budget Gourmet，冷凍食品），以及桂格燕麥公司（Quaker Oats Company）的寵物食品事業（包括Kibbles'n Bits、Gravy Train、Ken-L Ration三個品牌）。

一九九八年，威廉・強森（William R. Johnson）接下歐瑞利的棒子，成為執行長，當時亨氏的年銷售金額逼近百億美元。然而，強森採取維持規模、而非擴張的政策，銷售數字穩定不變數年。二〇〇六年，從企業狙擊手轉型為股東行動主義者的尼爾森・佩爾茲（Nelson Peltz），開始關切亨氏中規中矩的財報，瞄準亨氏發起委託書爭奪戰，贏得董事會席次。然而，此後亨氏的營運依舊呈穩定狀態，是績優股，而非快速成長股。亨氏繼續在全世界各角落販售數千種產品，二〇一二年，銷售額為一百一十億美元，最有名的產品依舊是番茄醬。

二〇一三年一月，波克夏和3G資本，主動向亨氏公司提出每股七十美元的收購價，較每股現價溢價二〇％。亨氏的董事會要求提高價格，而且買家必須保證亨氏可以繼續在總部匹茲堡營運。波克夏與3G資本把出價提高到七十二・五美元，並承諾讓亨氏留在匹茲堡。

對波克夏來說，這樁交易不尋常的地方，在於是波克夏主動提出收購——波克夏一般都會避免主動出擊；除此之外，這次還有波克夏一般會迴避的共同投資人。不過，這樁交易是由3G資本的雷曼向巴菲特提議，兩人曾一同擔任吉列董事，巴菲特很欣賞他。此外，兩人最後同意由3G資本、而非由波克夏主導這次的亨氏購併案，這個決定解釋了另一件不尋常的事：波克夏一般會讓購併目標的管理階層留任，但雷曼立刻指派漢堡王的前執行長為亨氏新任執行長，後面並有一連串的管理異動。

亨氏購併案是波克夏未來的購併雛形，這是一樁聰明的交易。私募股權夥伴會希望在五至十年內出售公司，若私募股權對亨氏所做的改善發生效果，波克夏會買下其餘股份。在這樣的模式下，私募股權公司成為波克夏購併案的另一個潛在來源，私募股權追求短期模式的需求，得以和波克夏提供長期資本的文化結合在一起。波克夏很可能收購亨氏其餘的股份，買下這間文化和波克夏相仿的公司，並在進行其他購併時如法炮製。

波克夏投資組合中具有代表性的公司，除了讓人間接一窺波克夏的文化，還顯現出企業文化的力量大過個人帶來的影響。不論是《郵報》的凱瑟琳・葛蘭姆，或是沃爾瑪的山姆・沃爾頓、USG的艾佛瑞，這些令人景仰的人物，毫無疑問讓公司帶有他們的印記。然而，執行長來來去去，但公司文化會延續下去：寶僑擁有一貫以品牌為主的傳統文化，在過去一百二十年間，共有十二位執行長，其中至少有一位執行長（賈格）發現公司拒絕改變。可口可樂在十三年間換過四任執行長，卻依舊保留早期領袖熟悉的堅定信念（雖然傳奇人物古茲維塔領導公司時，也留下自己的印記）。從吉列到亨氏公司，古茲維塔和各公司後來的執行長，以及在葛蘭姆與沃爾頓之後接掌《郵報》與沃爾瑪的人士，他們提醒著我們：很少有企業領袖和他們的公司一樣不可或缺。

波克夏的股票投資組合，可被視為波克夏旗下的一個事業單位，這個單位的大小，近似波克夏海瑟威能源、BNSF鐵路、蓋可、通用再保、路博潤、馬蒙集團或麥克連公司。對波克夏的投資決策者來說，股票投資組合和子公司一樣重要。傳統上，這個決策者是巴菲特，以及管理蓋可的投資組合直到二〇一〇年的路易斯・辛普森。波克夏在二〇一〇年增加子投資組合的管理者，包括陶德・康姆斯（Todd Combs）與泰德・韋斯勒（Ted Weschler）。

兩人投資的對象，包括醫療器材製造商「德維特保健合作有限公司」（DaVita HealthCare Partners Inc.）以及DirecTV。巴菲特稱讚兩人是「正直的模範，而且在許多方面協助波克夏，不只是投資組合的管理而已；此外，兩人也非常符合波克夏的文化。」到目前為止，波克夏的股票投資組合，再次證明了波克夏文化的獨特性，顯示波克夏可以永久走下去，本書的第三部分將進一步探討這點。

PART 3

CHAPTER 14

誰來接班？

少了巴菲特，
波克夏是否能長久經營？

波克夏的精神和工作方法已經制度化

二〇一二年一月，波克夏十年前購併的客製化相框公司拉森朱赫，內部收到了凡佩爾特的信。這位剛入行的年輕主管，宣布自己即日起成為拉森朱赫的執行長，接替掌管公司二十年的史蒂芬・麥肯錫[1]（Steve McKenzie）。許多人事先毫無所悉，感到非常錯愕。

拉森朱赫的歷史，可以回溯至一八九三年西雅圖的「太平洋相框公司」（Pacific Picture Frame）。當時相框這一行欣欣向榮，業界出現新的組框技術，以及更優良的相框紙切割機，太平洋相框公司也跟著一起成長。一九六八年，太平洋相框公司和開業十年的大型相框業者「朱赫公司」（Juhl, Inc.）合併，「朱赫太平洋公司」（Juhl-Pacific）成為美西最大的相框製造商。一九八八年，朱赫太平洋公司和「拉森相框公司」（Larson Picture Frame）合併，成為業界龍頭，在十七個國家擁有六十七間工廠，服務數千家高價相框店。

拉森朱赫的總裁葛雷格・彭力歐（Craig Ponzio），在一九八八年促成朱赫太平洋與拉森合併，二〇〇一年時又提議由波克夏收購拉森朱赫。巴菲特先前從未聽說過拉森朱赫，但兩週內就決定買下這間年銷售額三億一千四百萬美元的公司。彭力歐退休，麥肯錫繼續擔任執行長。拉森朱赫一直到了二〇〇〇年代中期，依舊蓬勃發展，還將事業拓展到藝術品銷售。然而，相框這一行正在衰退，利潤下滑，顧客覺得訂做相框的成本過高——普通相框就要價數百美元——然而零售商則認為必須維持高利潤，才有辦法提供多樣化的選擇。

在波克夏總部這一頭，先前巴菲特已經吩咐年輕的經理人崔西．布莉特．庫爾，幫忙監督波克夏旗下較為小型的公司，以及需要總部協助的子公司，而拉森朱赫既小，也需要協助。庫爾在二〇一二年冬天抵達拉森朱赫，第一個任務是找人接下麥肯錫的位置，最後由凡佩爾特出線。自此之後，凡佩爾特一直努力在夾縫中求生存，他一方面讚揚拉森朱赫的「強大文化」，一方面既要配合相框店要求的高利潤，也得顧及不願購買高價產品的消費者。

巴菲特在二〇〇九年請來庫爾，讓她在波克夏的爆炸性成長之中，分擔管理責任，傳承組織的智慧與經驗，為波克夏打造未來的計畫。這個安排初步回答了一個多年來的老問題，讓人對後巴菲特時代的波克夏充滿無限想像：「萬一巴菲特不幸被卡車撞到，波克夏會發生什麼事？」

和波克夏有關的人士，已經為這個問題煩惱了二十年，大家很關心巴菲特的命運，以及他建立的公司的命運，彼此相互牽連。他們害怕巴菲特去世後，波克夏也會跟著分崩離析。然而，經過多年的反覆灌輸後，不論是透過言教、身教或是訓練，巴菲特已經讓波克夏的精

---

1 凡佩爾特的信件：

「此次的異動可能讓大家訝異，各位可能有疑慮，也有問題要問。不過，我可以向大家保證，公司未來將繼續服務跟相框有關的需求。此外，我親自得到巴菲特的保證，波克夏無意出售拉森朱赫，他依舊看好拉森朱赫與相框產業的前景。接下來的三十天，我將處於『學習模式』……。請大家耐心等候，我將多加了解各位的業務，以及相框產業的慣例。」

神與做事方式制度化，就算他本人撒手人寰，波克夏依舊可以長長久久（而且巴菲特十分健康，因此用車禍、而不是病逝做假設，是十分恰當的）。

誰，將接下巴菲特的棒子？

自一九九三年起，巴菲特就開始寫下身後事的安排，而且他和波克夏董事已經訂好計畫。二〇〇六年的新版接班計畫，將巴菲特的工作一分為二，一是管理（一個執行長），二是投資（一至多個投資長）。在投資這部分，巴菲特寫道：

如果我不在了，投資原本會移交給蒙格，但比較近期的人選則是路易斯・辛普森。路易斯是一流的投資者，長期管理蓋可的股票投資組合，績效良好。不過，他只比我小六歲，如果我很快就離開人世，他可以轟轟烈烈幹個幾年，但長期來說，我們需要別的答案。

波克夏因此找來年輕的投資經理人康姆斯與韋斯勒，他們兩人（或者會多找一個人協助他們）理應能處理巴菲特的投資工作。他們擁有管理證券投資的必要能力，而且過去的績效也不錯——某幾年的報酬率甚至勝過巴菲特。

然而，從許多方面來說，事情不像從前那麼簡單。康姆斯與韋斯勒只管理波克夏部分的投資組合，二〇一三年年底，波克夏一共擁有一千一百五十億美元的投資，但兩人只各自管理七十億。巴菲特離開後，他們最終要接手的投資組合，將遠大於他們目前管理的組合。此外，大型的投資組合和小型組合不一樣，大型組合較難打敗大盤。

除此之外，波克夏投資組合中的公司數目也在增加。波克夏目前的投資組合十分集中，前四大的持股部位，包括美國運通、可口可樂、IBM、富國銀行，就價值六百億美元，占組合的一半以上；前八大的持股部位（再加上艾克森美孚、慕尼黑再保（Munich Re）、寶僑、沃爾瑪）就占了超過七成。管理這個投資組合的工作，包括監督部位，在經濟情勢惡化時賣出，一般很少有機會再投資單一公司如此大的部位（平均一間為一百億美元）。這意味著讓股票組合多元化後，將難以打敗大盤。

從另一方面來說，波克夏擁有無人能及的資本資源與企業文化，需要資金的企業因而把波克夏當成首選買家。不論是因為遭逢困難、需要流動性的公司，例如二〇〇八年的高盛與USG，或是尋求購併夥伴的私募股權公司，例如二〇一三年時找人一同投資亨氏公司的3G資本，波克夏都是這類投資機會的絕佳人選。波克夏的投資長——康姆斯與韋斯勒或其他人——將抓住這樣的機會。

執行長的工作十分累人，要監督子公司，還要配置公司資本，處理新購併案，而接班人又會比巴菲特難做。創辦人不一樣，創辦人在公司每次購併時都在，在一旁提供協助，審查管理人選，分配資本；如果換了別人，這是十分繁重的任務。不過，即便任務艱鉅，波克夏眾多的子公司總裁，還是提供了人才濟濟的管理「板凳」。

在執行長方面，巴菲特的接班人必備、最重要的整體特質，在於必須熟知波克夏文化，而且致力於維護這樣的文化，包括永續經營、自主性，以及不斷向外發展，因此最佳人選將是波克夏的內部人士。波克夏的接班計畫，打算從波克夏子公司目前的管理者之中，挑出接班人。最可能雀屏中選的條件，包括：一、曾長期在波克夏服務；二、已經證明自己有能力領導波克夏最大型、最無遠弗屆的事業；三、經營過文化特質和波克夏最類似的子公司。此外，領導過大型上市公司的經歷也將是加分條件。

前述條件解釋了為什麼這麼多年來，觀察者都認為在巴菲特的心中，索科爾是排名第一的人選，另外，桑圖里也是許多人猜測的最佳人選。桑圖里創立利捷航空時，展現出真誠的創業精神，他帶著公司上市，接著又出售公司，並在波克夏底下繼續管理公司十年。然而，最終他似乎沒有展現出足夠的精打細算精神。索科爾讓中美能源成為巨大的上市公司，而且在十三年間，讓中美能源以波克夏子公司的身分，進行精明的購併活動。他替波克夏找到路博潤，還在利捷航空力行精打細算的做法，而且同一時間還監管佳斯邁威公司。然而，最終索科爾還是在道德名聲方面敏感度不足。

波克夏的班底之中，有好幾個人都可能成為接班人。我替本書做研究時，訪問了波克夏的內部人士與股東，找到十個以上有能力執行購併、配置資本、當啦啦隊、提供建言，以及偶爾插手拯救公司的人士。全國產物保險公司的詹恩，是資歷最豐富的波克夏資深主管，他管理著替波克夏帶來資本的強大工具，而且也是巴菲特最讚不絕口的主管，不過，他沒管理過上市公司。波克夏最大型的子公司執行長，通常也被點名為接班人選，例如波克夏海瑟威能源的艾伯是購併企圖最強的波克夏經理人。一九九七年起便擔任ＢＮＳＦ主管的羅斯，則是管理上市公司經驗最豐富的人選。

相關資歷最豐富的人，大概是馬蒙集團的普塔克。馬蒙集團是貨真價實的縮小版波克夏，而普塔克除了交出傲人的購併成績單，也擔任過ＩＴＷ的共同管理者，有過管理上市公司的經驗。此外，他還當過晨星董事，擁有投資知識。其他前文提過的優秀經理人，還包括通用再保的塔德蒙特羅斯，他擁有管理優秀大型公司的經驗；此外，漢布里克是上市公司路博潤的領導人，而且交出了優秀的購併成績單；麥克連公司的羅齊爾，年復一年、不出差錯地管理規模龐大的權力下放型企業；克萊頓房屋的克萊頓十項全能；飛安公司的惠特曼是任期最長的管理者，管理著曾經上市、欣欣向榮的典型波克夏子公司。此外，還有許許多多例子，此處僅略舉幾例，說明波克夏人才濟濟，不怕找不到人。

接班人在接下巴菲特的工作時，可以參考馬蒙集團的尼寇斯，在接下鮑伯・普利茲克的位置後所做的措施：將公司組織成不同事業體，並由各事業體的總裁自行監督。巴菲特的接班人可以依據尼寇斯的邏輯，處理波克夏未來將面臨的挑戰：

> 公司創辦人和我這樣的人不一樣。創辦人親手打造出一個組織，然後購併其他企業，深入接觸公司的每個面向。像我這樣的人，則擁有和創辦人類似的管理風格，然而，我無法對

公司的每件事如數家珍。鮑伯讓馬蒙集團保持非常扁平的營運方式；我在ITW時，就認為應該依照產業來組織公司業務。因此我進（馬蒙）後，我們劃出十個不同的事業體，每個事業體都有一個總裁。這種安排方式，讓我得到一群每天都在規畫與執行策略的事業管理者。馬蒙集團在十個各有千秋的專門領域中，擁有大約一百五十間公司，我不可能事必躬親。

尼寇斯的做法產生功效：

> （鮑伯・普利茲克和我）採取許多相同的管理技巧，然而（馬蒙）的組織在鮑伯打下的基礎之上經過改造。我們成功了，我們的管理階層幾乎沒有流動率。

波克夏可以依據巴菲特股東信的分類方式來組織：一、保險（特別是蓋可、通用再保、全國產物保險）；二、政府管制／資本密集的公司（主要是波克夏海瑟威能源與BNSF鐵路）；三、金融（克萊頓房屋、CORT、XTRA）；四、可以再用各種方式細分的第四大項，例如服飾（布魯斯、鮮果布衣、家畜公司、布朗鞋業、賈斯汀品牌）；建材（艾克美磚材、班傑明摩爾油漆、佳斯邁威、MiTek）與零售（班寶利基珠寶、赫爾茲伯格鑽石、內布拉斯加家具城、星辰家具）。

每個子集團都可以指派一個向執行長報告的總裁，簡化管理，減少疊床架屋的階層，維持管理者的自主性，最後得出不只會像馬蒙，還會像麥克連、MiTek與斯科特菲茨的模式。波克夏可以讓目前的數十位接班人選，領導這些事業部門，順利將波克夏交給未來的執行長。

龐大股東團體，擁有一定的投票權和影響力

大部分的企業接班計畫都把重點放在人員培訓，但波克夏也關注到股份的問題。巴菲特自一九六五年來，就擁有波克夏的控股權，近日握有波克夏三四%的投票權（voting power），以及二一%的經濟權益（economic interest）。波克夏占巴菲特九九%的個人淨值（註：波克夏分為A股和B股，兩種股票各有不同的投票權和經濟權益。A股一股為一票，而且可以分得一份股利或其他經濟權益。B股則為一萬分之一的投票權，以及一千五百分之一的經濟權益。），他每年按照計畫，逐漸將股份交給慈善組織，預計他去世數年後便可完成全部移轉。

舉例來說，自二〇〇六年起，巴菲特便每年將B股轉給「比爾與美琳達・蓋茲基金會」（Bill and Melinda Gates Foundation），預計將在二〇二六年移轉五億股（大約是今日四五%的B股），附帶條件是基金會助人的款項也必須同步增加。實際的運作方式是基金會必須出售股份，撥出大約等值的善款，每年才有資格得到波克夏的股票。巴菲特也以類似的方式，將較為少量的B股轉給孩子與亡妻的基金會，總計達一億零二百五十萬股（約占九%）。相關基金會也將股票變現得到善款，不過那並非巴菲特捐獻的必要條件。

巴菲特的遺產繼承人將成為波克夏的控股股東。在此同時，遺囑執行人也將逐漸將巴菲特的股票分散出去。專家估計，這個過程將延續十二年。在這十二年期間，遺囑執行人將控制逐漸減少的大量波克夏股份，依據巴菲特的指示挑選董事，監督經理人，並依據波克夏的一般原則，以股東身分投票。

等巴菲特去世超過十年後，他的波克夏股份將被移交到他指定的各個人士手上，其中幾人將持有大量部位。巴菲特將不再是波克夏的控股股東，但波克夏不會突然少了控股股東，中間會先經過一段長長的過渡期。

股東大多認同巴菲特為公司訂下的原則，他們將支持波克夏走下去。巴菲特反覆在年度信件上強調，波克夏雖是巨型的上市公司，但波克夏的股東如同合夥人。巴菲特也把自己當成一個合夥事業中負責管理的合夥人，他開誠布公在信上解釋每年的商業決策，坦誠錯誤，並一一列舉凸顯出波克夏文化的事件。

同樣的道理，波克夏的股東比較像是私人公司的合夥人，而不像上市公司的股東。許多波克夏股東手上最大的部位就是波克夏[2]。過去十年間，波克夏的股票週轉率不到一%。其他集團、大型保險公司，以及波克夏旗下原本為上市公司的子公司，則為三%、四%或五%[3]。

波克夏股票的週轉率之所以這麼低，原因在於波克夏另一個不尋常的特質：波克夏大部分的股票都由個人或家族持有，而不是由公司或基金持有。大型上市公司七〇%到八〇%的股票，一般都掌握在機構投資人手上[4]，決策通常由委員會依據財務模型或預測來訂，股票被

2 依據本書的股東調查結果，絕大多數的股東表示，波克夏是他們手中最大的持股。

3 例如二〇〇一至二〇一二年間，波克夏的A股轉手率不曾超過〇．三四％，B股不到〇．六一五％，不過，近年來波克夏分割B股，用B股進行BNSF鐵路購併案，B股數量增加（請見表1）。

波克夏兩椿最近期的上市公司購併案是很好的對照。BNSF鐵路的股票自二〇〇一年起，一直到被波克夏購併，轉手率最高達三％，其中六年高於一％，而且一直高於波克夏。路博潤的股票轉手率最高達三．六％，其中九年高於一％，而且一直高於波克夏。

相較於保險公司，波克夏的股票轉手率低：安達保險（ACE）一直至少達〇．九六六％，最高達二．八七三％；全州保險（Allstate）一直高於〇．八八六％，最高達二．七八五％。也可以比較波克夏和其他集團，例如奇異、聯合技術公司（United Technologies）、丹納赫集團（Danaher）、羅致恆富（Robert Half）、福陸（Fluor）、Level 3通訊（Level 3 Communications），同一時期的轉手率，有的高達六％，而且永遠超過一％，通常都在四％或五％之間。

4 請見表1，例如除了波克夏和奇異，所有企業八〇％至九〇％的股份由機構持有，奇異的機構投資人大約持有六〇％的股票。

相關公司的股票轉手率

表1

	A股	B股	BNSF	路博潤	奇異	聯合技術	丹納赫	羅致恆富	Level 3	福陸	安達	全州
2001	0.060	0.538	0.857	1.056	0.549	1.332	1.777	0.911	4.337	1.689	1.795	0.934
2002	0.064	0.449	0.867	0.846	0.691	1.437	1.926	1.145	4.824	1.532	2.124	0.857
2003	0.072	0.457	0.822	0.969	0.504	1.220	1.628	1.173	3.035	1.797	1.472	0.886
2004	0.057	0.398	1.017	1.741	0.524	1.066	1.114	1.412	2.067	1.898	1.152	0.909
2005	0.078	0.430	1.442	1.420	0.477	0.895	1.234	1.329	1.874	2.012	1.230	1.062
2006	0.082	0.369	1.747	1.129	0.605	0.901	1.076	1.663	2.095	2.877	0.966	1.033
2007	0.103	0.304	2.243	1.940	0.921	1.159	1.346	1.827	1.743	3.644	1.338	1.576
2008	0.240	0.564	3.033	2.662	1.982	1.800	2.024	2.876	2.186	6.172	2.873	2.373
2009	0.239	0.615	2.692	3.183	2.798	1.583	1.841	2.987	2.324	5.272	1.822	2.785
2010	0.346	2.085	0.585	2.797	1.706	1.286	1.393	2.570	2.052	3.698	2.146	2.205
2011	0.151	1.324		3.605	1.522	1.290	1.465	2.994	2.255	3.211	1.641	2.373
2012	0.157	0.981			1.085	1.138	1.131	2.371	1.700	2.583	1.186	2.124

交易的原因，可能與公司本身無關。相較之下，波克夏的投票權與經濟權益，很大一部分掌控在個人與家族手裡，這群人重視波克夏獨特的財務特色與公司文化。

波克夏的股東成群參加年度大會，參加人數自一九九七年的七千五百人，增加至二〇〇四年的兩萬一千人，二〇〇八年的三萬五千人，以及二〇一三年的四萬人。波克夏的股東認真研究年報、巴菲特的股東信，以及其他參考資料。其他大多數大型上市公司的個人股東，則不太關心這些事，不但不太讀近乎例行公事的報告，也很少參加股東大會。相較之下，波克夏的年度股東大會則進行實質的企業討論，每個人都熱情地對待波克夏。

波克夏並非班寶利基珠寶或威利家具那種家族企業，但許多家族把波克夏的股票，視為重要的家族財產，代代相傳，從父執輩就立下不隨便出售的規矩。巴菲特的兒子霍華手中的股份，讓他擁有〇・一二%的投票權，以及〇・〇七%的經濟權益〔波克夏每〇・〇一%的經濟權益，也就是每一個「基點」（basis point），大約值三千萬美元〕。查理・蒙格擁有超過一%的投票權，以及近一%的經濟權益。這位有八個孩子、數十個孫子的大家長，曾在公開場合生氣地要子孫「別笨到賣掉」波克夏股票。

持有大量波克夏股份的人士之中，某幾位也管理旗下客戶（富有的個人與家族）亦持有大量波克夏股份的機構，例如波克夏的董事大衛・高提斯曼所持有的股票，占波克夏二・〇二%的投票權，以及一・二九%的經濟權益，而高提斯曼在一九六四年成立的「第一曼哈頓」〔First Manhattan，他的兒子羅伯特（Robert W. Gottesman）擔任資深經理〕，旗下客戶占一・

九一%的投票權，以及一・二二%的經濟權益。

波克夏董事比爾・蓋茲持有A股，占〇・四五%的投票權，〇・二六%的經濟權益，他與妻子的基金會則收到與運用巴菲特捐贈的數百萬B股（如果基金會也算在內，蓋茲的投票權將占一・三二%，經濟權益為三・七〇%）。[5]梅爾・惠默（Meryl Witmer）二〇一三年被選為董事不久後，買下七股A股。此外，她是老鷹資本（Eagle Capital）的共同持有人，而老鷹資本持有的波克夏B股，占〇・一六%的投票權，以及〇・五三%的經濟權益。

波克夏其他擁有一定持股的董事之中，湯姆・墨菲占〇・一四%的投票權，以及〇・〇八%的經濟權益（請見下頁表2）。波克夏子公司的管理者，也持有大量的波克夏股票。他們個人擁有大量財富，而且他們持有的波克夏股份數量超過所有人，僅次於擁有最多股份的波克夏董事。他們和波克夏的董事一樣，相信波克夏的文化，相信自己選擇的公司。

投資人很少會因為情感因素而持有某家公司的股票，但許多波克夏的股東都是巴菲特的朋友，他們喜愛波克夏的文化，而且顯然靠著投資波克夏得到大量財富。舉例來說，謝爾比・戴維斯（Shelby Davis）一九六九年成立戴維斯精選顧問公司〔Davis Selected Advisers，今日由謝爾比的兒子克里斯多福（Christopher C. Davis）掌管〕，個人擁有數量不明的波克夏股份，公司客戶擁有的股份則占波克夏一・一九%的投票權，以及〇・七九%的經濟權益。其

5 比爾・蓋茲透過卡斯凱德投資公司（Cascade Investment LLC），持有大量波克夏A股。

波克夏董事

表2

	出生年	當選年	A股	B股	投票權（%）	經濟權益（%）
華倫・巴菲特	1930	1965	336,000	1,469,357	34.41	20.50
大衛・高提斯曼	1926	2003	19,538	2,393,398	2.02	1.29
查理・蒙格	1924	1978	5,324	750	0.53	0.32
比爾・蓋茲	1955	2004	4,350	0	0.45	0.26
湯姆・墨菲	1925	2003	1,376	26,976	0.14	0.08
霍華・巴菲特	1954	1993	1,200	2,450	0.12	0.07
羅南・歐森	1941	1997	306	17,500	0.03	0.02
夏綠蒂・蓋曼（Charlotte Guyman）	1956	2003	100	600	*	*
唐納德・基歐	1927	2003	100	60	*	*
小華特・史考特	1931	1988	100	0	*	*
史帝芬・伯克（Stephen B. Burke）	1958	2009	22	0	*	*
梅爾・惠默	1962	2013	7	0	*	*
蘇珊・德克爾（Susan L. Decker）	1962	2007	0	3,125	*	*
					37.70%	22.54%

*各自所占的比例為「微量」（de minimus），但相加後占0.03%的總投票權，以及0.02%的經濟權益。

註：A股一股為一票，而且可以分得一份股利及其他經濟權益。B股則為A股1/10,000的投票權，以及1/15,00的經濟權益，因此每位董事或股東的投票權為A股的部分，再加上B股乘1/10,000；經濟權益為A股的部分，再加上B股乘1/15,00。本表為截至2013年年底的資料。當時波克夏的總市值大約為3000億美元，一個基點（0.01%）代表的經濟權益大約為3000萬美元。

資料來源：波克夏年度投票委託書（2014年），彭博社（截至2013年年底）。

他透過文化與波克夏相類似的公司（包括永續性）、長期持有大量波克夏股份的股東，則包括羅康戈投資顧問公司（Ruane Cunniff & Goldfarb，一・一五%的投票權，以及○・八五%的經濟權益）、魯戈公司（Gardner Russo & Gardner，○・五三%的投票權，以及○・四○%的經濟權益）、布朗兄弟哈里曼（Brown Brothers Harriman，○・四九%的投票權，以及○・四七%的經濟權益）、瑪克爾公司（Markel Corporation，○・二一%的投票權，以及○・二一%的經濟權益），以及崔迪布隆尼公司（Tweedy Browne，○・一三%的投票權，以及○・○九%的經濟權益）（請見下頁表3）。

投資經驗豐富的投資人一般會依循傳統看法，避免讓投資組合集中在單一公司的股票。公開自身持股資料的持股人之中，例如蘋果（Apple）、艾克森美孚、奇異等百大「藍籌股」（編按：又稱績優股）公司的持股人，所持有的相關股份，很少超過自身投資組合的五%[6]。相較之下，許多波克夏的股東則和波克夏的投資組合一樣，重押幾間公司，例如A股公開資料的前百大持股人，四十四人的投資組合中，波克夏的股票占了五%以上，排名第一的是巴菲特[7]。B股的前百大持股人中，十七人的股票組合亦十分集中，包括巴菲特及其他七個財富主

6 股東投資組合集中的情形，鮮少發生在波克夏集中投資的多數公司，例如可口可樂、IBM與寶僑。美國運通與富國銀行比較多這樣的情形，因為好幾位波克夏股東也集中持有這兩家公司的股票。

7 波克夏的股東情形，較近似其他擁有重要創始股東的集團，例如丹納赫集團〔創始人與控股者為米契與史蒂芬・雷爾斯（Mitchell and Steven Rales）〕與Level 3通訊（創始人與控股者為波克夏董事小華特・史考特）。

資料公開、影響力最大的非董事股東

表3

	A股	B股	投票權（%）	經濟權益（%）
富達〔FMR（Fidelity）〕	29,493	10,006,024	3.12	2.20
第一曼哈頓	18,419	2,438,265	1.91	1.22
戴維斯精選顧問	11,367	2,424,072	1.19	0.79
羅康戈投資顧問	10,710	4,773,987	1.15	0.85
先鋒集團（Vanguard Group）	3,593	76,265,844	1.15	3.31
資本集團（Capital Group）	9,332	3,067,498	0.99	0.69
貝萊德（Blackrock）	1,350	79,992,047	0.96	3.33
道富集團（State Street）	830	78,145,827	0.89	3.22
挪威銀行（Norges Bank）	6,233	*	0.64	0.38
魯戈	4,953	2,317,684	0.53	0.40
布朗兄弟哈里曼	4,309	5,130,657	0.49	0.47
紐約梅隆銀行（Bank of New York Mellon）	2,772	18,467,142	0.47	0.92
第一老鷹（First Eagle）	3,815	*	0.39	0.23
勞德莫瑞資本（LourdMurray Capital）	2,838	472,377	0.30	0.19
法通（Legal & General）	2,203	4,700,001	0.27	0.32
北方信託（Northern Trust Corp.）	307	21,215,675	0.25	0.88
沃特街資本（Water Street Capital）	1,909	3,295,776	0.23	0.25
IVA（Intl. Value Advisers）	2,068	161,530	0.21	0.13
瑪克爾	1,752	2,553,764	0.21	0.21
美國銀行	1,307	5,434,334	0.19	0.30
加州公務員退休基金（CalPERS）	1,427	3,327,100	0.18	0.22
富國銀行	1,099	5,363,611	0.17	0.28
老鷹資本	320	12,625,866	0.16	0.53
艾佛雷特哈利斯（Everett Harris）	1,480	814,362	0.16	0.12
PNC金融服務	1,418	1,237,468	0.16	0.14
吉歐德資本（Geode Capital）	*	13,629,477	0.14	0.55
史都華韋斯特印地（Stewart West Indies）	1,335	*	0.14	0.08
景順（INVESCO）	1,099	2,057,949	0.13	0.15
萬信（Mackenzie Financial）	1,249	*	0.13	0.08
崔迪布隆尼	1,184	412,914	0.13	0.09
高盛	384	5,624,318	0.10	0.25
摩根史坦利	208	7,497,457	0.10	0.32
美國世紀（American Century）	313	1,912,350	0.05	0.10
總計			17.28 %	21.00 %

*無申報資料或「零」

資料來源：彭博社（截至2013年年底）

要來自波克夏A股的人士（參見下頁表4與第三五五頁表5）。

美國藍籌股公司的最大股東通常是同一人，主要是大型銀行、投顧公司，以及眾多基金經理人。貝萊德（Blackrock）、富達（Fidelity）、道富集團（State Street）、先鋒（Vanguard）等機構擁有相關公司二％至五％的股份，名列前茅；它們大多也持有波克夏股票，但並非大股東。

波克夏不尋常的股東結構，意味著波克夏握有一定投票權與經濟權益的股東，自成一個能相互協調的聯盟，這對美國公司來說是相當罕見的情形。波克夏堅定的龐大股東團體，對波克夏及其子公司有信心，相信公司以股東為重，股東是公司的合夥人[8]。事實上，這群股東高度敬重巴菲特，認為沒有人可以取代他，但他們也相信巴菲特打造的機構在他去世之後，將可永續經營下去。他們手中握有的投票權，將影響波克夏的未來。

股東的力量會讓波克夏的接班人發現，最好依循原本的商業模式。波克夏在購併公司後，保證給予經營自主權，而且不會出售子公司，這樣的文化帶給波克夏獨特的資產。如果波克夏有任何人認為自己擁有更高的管理權，或是把子公司當成商品出售，他們將遭受異口同聲的撻伐。抱持波克夏精神的人士將行使他們的投票權，特別是在推舉與罷免董事的時刻。此外，波克夏子公司的管理者也會反對這樣的行為，他們除了靠手中的持股投票外，還

8 本書的股東調查結果顯示，百分之百的受訪者同意波克夏為合夥制，以股東為重。

A股前百大股東公開資料

表4

	股數	持股百分比（%）
華倫．巴菲特	336,000	39.11
富達	29,493	3.43
大衛．高提斯曼	19,538	2.27
第一曼哈頓	18,419	2.14
戴維斯精選顧問	11,367	1.32
羅康戈投資顧問	10,710	1.24
資本集團	9,332	1.08
挪威銀行	6,233	0.72
查理．蒙格	5,324	0.62
魯戈	4,953	0.57
比爾．蓋茲	4,350	0.50
布朗兄弟哈里曼	4,309	0.50
第一老鷹	3,815	0.44
先鋒集團	3,593	0.42
勞德莫瑞資本	2,838	0.33
紐約梅隆銀行	2,772	0.32
法通	2,203	0.25
IVA（Intl. Value Advisers）	2,068	0.24
沃特街資本	1,909	0.22
瑪克爾	1,752	0.20
艾佛雷特哈利斯	1,480	0.17
加州公務員退休基金	1,427	0.17
PNC 金融服務	1,418	0.16
湯姆．墨菲	1,376	0.16
貝萊德	1,350	0.16
史都華韋斯特印地	1,335	0.15
美國銀行	1,307	0.15
萬信	1,249	0.14
霍華．巴菲特	1,200	0.14
州農場相互自動保險（State Farm Mutual Auto）	1,186	0.14
崔迪布隆尼	1,184	0.14
博德投顧	1,156	0.13
景順	1,099	0.13
富國銀行	1,099	0.13
惠康基金會（Wellcome Trust）	1,000	0.12
凱利投資（Clearbridge Investments）	933	0.11
光通信（Hikari Tsushin Inc.）	887	0.10
道富集團	830	0.10
美盛集團（Legg Mason, Inc.）	778	0.09
太平洋國際財務〔Pacific Financial（Clipper）〕	709	0.08
鮑德溫投資管理（Baldwin Investment Mgmt.）	707	0.08
史立浦札克里安（Sleep, Zakaria & Co.）	666	0.08
美國合眾銀行（US Bancorp）	636	0.07

（接下頁）

（續上頁表4）

	股數	持股百分比（%）		股數	持股百分比（%）
IG投資管理（IG Investment Mgmt.）	552	0.06	鯨岩角（Whalerock Point）	359	0.04
伊頓凡斯投資管理（Eaton Vance Mgmt.）	526	0.06	瑞萬通博控股（Vontobel Holding AG）	347	0.04
老鷹資本	520	0.06	HSBC控股（HSBC Holdings）	342	0.04
塔吉頓吉索投資（Investment Taktiengesell）	511	0.06	車主集團（Auto Owners Group）	333	0.04
特洛伊資本管理（Troy Asset Mgmt.）	500	0.06	加拿大皇家銀行（Royal Bank of Canada）	322	0.04
亞倫控股（Allen Holding Inc.）	500	0.06	布里吉斯投資管理（Bridges Inv. Mgmt.）	314	0.04
環球投資公司（Universal Investment Co.）	471	0.05	美國世紀	313	0.04
			羅南・歐森	306	0.04
亨利阿姆斯壯（Henry H. Armstrong Assoc.）	469	0.05	北方信託（Northern Trust Corp. Cos.）	307	0.04
瑞銀（UBS）	400	0.05	周合夥基金（Chou Associates）	300	0.03
蒂姆庫安資產管理（Timucuan Asset Mgmt.）	392	0.05	費滋所羅芬（Fayez Sarofim）	300	0.03
高盛	384	0.04	法國農業信貸銀行（Credit Agricole）	290	0.03
古玩證券（Virtu Financial）	384	0.04	富蘭克林資源公司（Franklin Resources）	289	0.03
獵鷹資本（Falcon Edge Capital）	377	0.04	東方匯理（Amundi SA）	289	0.03
打卡資本（Punch Card Capital）	373	0.04	德古魯夫格斯坦（Degroof Gestion Inst.）	288	0.03
聯合投資（Union Investment）	371	0.04	德意志銀行（Deutsche Bank）	286	0.03
GAMCO投資	360	0.04			

（接下頁）

（續上頁表4）

	股數	持股百分比（%）		股數	持股百分比（%）
勃艮第資產管理（Burgundy Asset Mgmt.）	277	0.03	馬太二十五管理公司（Matthew 25 Mgmt. Corp.）	197	0.02
布朗顧問公司（Brown Advisory Inc.）	269	0.03	州農場相互自動保險公司	197	0.02
哈德賴投資公司（Hartline Investment Corp.）	263	0.03	大湖顧問（Great Lakes Advisors）	196	0.02
摩根大通（JPMorgan Chase）	232	0.03	愛爾蘭人壽投資（Irish Life Inv. Mgrs.）	171	0.02
KCG控股（KCG Holdings）	221	0.03	太陽信託銀行（Suntrust Banks）	171	0.02
RBF有限公司（RBF LLC）	220	0.03	美國道明資產管理公司（TDAM USA Inc.）	163	0.02
英傑華集團（Aviva PLC）	218	0.03	CMT資產管理（CMT Asset Mgmt.）	159	0.02
柯維茲投資集團（Kovitz Inv. Group）	213	0.02	貝靈頓芬恩（Ballentine Finn）	154	0.02
摩根史坦利	208	0.02	先見2811（Insight 2811）	153	0.02
費尼莫爾資產（Fenimore Asset Mgmt.）	207	0.02	多倫多道明銀行（Toronto Dominion Bank）	145	0.02
伯魯羅（Budros Ruhin & Roe）	201	0.02	論壇投資顧問（Forum Inv. Advisors）	144	0.02
斯登金融（Stearns Financial）	200	0.02	阿靈頓價值資本（Arlington Value Capital）	140	0.02
Shelter Ins. Group	199	0.02			

註：灰底代表投資組合集中；「集中」的定義為投資者的投資組合中，5%以上為波克夏股票（不分AB股）；機構旗下若有多檔基金，只要有一檔基金有投資集中的現象，亦納入計算。

資料來源：彭博社（截至2013年年底）

B股前百大股東公開資料

表5

	股數	持股百分比（%）
蓋茲基金會	81,384,404	6.91
貝萊德	79,992,047	6.79
道富集團	78,145,827	6.63
先鋒集團	76,265,844	6.47
北方信託	21,215,675	1.80
紐約梅隆銀行	18,467,142	1.57
吉歐德資本	13,629,477	1.15
老鷹資本	12,625,866	1.07
富達	10,006,024	0.85
蕭氏公司（D. E. Shaw & Co.）	8,297,240	0.70
美國教師退休基金會（TIAA-CREF）	8,071,048	0.69
荷寶集團（Robeco Group NV）	7,775,857	0.66
摩根史坦利	7,497,457	0.64
瑞銀	6,848,650	0.59
忠誠管理（Fiduciary Mgmt.）	6,809,912	0.58
聯博（Alliance Bernstein）	6,508,151	0.56
摩根大通	5,854,663	0.50
高盛	5,624,318	0.48
美國銀行	5,434,334	0.46
富國銀行	5,363,611	0.46
費雪投資（Fisher Investments）	5,190,077	0.44
挪威銀行	5,157,763	0.44
布朗兄弟哈里曼	5,130,657	0.44
紐約州CR（New York State C.R.）	5,126,517	0.44
宏利金融（Manulife Financial）	5,067,856	0.43
羅康戈投資顧問	4,773,987	0.41
法通	4,700,001	0.49
德意志銀行	4,462,645	0.38
路博邁集團（Neuberger Berman）	4,393,807	0.38
加拿大退休金計畫（Canada Pension Plan）	4,272,687	0.37
東南資產管理（長葉）〔SE Asset Mgmt.（Longleaf）〕	4,240,058	0.36
退休存託投資基金（Caisse de Depot）	4,131,100	0.35
普信集團（T. Rowe Price Group）	3,962,531	0.34
嘉信投資（Charles Schwab Inv.）	3,909,676	0.33
精華資本（Primecap Mgmt.）	3,853,924	0.33

（接下頁）

（續上頁表5）

	股數	持股百分比（%）		股數	持股百分比（%）
紐約州教師退休基金（N.Y. State Teachers Ret.）	3,733,504	0.32	阿卡迪恩資產管理（Acadian Asset Mgmt.）	2,672,776	0.23
哥倫比亞資產管理（Columbia Mgmt.）	3,625,473	0.31	海納國際（Susquehanna Intl.）	2,606,017	0.22
三井住友信託（Sumitomo Mitsui Trust）	3,447,571	0.29	瑪克爾	2,553,764	0.22
加州公務員退休基金	3,327,100	0.28	第一曼哈頓	2,438,265	0.21
沃特街資本（Water Street Capital）	3,295,776	0.28	戴維斯精選顧問	2,424,072	0.21
加州教師（Cal. State Teachers）	3,258,400	0.28	大衛・高提斯曼	2,393,398	0.20
保德信金融（Prudential Financial）	3,146,939	0.27	駿利資本（Janus Capital ）	2,372,483	0.20
瑞士信貸集團（Credit Suisse）	3,091,442	0.26	魯戈	2,317,684	0.20
資本集團	3,067,498	0.26	信安金融（Principal Financial）	2,305,645	0.20
陸柏藍顧問（Rhumbline Advisers）	3,020,881	0.26	教師顧問（Teachers Advisors Inc.）	2,267,430	0.19
三菱東京日聯銀行（Mitsubishi UFJ）	2,984,453	0.26	加拿大皇家銀行	2,251,053	0.19
佛羅里達州管理委員會（Florida State Board）	2,982,011	0.25	安聯（Allianz）	2,240,609	0.19
金言資本銀行（Adage Capital Bank）	2,775,977	0.24	凱利投資	2,236,151	0.19
韋奇伍德合夥人（Wedgewood Partners）	2,698,966	0.23	景順	2,057,949	0.18
			寇特蘭顧問（Cortland Advisers）	2,000,000	0.17
			蒙銀金融（BMO Financial）	1,961,063	0.17
			美國世紀	1,912,350	0.16
			ING投資管理（ING Inv. Mgmt.）	1,890,652	0.16
			參數投資組合（Parametric Portfolio）	1,841,284	0.16

（接下頁）

（續上頁表5）

	股數	持股百分比（%）		股數	持股百分比（%）
傑濟資本管理（Check Capital Mgmt.）	1,782,399	0.16	華倫・巴菲特	1,469,357	0.13
象限基金（Dimensional Fund）	1,768,096	0.16	貝利吉佛德（Baillie Gifford & Co.）	1,463,455	0.13
SQ顧問（SQ Advisors）	1,754,366	0.16	州教師退休基金（STRS）	1,353,327	0.12
法蘭克羅素（Frank Russell Trust Co.）	1,751,443	0.16	法國巴黎銀行（BNP Paribas）	1,311,726	0.11
APG全退休金（APG All Pensions）	1,698,381	0.15	滙豐銀行（HSBC）	1,266,295	0.11
巴克萊（Barclays）	1,658,413	0.14	伊頓凡斯投資管理	1,244,371	0.11
切維契斯信託公司（Chevy Chase Trust）	1,646,451	0.14	PNC	1,237,468	0.11
美盛集團	1,586,376	0.14	冬青顧問（Wintergreen Advisers）	1,222,090	0.10
雲杉林投資管理（Sprucegrove Inv. Mgmt.）	1,574,265	0.13	克林根坦菲爾德（Klingenstein Fields）	1,179,926	0.10
大西部人壽（Great West Life Assur.）	1,558,404	0.13	安盛（AXA）	1,161,424	0.10
美國威斯康辛州投資委員（Wisconsin Inv. Bd.）	1,552,376	0.13	蓋特威投資顧問（Gateway Inv. Advisors）	1,132,067	0.10
瑞穗金融（Mizuho Financial）	1,540,497	0.13	保誠（Prudential）	1,125,510	0.10
俄亥俄州公職人員退休部門（Ohio Public Emp. Ret.）	1,518,038	0.13	維茲華萊士（Weitz Wallace）	1,118,981	0.10
田納西州	1,490,061	0.13	大都會人壽（Met Life）	1,115,353	0.10
花旗集團	1,474,054	0.13	多倫多道明銀行	1,101,182	0.09
			創意計畫（Creative Planning）	1,074,700	0.09
			布朗顧問	1,051,916	0.09

註：灰底代表投資組合集中

資料來源：彭博社（截至2013年年底）

會威脅辭職或退出經營，不論是巴菲特的接班人，或是波克夏的董事，都不會樂見這種情形。

綜合以上幾點，波克夏不太可能太快就喪失自己的獨特文化，立刻變成另一個普通的集團或是購併公司。波克夏可以沒有巴菲特，但波克夏的子公司不能沒有波克夏精神。

傳統派和行動派股東，可能展開拉鋸

出於種種原因，波克夏絕大多數股東會統一陣線，波克夏強大的獲利能力與績效，尤其能讓大家團結一致。然而，波克夏畢竟是上市公司，外部壓力依舊會危及公司的永續性。大型上市公司會受到股東行動主義者的密切觀察，也會被大批分析師追蹤，這些人士關注每季以及與前年相比的財報。波克夏目前有巴菲特坐鎮，可以堅守自己著眼於長期願景的價值觀；然而巴菲特不在了之後，和巴菲特擁有相同價值觀的股東，以及較為激進、注重短期獲利、不關心長期價值的投資人，雙方可能出現拉鋸戰。

波克夏的傳統股東以及行動派股東，對很多事可能有完全不一樣的看法，尤其是股利政策。波克夏目前的政策，是如果一元的盈餘能讓市值增加至少一元，那就留下那一元的盈餘；如果不是的話，就發放股利。波克夏因為遵守這個政策，一九六七年起不曾發放股利。然而，波克夏的規模益發龐大，依照這個政策發放股利的可能性增高——各類型的股東都可能支持發放股利，然而不支持波克夏傳統的行動派股東，可能鼓吹波克夏改變政策，要求更常發放更多現金。

股東之間意見可能不同的時刻，還包括績效不彰時該如何處理。經濟嚴重不景氣或長期停滯不前時，行動派股東可能要求以激進手法處理特定子公司，或是改造整個波克夏，不僅要求處分特定事業，還想分拆或分割出售波克夏。他們會比擁護波克夏傳統的股東更沒耐心，甚至可能同時要求出脫子公司與更常發放現金。

為了打贏這樣的戰爭，波克夏的堅定支持者可能考慮讓波克夏私有化。私有化從來不是一件簡單的事，而是艱鉅的任務。波克夏可能引來預備將集團分拆出售以獲取短期利益的收購者，還可能引來挑戰程序與價格是否公平的法律訴訟。不過，波克夏可能得私有化的威脅，或許會讓中間派的股東選擇波克夏的傳統價值，一起擊退敵人。

若要私有化，波克夏的忠實支持者得把股東數限制在三百人以下，才能繼續以股權集中的方式掌控波克夏（三百人是區分上市與私人公司的法定界限）。以忠實支持者（包括巴菲特及其遺產繼承人）實際持有的股份來看，三百人握有很大一部分的投票權，至少達三分之二到四分之三之間。若要取得其餘的股份，將大約需要七百五十億至一千億美元，那將是史上最大的股份收購，然而波克夏的三百人團體所掌握的資源，應當可以辦到。

真正的挑戰，將是說服其他股東同意讓波克夏私有化。收購股份時，短期持有波克夏股票的股東，將以微幅高於市價的溢價售出股份；然而，長期支持波克夏文化的股東則會像從前一樣，不願出脫股票[9]。如果後者代表一定比例的股東，為了私有化而進行的股票收購失敗，傳統支持者贏了，最後將證明波克夏文化的持久性。

但如果結果不是那樣，不支持波克夏傳統價值觀的人比較多，收購到足夠多的股份讓波克夏私有化，那麼對波克夏這個機構來說是好事，因為對波克夏來說，比較好的結果是變成由傳統的堅定支持者擁有的私人公司，而不要當暴露於分析師與行動份子帶來短期壓力的上市公司。對波克夏來說，當上市公司的好處屈指可數，壞處卻有很多。

在早先的數十年間，上市對波克夏來說，好處多於壞處，然而以今日而言，繼續當上市公司的好處則不明顯。波克夏不需要公開資本市場的協助，因為旗下的事業與投資就可帶來龐大資金，自行提供資本，投資各種產業。如果波克夏希望得到外部的資本，波克夏分權式的架構會自行找出有這個需求的子公司。那間子公司可以直接進入債券市場，讓債券市場提供資金，先前波克夏海瑟威能源與ＢＮＳＦ鐵路都採取這種做法。

同樣的，波克夏也不需要像外頭許多公司，需要提供上市股票給管理者或購併對象。波克夏盡量避免把股票當成紅利或支付工具——就連董事都不給；巴菲特只在極為有限的情況下，表示過同意這麼做，例如交給自己的執行長接班人，或是在購併經理人擁有股票選擇權的公司時（例如波克夏的ＢＮＳＦ鐵路購併案）；波克夏很少在購併時使用自己的股票。

波克夏上市對股東來說有好處，對波克夏這個機構本身來說則沒有。股東得到的最大好處，是可以便宜轉換股份的流動市場；波克夏一小群極度富有的股東，更是不會在意私有化。對於需要把巴菲特捐出的股票變現的基金會來說，波克夏是否上市也很重要，但也可以安排部分買家偏好的不公開銷售（private placement）。如果外界逼迫波克夏短期獲利的壓力過大，相較起來，私有化的成本將是九牛一毛。

另一方面，波克夏引以為傲的價值觀雖然難以模仿，但它們還是值得追求的目標。波克夏的價值觀為美國企業提供了典範，讓人心生嚮往。如果波克夏私有化，公眾將再也無法認識波克夏的價值觀。最終，繼續當上市公司將是波克夏的承諾——也是波克夏的社會責任。巴菲特的產業具有永續的本質，而且波克夏擁有大量堅定的守護者，又具有兼容並蓄的文化，因此我們可以合理推測巴菲特離開後，波克夏依然會一直是上市公司。

巴菲特的多重角色，未來可能分派給不同人

波克夏是上市公司，巴菲特離開後，董事會將影響波克夏的未來，尤其是董事會將制定股利政策，調和股東之間不同的策略見解。波克夏的股東未來將繼續依據人選忠實於波克夏文化的程度，選出董事會成員，不過，波克夏的接班計畫目前也在考慮，是否要將指定董事長的權力交給董事會。巴菲特一直是執行長，也是董事長，他建議由巴菲特家族的一名成員，擔任董事會的非執行董事長。

9 本書的股東調查結果顯示，無人願意接受溢價低於三成的價格，大部分的受訪者表示除非得到五成以上溢價，否則不願意出售。有一定比例的受訪者表示，如果溢價不到百分之百，他們將繼續持有。

波克夏有可能加入其他大型公司的行列，由不同人擔任董事長與執行長。為了填補巴菲特離開波克夏後留下的巨大空缺，或許最好分割這兩個職位，多一個人分擔這個重擔。

雖然巴菲特可能從董事中挑選一人當董事長，尤其是像比爾・蓋茲這種重量級的人士，請霍華・巴菲特擔任董事長也是合理的選擇。波克夏其他一半的董事都已經七十歲以上，和霍華同輩的波克夏董事之中，霍華任期最長（請見第三四八頁表2）。霍華是巴菲特的家族成員，也是忠心耿耿的兒子，他對巴菲特的價值觀有獨特的見解，而且也了解波克夏文化，可說是接班計畫的不二人選。霍華接受本書訪談時表示，波克夏是他父親一輩子的心血，保住這間公司對他來說意義重大。

波克夏擬定的接班計畫希望讓公司長長久久，將先前由巴菲特一人同時擔任的多重角色，分拆給優秀的管理者負責，讓後面的人可以順利接班。巴菲特的遺產計畫設計了長期的過渡期，巴菲特身為波克夏控股者的影響力將逐漸減少。在這段長期過渡期的之間與之後，堅定支持波克夏、擁有合夥人精神的股東，將協助波克夏一路前進。波克夏是巴菲特投入一生心血的事業，注定將長長久久，然而，一路上將得先解決幾個問題。下一章將預測波克夏可能面臨的挑戰。

CHAPTER 15

波克夏的挑戰

控管龐大的子公司，
有時會出現問題

巴菲特的購併方式，其他人難以超越

二〇〇一年，卓越的老虎基金（Tiger Fund）創辦人朱利安・羅伯森（Julian Robertson），通知巴菲特，自己有意出售大量的XTRA卡車出租公司股份。波克夏加碼，向XTRA公司提出直接收購XTRA全部的上市股份，董事會同意了，波克夏迅速完成交易。

XTRA公司是貨櫃拖車租賃的產業龍頭，成立於一九五七年，一九六一年上市，在紐約證交所掛牌，名列道瓊指數二十檔運輸股，今日替大型企業客戶管理車隊，例如聯邦快遞（FedEx）與UPS等包裹運輸公司；家得寶、克羅格（Kroger）、沃爾瑪等零售業者；卡夫食品與百事可樂等日用品公司；以及亨特公司（J.B. Hunt）、潘世奇（Penske）、YRC公司等貨運業者。XTRA公司的八萬輛拖車車隊，提供底盤、平台式拖車、乾燥車、冷藏車、儲物車，以及各種特殊設備。

XTRA公司是美國第一間出租平車拖車的公司。平車拖車是一種被暱稱為「騎馬打仗」（piggybacking）的早期聯合運輸工具，貨櫃拖車可以靠這種方式輕鬆接上軌道車（railcar）。在過去，各種運輸系統自成一格，托盤車、曳引車、拖車、軌道車、駁船、遠洋船隻、倉儲設施不但未能相互配合，還彼此競爭。近幾十年來，XTRA則在全球整合各種運輸方式，提供一體適用的聯合貨櫃運輸設備。

波克夏收購XTRA時，XTRA的執行長是路易士・魯賓（Lewis Rubin），總部設在康乃狄克州的西港市（Westport），營業項目包括拖車租賃與聯合貨櫃運輸，然而經常性支出高，資產報酬率低，利潤平平。波克夏購併XTRA三年後，魯賓被公司老臣威廉・法蘭茲（William H. Franz）取代，總部也從西港市遷到聖路易。除此之外，公司處分了貨櫃與聯合運輸事業，專心從事卡車租賃業務，減少經常性支出，改善資產利用率，提升利潤。波克夏購併的公司，很少需要在這三方面下功夫，更別說是需要全面改善。XTRA提醒了我們，雖然波克夏擁有高尚情操，而且向來表現出色，波克夏依舊是一間企業，公司文化並非完美的童話故事。

波克夏模式也有其限制，不可能從不出錯。如果能記住這點，將能避開懷舊的陷阱。讀巴菲特每年的股東信就會知道，他坦誠波克夏也會犯錯。前文已經提過好幾個例子，例如巴菲特錯估德克斯特鞋業，波克夏在一九九三年買下這間公司，最後營運無法支撐，併入布朗鞋業。波克夏一九九八年購併的通用再保集團，最終是一筆好生意，但中間數年也讓股東付出代價，讓管理者焦慮不安。巴菲特很早就開始學這一堂課，例如他最初買下波克夏海瑟威公司，就是個十分明顯的例子。

自主權在波克夏是神聖不可侵犯的，然而波克夏不干預管理的原則，雖然有時很接近放任不管，但並非完全放任。完全不插手時，雖然好處可能多過壞處，但依舊會帶來重大後果，例如利捷航空的自主權，最後帶來巴菲特不喜歡的資產負債表管理與成本結構，造成他在二〇〇九年要求桑圖里下台，讓索科爾接手；而自主權所隱含的信任，也造成二〇一一年索科爾推薦波克夏購併路博潤，但事先買下路博潤股票的危機事件。

巴菲特獨具慧眼，善於挑選管理人才，波克夏的主管一做，通常就是長久做下去，除非是明顯的特例，例如費區海默兄弟公司在一九九〇年代時，換過數任總裁，包括自斯科特菲茨部門主管升上去的理查・班特利（Richard Bentley）；一九九八年，班特利辭職，他本人和波克夏都沒有說明原因。派崔克・拜恩（Patrick Byrne）接替班特利的位子，但只待了兩年。二〇〇二年，頂級大廚公司的執行長席拉・歐康納・庫柏（Sheila O'Connell Cooper）只待了五個月，就無聲無息離開了。二〇〇六年，貝瑞・泰勒曼不再管理喬丹家具，轉身投向藝術的懷抱，把公司留給弟弟艾略特。雖然管理者離去時，通常不代表出了什麼特別的問題，但可能引發子公司的騷動。巴菲特的接班人必須小心選擇子公司的管理者。

巴菲特個人獨特的購併方式，對波克夏來說未嘗不是件好事，只是其他人難以超越。大部分的公司（包括集團在內）會擬定正式的計畫，明言自己想擴展哪塊事業，有時甚至直接指明購併目標。巴菲特則十分不同，他在每年的股東信上描述購併案時，形容波克夏採取「不事先計畫」（haphazard）、「機緣巧合」（serendipitous）的購併策略，而不是「謹慎計畫」或「深思熟慮」。他認為波克夏沒有計畫是好事，因為事前的計畫會影響判斷和決策，這是購併的大忌。

在購併市場上，公司一般會聘請投資銀行及其他協調交易的中間人，巴菲特則避開這些機構。事實上，波克夏通常不會主動收購，而是賣家主動找上門。波克夏曾公布的三十五樁購併交易[1]，其中有十一樁是賣家聯絡巴菲特[2]，九樁是相關事業聯絡巴菲特[3]，七樁是友人或親戚找上巴菲特[4]，四樁是波克夏直接聯絡賣家[5]，三樁由陌生人或熟人安排[6]，只有一樁

---

1 以下提到的公司，取自波克夏年報中巴菲特提到相關購併案的股東信，其中幾樁有趣的購併難以分類，例如BNSF鐵路與蓋可是逐步取得控股權，蓋可更是源自數十年前的葛拉漢；另外還有內布拉斯加家具城（透過奧馬哈的人脈），以及克萊頓房屋（由田納西大學教授歐希爾的學生建議，後來波克夏直接聯絡企業主）。

2 賣家主動聯繫的例子（此處採取嚴格的賣家主動定義：如果是企業主希望找波克夏，但透過其他關係聯絡，將列在其他項目）：費區海默兄弟、赫爾茲伯格鑽石（在紐約市街頭偶遇）、班寶利基（艾德・寶利基和赫爾茲伯格談過後，打電話給波克夏）；MiTek（子公司執行長在母公司的同意下郵寄包裹）；拉森朱赫；森林河；美國商業資訊公司（實際上是執行長出面，顯示企業主同意）；ISCAR；富比（企業主在班寶利基午餐會上聽到巴菲特談話）；星辰家具（透過中間人，由布朗金家族與蔡德背書，德漢姆聯絡）；威利（透過中間人，蔡德請厄夫・布朗金幫忙）。

3 透過企業關係：通用再保集團（羅納德・弗格森）；美國責任保險集團（弗格森）；應用承保公司（亞吉特・詹恩和企業主達成交易）；冰雪皇后（魯迪・魯瑟去世前一年被引薦給銀行人士，後來迅速成交）；班傑明摩爾油漆（羅伯特・門德罕姆）；利捷航空（客戶，理查・桑圖里致電）；蕭氏工業（討論最後未成的保險案過後）；麥克連（高盛的拜倫・卓特（Byron Trott））；馬蒙集團（巴菲特一九五四年見到傑伊・普利茲克後埋下種子）。

4 親朋好友：全國產物保險公司（傑克・林華特）；中州保險公司（比爾・凱瑟）；堪薩斯金融擔保公司（姪女的生日派對）；布朗鞋業（約翰・盧米斯和法蘭克・魯尼打高爾夫）；XTRA（朱利安・羅伯森）；TTI（約翰・羅區，賈斯汀的友人）；中美能源（小華特・史考特）。

5 波克夏主動：斯科特菲茨公司（購併競爭之中寫信給執行長）；喬丹家具（間接詢問布朗金家族、比爾・蔡德、梅爾文・沃爾夫）；佳斯邁威（宣布交易破局，波克夏接下）；鮮果布衣（破產之中提議）。

是來自波克夏請來的中間人，也就是那次不尋常的索科爾請來花旗、最後找到路博潤的事件。

企業進行購併時，會計師一般會檢查公司的內部控管與財報數字，律師也會調查合約、法規遵循與訴訟案件。此類工作通常由公司總部執行，主要人士也會多次開會，認識彼此，並且造訪工廠，整個流程可能為時數週到數個月。波克夏則自豪自己完全不做此類調查[7]，而是由巴菲特以飛快速度評估對方，過程通常不到一分鐘[8]。交易一下子就敲定，有時甚至在第一通電話就說好[9]，大部分則是在不到兩小時的會議中定案[10]，「立刻」[11]或是「立即」[12]就完成。就算不是飛快，也會是「很快」[13]或「不久之後」[14]就成交；一週算是很常見的速度[15]。

此外，也會很快簽訂正式合約，時間是一週內、十天或一個月[16]。簽約之後，交易可能在一個月內就完成[17]，就連涉及數十億美元的交易也一樣。就算是購併上市公司，波克夏的交易速度也快過平均的速度：中美能源在兩次簡短會面後就成交；蕭氏工業在六月開始商議，八月就簽約；班傑明摩爾油漆七月開始談，十二月就完成購併。

購併案的當事人一般會討價還價，賣方會提出自己不期待會成交的過高價格，買方也會開出過低的價格。有人喜歡這種討價還價的過程，許多人也認為這是最有效的價值交換方式，然而巴菲特認為這根本是浪費時間。他只想談一個價格——雙方可以點頭，或者起身離開。巴菲特提出什麼價格，就是什麼價格；他開給你一個價格時，你得到所謂的「最佳價格」、「最終出價」，或是「最高出價」。巴菲特提出的是波克夏會願意出、而且堅持的價格。有好幾次，賣家回頭找巴菲特，要他提高價格，結果全都遭到拒絕[18]。

波克夏的子公司大量進行購併，主管有豐富的經驗，以後不論是誰成為巴菲特的接班人，他將會把自己的風格與購併技巧帶進那個位子，然而風格或流程不同，並不會影響波克

6 陌生人：CORT（熟人發傳真）；飛安公司（雙方共同的股東寫信給羅伯特．德漢姆）；賈斯汀（某位人士發傳真提議一起投資）。

7 馬蒙集團（「以傑伊會喜歡的方式……只用馬蒙的財報報價，沒有顧問，沒有吹毛求疵」）；費區海默兄弟（未造訪辛辛那提總部）；博施艾姆珠寶（未做盡職調查）。

8 頂級大廚（「我大約花了十秒鐘決定」）；飛安公司（「我想大約是六十秒」）；MiTek（「我只花了一分鐘」）。

9 班寶利基（艾德．寶利基致電巴菲特）。

10 拉森朱赫（「九十分鐘內我們達成協議」）；星辰家具（我們「只開了一次兩小時的會就達成協議」）；麥克連（「只見了一次面，大約是兩小時」）；TTI（早上碰面，「午餐之前達成協議」）。

11 利捷航空（「我們立刻達成七億兩千五百萬美元的協議」）；CORT公司（「立刻買下」）。

12 頂級大廚（「我們立即達成協議」）。

13 喬丹家具（「我們很快就簽約」）；賈斯汀（「（見面）過後，我們很快就用五億七千萬美元的現金買下賈斯汀」）；克萊頓（「之後很快就」）；富比公司（「很快就成交……」）。

14 MiTek（「我們提議用現金……不久之後成交」）；堪薩斯金融擔保公司（「不久之後我們成交」）；美國商業資訊公司（「不久之後」達成協議）。

15 森林河（六月二十二日提議，六月二十八日握手成交）。

16 佳斯邁威（「一星期後我們簽約」）；拉森朱赫（「十天內我們簽約」）；飛安公司（「一個月後我們簽約」）。

17 麥克連（「二十九天之後，沃爾瑪拿到錢」）。

夏的文化。有些主管的做法顯然更像巴菲特，他們會等待機會，讓賣家自己上門，例如馬蒙集團的主管正是如此。其他主管則會擬定策略性計畫並尋找目標，例如路博潤與中美能源的主管。巴菲特的接班人，如果採取更接近巴菲特的手法，不採取競爭者的做法，大概會在購併市場上占有優勢。不過，不論他們怎麼做，他們面臨的挑戰不是購併，而是必須抗拒想要超越巴菲特的誘惑。

缺乏統一的通報制度和內控系統

羅賽爾公司在二〇〇〇年代初期，也就是加入鮮果布衣之前，已經簽訂了製造熱門圖案休閒服的大型授權合約。除了與數十家美國大學簽約，還接下美國國家籃球協會（NBA）的大筆訂單。然而，問題出在羅賽爾取得授權的產品，是在中國與宏都拉斯的不肖工廠製造。在中國當地，羅賽爾的產品由違反國際人權原則的血汗工廠製造；在宏都拉斯當地，公司主管圍住工廠，趕走試圖組織工會的勞工。

種種不恰當的行為，引發美國各地行動主義者的關切，大學團體要求各大學中止羅賽爾的授權合約。二〇〇九年，羅賽爾的前宏都拉斯工廠員工，在波克夏年會上發言，報告當地情形，要求得到一個說法。羅賽爾的營運違反波克夏重視公平與信譽的宗旨，鮮果布衣得知問題後立即修正。

羅賽爾的事件，讓人看見巴菲特的接班人即將面臨的挑戰。波克夏規模龐大，涉足各種產業，要監督並不是一件易事。此外，羅賽爾的事件也凸顯出分權式管理的缺點。子公司可能違反公司政策或法律時，波克夏總部大多會立刻接獲通知，然而目前的通報架構是非正式的架構，主要得靠子公司管理人主動完成自己被交付的任務，及早報告壞消息。波克夏的文

---

18 以下摘要取自美國證券交易委員會各樁交易的檔案。班傑明摩爾油漆（波克夏出價，班傑明摩爾油漆未反對）；BNSF（波克夏出價，賣方要求提高價格，波克夏拒絕）；克萊頓房屋（波克夏出價，董事會要求執行長出面提高價格，波克夏拒絕）；CTB（波克夏出價，價格還因顧問費而降了四分之一，波克夏拍板定案）；冰雪皇后（波克夏出價，未有進一步的價格談判）；鮮果布衣（破產時被拍賣，波克夏在拍賣過程的尾聲出價一次並成交）；家崙公司（賣家希望價格能在六十美元以上，波克夏出價六十美元並成交）；通用再保（巴菲特提出交換比例，通用再保答應）；佳斯邁威公司（波克夏出價，董事會試圖提高價格，波克夏拒絕）；賈斯汀（波克夏出價，有另一個後來放棄的競標者，賈斯汀未進一步談判價格）；路博潤（波克夏出價，賣家試圖提高價格，波克夏拒絕）；蕭氏工業（波克夏出價，董事會／銀行要求加價，波克夏表示我們最高就出這麼多）；XTRA（波克夏出價五十九美元，賣家問是否為最高價格，波克夏說是）。

上市公司的購併案中，只有兩次例外。兩次的賣家都要求提高價格，最後得到更高的出價。不過進行這兩次的購併案時，巴菲特和波克夏都有投資夥伴。依據公開資訊顯示，兩次都是投資夥伴願意商量價格。一次是亨氏食品，也就是波克夏與3G資本合作，波克夏買下一半股份的那次。買家出每股七十美元，亨氏食品要求提高價格，買方提高價格，最後以七二．五美元成交。另一次是中美能源（後來更名為波克夏海瑟威能源），那次波克夏的共同投資者是小華特．史考特與索科爾，出價三十四．六美元，賣家讓買家先是提高價格到三十五美元，最後以三十五．〇五美元成交。如果是巴菲特／波克夏單獨談判，紀錄顯示他們不會讓步。

化十分特殊，高度重視誠信，一般來說，這樣的架構可以順利運作，而且為了給予管理者自主權，一定得信任他們會主動上報。

然而，許多人在某些事情上讓波克夏過關，是因為有巴菲特在。巴菲特終將離去，對於每件事，大家不會再假定波克夏無罪。接班人除了要讓波克夏永續經營，還得維護波克夏的信譽。如果波克夏不得不為爭議事件滅火，無法事先防範，意外事件可能導致政府機關採取較不利於波克夏的大幅度改變。羅賽爾事件不合波克夏的常規，因此，波克夏應該考慮以正式的制度監督子公司。

人們讚美波克夏是遵守社會責任與道德責任的良好企業公民，然而批評者也指出，波克夏缺乏通報社會責任與永續性問題的集團制度。波克夏的許多子公司是遵守社會責任的先鋒，例如布魯斯、佳斯邁威、路博潤與蕭氏工業加入全球的頂尖企業，發表正式的責任與永續聲明，審查環境調查報告，並監督自己對待公司相關人士的方式，尤其是國內外的員工。

波克夏很特別，因為波克夏的架構不會在母公司那一層發布正式的公司報告。此外，波克夏子公司龐大的數量與規模，也容易讓外界沒注意到它們的確律己地進行內部評估與報告。評論者催促波克夏整合政策，認為波克夏應該提出集團責任聲明與永續性章程。波克夏如果規定子公司的政策，可能會過度干涉子公司的自主性，但統整的報告將可讓外界看到，波克夏的子公司是如何以各種方式善盡公民責任——而且也能確保各子公司遵守規範。

波克夏子公司的優秀例子，包括蕭氏工業帶領地毯業了解自身的環保與永續發展責任。

人們在一九九〇年代，開始了解使用無法生物分解的人造纖維製造地毯，將造成環境成本；丟棄這類地毯，將製造重大的廢棄物管理問題。蕭氏工業於是著手推廣地毯回收計畫，利用汽水瓶等回收的塑膠料，製造合成纖維，並研發聚烯烴（polyolefin）襯墊材料，減少一半的原料用量。

麥克連公司透過「綠色優勢計畫」（green advantage initiative），管理公司運送貨物至全美超市的卡車車隊。這個計畫的目標是減少對於環境的衝擊，增加營運效率。實際做法包括：讓卡車在公路上減速，改善油耗，並回收數千加侖清洗農產品的用水。麥克連斥資七百萬美元，在物流中心裝設省電照明設備，並投資一億美元，研發規畫卡車運送路線的自動化排程科技，減少車隊帶來的成本與環境破壞。

艾克美磚材公司製造環保的陶瓷磚產品，這種磚材具有絕佳的隔絕效果，可以減少能源用量與成本。艾克美自一八九一年創業以來，工廠就直接蓋在經銷據點附近——今日的環保設計議定書，也採取相同的概念，要求產地和配送地點應相距半徑五百哩之內。艾克美還回收陶土廢料與鋸屑，再製為磚材。此外，公司的開墾計畫，替因為人類工廠而喪失森林棲息地的野生動植物，製造溼地。艾克美因為擔任環保先鋒，榮獲無數業界獎項。

在保障員工方面，布魯斯公司和許多服飾、鞋靴與運動配備製造商一樣，對於一九九〇年代末、二〇〇〇年代初讓耐吉抵擋不住的民眾怒火，記憶猶新。當時消費者得知耐吉的亞洲工廠虐待勞工，聯合起來拒買耐吉產品，最後耐吉不得不改善自己的做法。耐吉的過失源自許多因素，包括得在競爭激烈的市場不斷壓低成本的壓力。運動鞋的價格在一九九〇年代末、二〇〇〇年代初大幅下滑，耐吉為了競爭，用最便宜的方式製造鞋子，包括不人道的勞工對待。

布魯斯公司的商業模式專注於高價的高級品牌，替專業跑者研發產品，在專門店販售高價運動鞋，因而得以避開這類不道德的行為。布魯斯並非業界的低成本廠商，其海外工廠並非低成本工廠。執行長偉伯接受本書訪談時表示，顧客很讚賞布魯斯為了遵守企業社會責任所付出的心力。

波克夏在善盡社會責任時，必須讓子公司自主。原因除了自主性是波克夏的特質之外，其實也是因為各行各業的需求十分不同，例如珠寶公司致力於採取人道的採礦方式，家具公司保護森林，運輸公司降低燃料用量與廢氣排放，能源公司則致力於再生能源。有的公司靠監督內部營運來盡社會責任，有些公司則監督供應鏈，有的公司重視職場安全，有些則照顧特殊客群。身處不同產業、採取不同做法的子公司各自努力時，波克夏不妨蒐集與公布整個集團努力的成果。

波克夏進入全球市場時，將更需要內控系統與統一的通報體系。波克夏旗下的子公司，有幾間是大型的國際企業，尤其是ISCAR/IMC，以及通用再保、路博潤與MiTek。其他子公司也有重要的海外業務，包括CTB、冰雪皇后、飛安公司、賈斯汀、拉森朱赫及中美能源。波克夏大部分的子公司，至少在加拿大與墨西哥等地有少量海外業務，例如班傑明摩爾油漆、鮮果布衣、佳斯邁威與馬蒙集團，許多製造公司則在亞洲擁有或經營工廠，例如布魯斯與TTI，不過，波克夏在二〇〇六年開始購併ISCAR/IMC之前（二〇一三年完成），波克夏只買美國公司。

全球化使得擴張波克夏的購併範圍變成一件誘人的事，目前或許是個好時機，因為在波克夏的早期年代，曾出現在美國、跨世代家族財富累積與流動的現象，現在也出現在亞洲與拉丁美洲。不過，當波克夏走向全球時，將需要更多的集中式內控與集團通報系統。

價值觀不同時，誰有最終的決定權？

波克夏最後一個管理方面的挑戰，是必須小心，即使波克夏今日擁有一切美好的特質，不同的價值觀難免會起衝突，例如費區海默兄弟公司曾一度關閉位於辛辛那提的工廠——公司已經在當地營運超過一世紀——搬到成本較低廉的聖安東尼奧，但最終還是關閉了新廠。公司管理者要如何在「削減成本」與「社會責任」之間取得平衡？這個決定該由誰來做？是波克夏，還是費區海默兄弟的管理者？

克萊頓房屋或MiTek的管理者，該如何評估最終將自動導致工廠關閉或裁員的購併案？波克夏本身避開敵意購併，但給子公司自主權，那麼當子公司提出敵意購併時又將如何？例如馬蒙集團的普利茲克兄弟偶爾會做的事，或是索科爾在建立中美能源、加入波克夏之前多次執行的購併方式？

或是萬一「基於創業精神的事業擴張」與「中規中矩的財務架構」發生衝突，那又該如何？例如對利捷航空來說，融資多少錢投資待命機算是適度投資？飛安公司搶市占率時，應該擁有多少飛行模擬器？對蕭氏工業來說，哪一個比較重要？是分權式組織中的自主權比較重要，還是應該透過垂直整合與集中式的管理，削減成本？

波克夏的文化價值體系會幫忙取捨。子公司的管理者有權做所有決定，唯一的例外是會影響波克夏聲譽與資本配置的事務。他們可以自由管理公司，但必須完整上報情形並取得同意，建立母公司的信任感；子公司的管理者如果破壞那份信任，將被撤換，包括執行長也可能換人，因為波克夏嚴守道德規範。

自主權的底線是前述由子公司管理者負責決定的事務，波克夏有最終的決定權，可能推翻子公司的決定，這一點展現了波克夏最根本的「以股東為重」的精神。路博潤執行長漢布里克接受本書訪問時表示，他和公司同仁都沒有簽聘雇合約，不過他們全都樂於為波克夏效勞，波克夏是他們的責任。

不開總部會議，也不規定營運方式

懷疑波克夏能否永續的人士，以特利丹集團（Teledyne, Inc.）為代表。特利丹成立於一九六〇年，創辦人亨利・辛格頓博士（Dr. Henry E. Singleton）靠著購併數十家性質各異的公司，讓集團壯大。最初的購併對象集中在科技公司，但後來也進軍消費者產品、金融與保險。辛格頓及手下的主管是事必躬親型的管理者，積極擬定商業策略，替子公司出謀畫策，他們的才幹帶來了亮眼的財報。

不過，諷刺的是，由於辛格頓的管理團隊過於能幹，組織沒了他們，便難以支撐。辛格頓一九八九年退休後，特利丹大幅重組，先是將子公司獨立出去，剩下的事業又在一九九六年與阿勒格尼路德盧姆公司（Allegheny Ludlum Corporation）合併。接著在一九九九年時，阿勒格尼路德盧姆獨立出兩個事業，一個是消費者產品，另一個主要是電子與航空產品，後者成為今日的特利丹科技公司（Teledyne Technologies Inc.）。在卡內基美隆大學（Carnegie Mellon University）前校長羅伯特・梅拉比安（Robert Mehrabian）的帶領下，特利丹科技繼續透過購併成長，旗下事業類似於先前特利丹集團的科技事業，但已是完全不同的一間公司。

波克夏的文化與昔日的特利丹完全不同，不可能遭逢特利丹的命運。波克夏徹底採取權力下放制，子公司的管理者擁有極大的自主權，所有的營運決策——包括人員、倉儲、製造、外包、行銷、經銷、定價等種種決策——完全由各子公司的經理人決定。波克夏不開總部會議，也不規定預算或營運方式，完全沒有企業的階層制度。

波克夏的經理人天生是創業者，他們有權按照自己的想法，來保護與增加公司的護城河。波克夏權力下放的文化，以及著眼於長期的精神，並非現任董事長的個人特質，而是整個組織被灌輸的文化。辛格頓在特利丹採取集權式管理，公司因而不能沒有他；波克夏採取分權式管理，不會因為少了巴菲特便無法運作。

奇異公司是另一個對照組。奇異公司是規模和波克夏類似的巨型集團，湯瑪斯・愛迪生（Thomas A. Edison）在一八九二年時，將自己擁有十四年歷史的電器公司和其他兩家公司合併，成立奇異。奇異今日的文化，依舊源自愛迪生的價值觀與領導，尤其是他的發明精神。今日的奇異也有傑克・威爾許〔John F. ("Jack") Welch〕留下的印記，也就是公司一九八一至二〇〇一年間人們津津樂道的董事長。威爾許曾宣布奇異只會留下第一或第二名的事業，其餘的事業則將關閉或出售，這道命令帶有「適者生存」的味道，培養出具有高度競爭力的企業文化。弱肉強食、適者生存，達不到標準的事業，將被掃進奇異公司歷史的垃圾桶。

巴菲特給波克夏的文化和奇異的不同，但也可能一樣持久。波克夏採取只做一次購併決定的模式，也就是要不要買的那個決定。波克夏要的是利潤亮眼、擁有優秀管理階層、提供良好非槓桿股本報酬率的公司。一旦完成購併後，絕不關閉或出售事業。波克夏的股東手冊寫道：

> 無論價格有多高，我們完全沒興趣出售任何波克夏擁有的優秀企業。此外，只要我們預期子公司至少能帶來一些現金，覺得勞資雙方關係良好，我們也非常不願意出售表現中下的事業。不過，我們不希望重蹈覆轍，再次犯下讓公司表現不佳的資本配置錯誤。此外，當

有人建議，大型的資本支出將可使我們旗下表現不佳的事業，重返過去良好的獲利率，我們也會非常小心地看待這個說法。不論如何，「金拉米撲克牌遊戲」的管理方式（gin rummy，意思是每次出手時，扔掉最差的事業），不是我們的風格。我們寧願讓整體表現些微受損，也不願拋棄旗下事業。

波克夏的購併模式、不插手的管理方式，及其缺乏嚴格控管、財務以外的營運事務沒有完整的通報系統、龐大的分權式子公司架構，有時候會造成問題。若能把這些潛在的挑戰放在心上，截長補短，波克夏將可長治久安。希望採取波克夏模式的人士，也應該依照自己的需求調整模式，不可盲目模仿，以免變成東施效顰。接下來的最後一章將探討這個議題。

CHAPTER 16

B·E·R·K·S·H·I·R·E

波克夏給我們的重大啟示

為什麼許多公司都想加入波克夏？

二〇〇〇至二〇〇九年間，羅里・洛基（Lorry I. Lokey）年年名列《慈善紀事報》（*Chronicle of Philanthropy*）慈善家第一名。洛基是波克夏二〇〇五年時以六億美元收購的「美國商業資訊公司」創辦人，奧勒岡州波特蘭人，畢業於史丹佛大學，捐獻的對象都是大學，包括波特蘭州立大學（Portland State University）、史丹佛大學、奧勒岡大學（University of Oregon）。波克夏買下洛基的公司時，他的捐款總金額已達一億六千萬美元，之後更是超過四億美元。

洛基曾在二戰服役，戰後成為《太平洋星條旗報》（*Pacific Stars & Stripes*）編輯，隨後又進入史丹佛大學主修新聞學，編輯校刊，後來任職於今日更名為「合眾國際社」（United Press International）的「合眾通訊社」（United Press），以及數家報社與公關公司。

一九六一年，洛基在舊金山一間租來的九乘以十二呎（約二・七公尺乘以三・六五公尺）的辦公室，赤手空拳成立美國商業資訊公司，主要業務是協助企業發新聞稿給新聞機構。在短短四個月內，洛基讓客戶數從七家增加到二十二家，公司員工的主要任務是接電話，然後聽打客戶指定的資訊。幾年內，洛基就在波士頓與西雅圖成立新辦公室。

一九七九年，洛基在舊金山刊登徵人廣告，面試後錄取了當時二十五歲、主修英文的凱西・巴倫・塔姆雷茲（Cathy Baron Tamraz）。塔姆雷茲聽打客戶在電話上告知的資訊，接著編輯成新聞稿，發給報社。一九八〇年，洛基在紐約市開設新辦公室，由於塔姆雷茲是紐約長島人，還曾在紐約開過一個暑假的計程車，由她負責在紐約衝鋒陷陣。

在接下來的三十年間，洛基、塔姆雷茲與數百位員工，讓美國商業資訊公司成為在全球各地擁有三十間辦公室的公司，每年的全球營收超過一億美元。進入網路時代後，美國商業資訊公司立刻採用一切新科技；碰上全球化浪潮時，公司也立即在全球成立分部，先是進軍歐洲，後來又挺進亞洲，今日在全球一百五十個國家發布新聞稿，客戶數超過兩萬五千家公司。

二〇〇五年十一月，塔姆雷茲寫信給巴菲特，解釋為什麼自己的公司會和波克夏一拍即合，信中有一段內容特別突出：

我們紀律嚴明，削減一切不必要開支，沒有秘書，也沒有管理階層，但如果是為了運用新科技，為了讓公司進步，我們願意砸大錢。

二〇〇五年十二月，洛基任命塔姆雷茲為總裁與執行長。二〇〇六年一月，波克夏同意收購美國商業資訊，巴菲特發布消息時表示：

洛基和許多創業家一樣，替自己一輩子打造的事業，選擇了波克夏這個家園。他們的故事讓人看到，好點子、人才和辛勤工作加在一起後，可以碰撞出什麼火花。

本書提到了許多靠著節儉、真誠、信譽與開創精神而成功的例子，那麼，我們可以從波克夏及其子公司身上學到什麼呢？

波克夏獨特的特質，可說是量身配合自己的需求，而且有一群喜歡公司特質的獨特股東。本書提到的波克夏經理人以及子公司員工，共通之處是他們都相信公司文化的重要性。波克夏在好幾個方面給了外界諸多啟發，我們不妨善加利用。

商學院教的很多東西，波克夏都不用

波克夏之所以能管理如此龐大又複雜的組織，秘訣在於用「吝惜的態度」管理——也就是盡量不要管理。波克夏一向有亮眼的績效，看起來像是管理成效驚人的組織，可做為企業管理的典範，供眾人學習仿效。然而，深入研究波克夏後，你會嚇一大跳，因為根本找不到組織圖、預算審查、報告、客戶會議、行銷、人資管理、現值分析，或是其他商學院一般會教的東西——波克夏不使用這類工具。

波克夏的子公司並未告訴我們一般教科書所教的事，而是展現幾個基本精神。第一是精打細算，盡量節省成本，波克夏旗下的蓋可、家具公司、珠寶公司，都採取靠低價衝高營業額與利潤的商業模式。精打細算隱藏的另一個原則，是避免大量舉債。班・寶利基曾在經濟大蕭條時期，經歷過槓桿帶來的危機，他傳承五代的連鎖珠寶店，明智地避開槓桿操作。波克夏其他的子公司，也分別在公司的不同時期學到這一課，例如比爾・蔡德自花錢大手筆的岳父手中接下威利公司後，便避免借貸。一九八〇年代的鮮果布衣，以及較為近期的森林河與東方貿易公司，都曾因為經歷過度的槓桿收購而破產。

波克夏築起最重要的防禦工事，將利潤投入看好的事業，進行購併。路博潤的漢布里克靠著購併新事業，讓公司動起來；MiTek透過持續的補強型與增強型購併，讓公司壯大；波克夏海瑟威能源也靠著再投資，成為產業龍頭。然而，如果是不會帶來高報酬率的事業，波克夏則會避免增資，例如《水牛城日報》與時思糖果。除此之外，波克夏致力於讓事業長久，但也知道何時該放手，例如巴菲特曾在一九八〇年代關閉波克夏海瑟威的紡織廠，二十年後也關閉德克斯特鞋業的製造廠。

波克夏鼓勵會帶來驚人效果的創業精神，例如克萊頓房屋便是靠著開創營建相關事業，得到多重營收來源；不屈不撓的約翰・小賈斯汀，成功建立牛仔靴與磚材品牌，家崙童裝則建立家崙動物產品線。此外，企業也可以建立填補市場空缺的全新事業，例如飛安公司訓練機師，利捷航空提供多人共享私人飛機的模式。波克夏鼓勵小型事業腳踏實地，慢慢成長與擴張，甚至是無計畫地擴張，而且個人的成就累積起來，也可以成就大型企業，例如冰雪皇后無數的成功加盟故事。此外，企業不妨靠著創業的精神擴張版圖，將原有的產品推廣到其他地區，帶動成長，例如麥克連靠著成立食品物流中心，成功將事業拓展到全美。

不過，除了要勇往直前，有時只要固守本業就好了，例如BNSF鐵路公司在過去一百五十年間便是如此。波克夏的其他子公司，曾因為錯誤的多角化經營而受挫，例如蓋可曾推出保險客戶信用卡服務，蕭氏工業也曾試圖幫自己的地毯打造品牌，還和零售客戶競爭，結果搞得灰頭土臉。通用再保集團曾經因為過度承保，讓自己陷入危機；佳斯邁威曾經因為無視於石棉對人體和環境造成的傷害，一度破產。我們可以從上述種種例子吸取教訓。

此外，如果給事業團隊夥伴自主權，夥伴會闖出一片天，例如班傑明摩爾油漆的經銷商、克萊頓房屋的區域經理、冰雪皇后的加盟業者、斯科特菲茨的直銷商，以及頂級大廚的顧問。此外，要當夥伴最大的助力，例如波克夏在產品被抵制的危機中，支持頂級大廚的顧問，還在經濟不景氣之中，支持班傑明摩爾的經銷商。然而，儘管要支持夥伴，不讓任何人傷害公司信譽，對於遊走在尺度邊緣的主管，還是不能手下留情。

如果是家族企業，波克夏則靠著支持家族榮譽與家族精神，解決家族企業天生會出現的問題。被賣給波克夏的家族企業——時思、費區海默、喬丹家具、內布拉斯加家具城、星辰家具、威利公司、赫爾茲伯格鑽石、班寶利基珠寶——就算沒有波克夏，也都能靠著自己強大的內部文化走下去，然而公司交給波克夏後，永續的能力更強，能在家族成員不斷增多、個人利益起衝突時，多了更多解決的辦法。

除此之外，公司要努力賺錢，賺很多的錢，但不能沒有長期目標。別忘了運動鞋公司布魯斯的遭遇：這間公司在數十年間頻頻易主，最後終於能在放眼五十年後的願景後，才蓬勃發展。此外，人們重視無形的價值，尤其是永續經營。波克夏時常能以低於企業價值的價格購併企業，正是因為賣方希望自己的公司能繼續經營，大部分的家族企業例子都是如此。此外，鮮果布衣、佳斯邁威，以及其他數間公司，包括冰雪皇后與利捷航空也是一樣。

最重要的是重視誠信，波克夏的許多故事都圍繞著這個主題，包括克萊頓房屋如何替自己的客戶著想，全國產物保險如何提供牢不可破的承諾，以及馬蒙集團的普利茲克兄弟——和巴菲特本人——是如何一諾千金。

波克夏模式可以被複製嗎？

許多人希望複製波克夏的模式，夢想著打造波克夏式的集團，依循暢銷小說的公式寫出下一本曠世巨作。雖然模仿者不太可能達到相同的規模，或是得到相同的結果，但建立迷你版的波克夏的確有其好處。波克夏好幾間子公司都有如小型波克夏，例如波克夏海瑟威能源、MiTek、馬蒙集團與斯科特菲茨。

其他公司也刻意採取波克夏的模式，例如維吉尼亞州里奇蒙市傳承三代的瑪克爾公司，正是明顯的例子。瑪克爾是價值數十億美元的上市公司，在保險業有深厚根基，除了自一九九〇年起就是波克夏的大股東，還管理龐大的證券投資組合，並自二〇〇五年起購併十幾家涉足各產業（包括製造、消費者產品、健康照護、商業服務與金融服務）的公司。瑪克爾依據近似波克夏的價值體系，購併子公司，提供「永久的資本」。

瑪克爾等企業靠著採取波克夏的模式，在購併市場上取得競爭優勢，擊敗私募股權公司與槓桿收購者等對手。它們靠自己的公司資本進行投資，對手則使用自他人手中取得的資金，並希望短期便能獲利，例如私募股權公司本質上便是短期的公司，它們創立壽命十年的基金，五年耕耘，五年收穫，投資人在第六年就開始期待回收。這種事業模式的支持者，認為價值來自紀律與專業，波克夏及其追隨者，則靠著提供自主權、永續性，以及金錢以外的其他重要價值進行競爭。

對上市公司來說，最值得引進的波克夏價值觀，是著眼於長期的精神。分析師與行動主義者股東不斷監督上市公司的管理者，追著他們，要他們交出最新一季的成績單，管理者面臨強大的短期獲利壓力。然而，若能忽視短期的波動，長期的獲利會隨著時間複利成長。認真專注於長期目標——以五年或十年為週期交出成績單——可以是上市公司的重大成就。

身負重任的領導者，想在工作和生活間取得平衡

巴菲特開過一個很多人聽過的玩笑，他說自己的工作太棒了，他都是跳著踢踏舞去上班。他引用雷根總統（Ronald Reagan）的妙語：「人們都說努力工作不會害死你，但我想還是別冒險的好。」然而，不論波克夏的掌舵者是什麼情形，子公司的主管辦公室通常忙翻天。創辦人與公司領袖為了打造本書探討的企業，肩負重擔，通常必須犧牲私人生活。好幾位公司

領導人強調過在公私之間取得平衡的重要性，例如桃瑞絲・克里斯多福最初創立頂級大廚公司，就是為了兼顧事業與家庭生活；小巴內特・赫爾茲伯格也在七歲兒子無意間批評爸爸是工作狂之後，減輕自己的工作量。

蘿絲・布朗金也是工作狂，除了照顧家人外，一生的精力都放在內布拉斯加家具城上。內布拉斯加家具城是家族事業，許多家族成員都在公司上班，也因此家庭與事業之間沒多少差別。蘿絲的店，就是她生活的全部，她醒著時幾乎都在工作。晚年時她曾坦誠：「我現在一個人住，這就是為什麼我要一直不斷工作的原因。我討厭回家，我靠工作躲避死亡。」許多人佩服這樣的耐力，少數人也希望仿效，但多數人會說，不論辛勤工作帶來多大的報酬，除了工作外，他們也想要有自己的人生。

詹姆士・克萊頓在自傳中慶幸自己事業有成，但也提到自己經歷過三段婚姻。家族企業的子孫同時要承擔家族事業帶來的好處與壞處，常見的壞處是複雜的人際關係，以及令人喘不過氣的家族期待，種種壓力可能導致酗酒以及沈迷於賭博等不良行為。據傳東方貿易公司第二代的家族管理者泰瑞・渡邊，曾在二〇〇七年時，在拉斯維加斯賭場豪賭，大輸一億兩千七百萬美元，傾家蕩產。哈利・時思則採取另一種極端的做法，完全避開家族的巧克力事業，專心照顧自己的葡萄園。

賈斯汀品牌公司的執行長沃森提供了睿智的建議：「努力工作很好，但拜託一下，請參加孩子的活動。你可以在公司待三十年，甚至是五十年，但孩子只會念一次一年級。」頂級大廚的前執行長戈特沙爾克的座右銘是：「努力工作，努力玩」。她和沃森給過類似的建議，呼籲眾人在孩子的成長過程中陪伴他們：「下班後，我會陪女兒練習游泳。」

參與慈善活動不遺餘力

在慈善家洛基的感召之下，其他的波克夏人士也紛紛慷慨解囊。飛安公司已經過世的創辦人優奇，提過一個了不起的計畫。他為了完成救助世上所有眼疾患者的心願，成立奧比斯國際飛行眼科醫院（ORBIS International flying eye hospital），在全球各地訓練外科醫生，提供視力手術。他和兒子詹姆士（James）一同試圖根絕發展中國家的白內障問題，利用飛安公司的技術，製造可以訓練眼科醫師的手術模擬器，服務地方社區。

第三個慈善範例，是長期擔任赫爾茲伯格鑽石執行長的康曼特。有許多年，他在聖誕節時，都會穿上聖誕老人的服裝，造訪美國各地的兒童醫院，和罹患重病的兒童分享歡樂。康曼特在催淚的自傳中提到，他在那些孩子身上看到純真的信念，想為他們做一點事。

波克夏子公司的顧客、員工及其他相關人士，也為慈善事業盡一份心力，例如冰雪皇后的數千家加盟店贊助「兒童奇蹟聯合醫院」（Children's Miracle Network Hospital, CMN），自一九八四年起捐獻超過一億美元，名列醫院「創辦者」（Founders Circle）。捐款來自冰雪皇后的顧客捐出的零錢、冰雪皇后舉辦的活動，以及「奇蹟氣球」（Miracle Balloons）的銷售。麥克連公司的員工自一九八六年起，也替兒童奇蹟聯合醫院募得超過六千五百萬美元，被列為醫院的「夥伴」（Partners）。

波克夏子公司主管所熱中的慈善活動，就和波克夏集團的多元本質一樣，每個人做的事十分不同。約翰・小賈斯汀是美國西部傳統與牛仔競技的熱情支持者，一九八八年捐出三百四十萬美元，協助成立德州沃思堡斥資一千七百四十萬的「威爾羅傑斯馬術中心」（Will Rogers Equestrian Center）。此外，他還推動「全美牛仔競技總決賽」（National Finals Rodeo）的運動醫學計畫，成立「賈斯汀牛仔危難基金」（Justin Cowboy Crisis Fund），提供財務協助給受傷的騎術表演者及其家人。

德雷頓・麥克連和小賈斯汀同是德州人，這位家族食品事業的第三代傳人，慷慨支持貝勒大學，包括學校中央行政大樓的四十八音青銅鐘樓，都由他出資建造。

在猶他州和家族一起打造威利公司的比爾・蔡德，則捐贈數百萬美元給「美國印第安服務機構」（American Indian Services），並贊助美洲原住民獎學金。蔡德和麥克連及其他波克夏子公司的建立者一樣，也支持高等教育，捐贈大筆款項給猶他大學（University of Utah）、楊百翰大學（Brigham Young University）、迪克西州立大學（Dixie State University）、韋伯州立大學（Weber State University）。二〇〇三年，蔡德捐出三百萬美元成立「猶他大學醫院蔡德夫婦急診中心」（William H. and Patricia W. Child Emergency Center at the University of Utah Hospital）。

在新英格蘭、德克斯特公司的創辦人阿芳德，把自己三十億美元的身家，幾乎都拿來支持緬因州與麻州的大學、獎學金與社區中心，協助波士頓學院、緬因大學（University of Maine）、麻州大學（University of Massachusetts）興建大樓，通常也會要求大學與附近社區共享設施。

波克夏子公司的管理者在參與慈善活動時，出錢又出力，例如艾德・寶利基是成立於一九九九年的「兒童關懷珠寶機構」（Jewelers for Children）的現任董事與前任董事長。這個非盈利產業機構到了二〇一三年時，一共替罹患重大疾病、受虐、缺乏關懷的兒童，募集到四千三百萬美元。長期掌管《水牛城日報》的利普西，則出面募款一千四百萬美元，重建水牛城一九〇七年由名建築師法蘭克・洛伊・萊特（Frank Lloyd Wright）設計的「達爾文馬丁之家」（Darwin Martin House）。

在藝術方面，赫爾茲伯格夫婦（Shirley and Barnett Helzberg Jr.）捐贈了數百萬美元，給堪薩斯城的「考夫曼表演藝術中心」（Kauffman Center for the Performing Arts），大廳命名為「赫爾茲伯格」，此外，該市的堪薩斯城動物園（Kansas Ciry Zoo）也跟著受惠。詹姆士・克萊頓是田納西人，愛好藝術，捐出田納西州史上金額最大的藝術捐款，以五百萬美元協助諾克斯維爾藝術博物館（Knoxville Museum of Art）興建新大樓。克萊頓還捐贈一百萬美元，協助自己孩子出生的醫院打造接生中心。

不論是在財富或慈善活動方面，普利茲克家族都舉世無雙。整個家族除了有十二位成員的個人淨資產超過十億美元，名列富比士四百大富豪榜以外，還贊助從家鄉芝加哥一直到東埔寨的無數學術機構、中心、美術館、機構、獎項與學校，其中包括芝加哥藝術博物館（Art Institute of Chicago）旗下的美術館、芝加哥大學（University of Chicago）的醫學院，西北大學的法律研究計畫，以及伊利諾理工學院的工程中心。

蒙格透過波克夏股票，捐贈數億美元支持各式慈善活動，受贈人包括家族成員的母校、密西根大學（University of Michigan，曾一次獲捐一億一千萬美元）、史丹佛大學（四千三百萬美元）與哈佛大學。他還以自己的名字，成立史丹佛法學院的企業教授職、加州聖瑪利諾（San Marino）亨廷頓圖書館（Huntington Library）的「蒙格研究中心」（Munger Research Center），以及哈佛西湖學校（Harvard-Westlake School）的「蒙格科學中心」（Munger Science Center）。哈佛西湖學校是洛杉磯一所預備學校，蒙格許多兒孫都在該校受教育。

巴菲特目前正透過比爾・蓋茲夫婦的基金會，以及子女所建立的基金會，將所有財產都捐作慈善用途，這是企業慈善史上十分不尋常的舉動。其他富人留下遺澤的方式，是透過基金會或學校留下自己的名字，例如蒙格與普利茲克，還有卡內基、福特、凱洛（Kellogg）、洛克菲勒也是一樣。多數的人想留下自己的印記，留下會流傳的東西，巴菲特也不例外，不過他的方式相當特殊：他留給世人的東西不能用金錢計算，而是留下波克夏，留下波克夏的價值觀、人員與事業。

巴菲特常說，玩撲克牌的時候，如果不知道在場誰比較好騙，那個好騙的人就是你自己。波克夏文化的特質構成了信任的基礎：精打細算、真誠、有信譽、具有家族與開創精神的公司與管理者，自然值得相信。波克夏給予自主權、不出手干涉的管理方式，則是信任的舉動，但並非盲目相信，而是知道可以將哪些事交託出去。易於了解的基礎產業，因此很符合波克夏的價值觀。

堅守簡單、基本的事業，可以減少當呆瓜的風險，讓母公司與子公司一輩子開心共處，並集合一群重視相關特質的人共同努力打拚。這個成功秘訣適用於波克夏，也適用於其他組織——波克夏過去成功了，未來也會成功。其他組織可以配合自己的需求，運用波克夏模式的基本價值觀，但是永遠別忘了：價值觀可以帶來價值。

結語

巴菲特獨一無二，波克夏也是獨一無二的，無法複製、無可取代。然而，已經灌輸好整套卓越價值觀的公司，人亡之後不會政息。巴菲特的話可以再次說明一切：「波克夏特殊的文化，深植於子公司內。我走了之後，我們的事業不會停止運作。」世人全都希望，至少還要再過十年以上，才會發生假設性的車禍情境。當那一天終將來臨時，所有人都會同表哀悼。不過，巴菲特在一九九七年《巴菲特寫給股東的信》新書座談會上，說過一句妙語：「如果他死了，大家所承受的痛苦，將不會多過他本人。」

本書檢視了波克夏及其子公司，也介紹了波克夏的企業文化。波克夏的事業充滿寶貴的精神：蓋可的車險幫客戶節儉持家，克萊頓的組合屋腳踏實地賺錢，班傑明摩爾的油漆重視信譽。我們看到家族企業的例子，包括布朗金、寶利基與蔡德家族的故事，還檢視了多位創業家的例子，包括飛安公司的優奇、利捷航空的桑圖里、小賈斯汀的家族靴子事業，以及讓冰雪皇后能有今日規模的眾多創業者。我們探討了高度自治的公司，包括頂級大廚，以及斯科特菲茨的子部門，還看到靠著再投資或購併讓事業成長的精明投資者，其中波克夏海瑟威能源、路博潤、麥克連與MiTek是佼佼者。我們也看到了專注於基本事業、只做自己擅長的事的BNSF鐵路、鮮果布衣與蕭氏工業。

雖然波克夏的子公司各具特色，但在它們身上，我們看到了相同的價值觀。它們全都具備永續的特質，就算多次易主，屢屢在槓桿收購者與私募股權之間轉手，依舊奮力生存。此外，馬蒙集團普利茲克兄弟創下的先例，也讓我們相信，即便創辦者撒手人寰，權力下放的龐大企業依舊能永續經營。

巴菲特知人善任，雖然偶爾也有看走眼的時候，但他的成功打擊率絕對名列棒球名人堂。巴菲特擁有舉世十分罕見的才能，單憑直覺就能察覺無形的人格特質，波克夏要是少了他，可能再也無法那麼知人善任。巴菲特曾說過，從未有高階主管為了更好的薪資福利而離開波克夏、投靠對手。巴菲特鼓勵經理人學習上進，人人都想為他效命，讓他以自己為榮，這點大概也只有巴菲特做得到。另外，巴菲特進行購併時，擁有非常強大的決斷能力，不會人云亦云。他之所以有這方面的能力，靠的是每天大量閱讀以及驚人的記憶力。要是少了他，波克夏大概也會失去這種過人的決策能力。

巴菲特離開後的波克夏將不再一樣，企業賣家可能不會再主動找上門，波克夏得到的交易條件，大概也不會像往日如此優惠，談判結果也將不如從前有利。篩選機制出現漏網之魚的機會變大，例如較為平庸的新事業，或是令人失望的管理者。如果缺乏大型交易，或是優秀人才並未因此被網羅到旗下，報酬率可能下滑。不過，如果沒有太重大的意外，報酬率也不會差到波克夏就此解體，或是發生其他極端的變化。波克夏不會因為一兩次的小打擊，就喪失永續的能力。

巴菲特樸實無華的作風，以及美國中西部人的鑑賞力、談判技巧與寫作風格，沒有人能模仿。他離開之後，波克夏將以不同風格談判，股東信讀起來也會很不一樣，股東大會也將令人感到少了些什麼。然而，波克夏永遠會購併新事業，讀者會繼續研究波克夏每年的股東信，股東也會繼續成群踴躍地參加年度股東大會。

後巴菲特時代，新領導者帶著波克夏前進時，將帶來不同的風格，事情永遠不會再像從前那樣。然而，波克夏的核心價值擁有獨特的永續能力，雖然我們難以想像沒有巴菲特的波克夏，後巴菲特時代的波克夏將是超越個人的機構，巴菲特的精神也將永垂不朽。

附錄——波克夏旗下的事業

波克夏的架構十分複雜，而且高度分散。母公司至少擁有50家重要直屬子公司；50家直屬子公司底下，又有225家以上的子企業、子部門、子分部。這些子群底下至少又有200個事業部門，事業部門底下又有65個單位，單位底下又有12個子單位。

波克夏家族總計至少擁有425個營運子公司，此外，還有75個部門、25個分部，以及25個單位，另外還至少擁有50個間接收購的子公司（shell subsidiary），以及無數的關係企業、合資企業及工廠，總共將近600個事業單位（相較之下，奇異公司大約只有300個事業單位）。

本附錄所列的清單主要來自「律商聯訊集團」（LexisNexis）統整的資料，取自公開資料，而非公司檔案。公司內部可能自行成立未有公開紀錄的事業單位，而且內部的營運各有不同架構，不可能完整列出，不過本附錄依舊接近波克夏的實際情形。

PDF檔請上商業周刊官網下載，網址如下：

http://ibwec.bwnet.com.tw/images/buffett.pdf

少了巴菲特，波克夏行不行？
——史上最大企業的未來挑戰

作者	勞倫斯・康寧漢 Lawrence A. Cunningham
譯者	許恬寧
商周集團榮譽發行人	金惟純
商周集團執行長	王文靜
視覺顧問	陳栩椿
商業周刊出版部	
總編輯	余幸娟
責任編輯	錢滿姿
特約編輯	邱春煌、胡慧文
封面設計、版型設計	Atelier Design Ours
內文排版	中原造像股份有限公司
出版發行	城邦文化事業股份有限公司-商業周刊
地址	104台北市中山區民生東路二段141號4樓
傳真服務	（02）2503-6989
劃撥帳號	50003033
戶名	英屬蓋曼群島商家庭傳媒股份有限公司城邦分公司
網站	www.businessweekly.com.tw
製版印刷	中原造像股份有限公司
總經銷	高見文化行銷股份有限公司 電話：0800-055365
初版1刷	2015年（民104年）9月
定價	500元
ISBN	978-986-91878-9-3（平裝）

國家圖書館出版品預行編目資料

少了巴菲特，波克夏行不行？：史上最大企業的未來挑戰／勞倫斯．康寧漢（Lawrence A. Cunningham）著；許恬寧譯. -- 初版. -- 臺北市：城邦商業周刊, 民104.09
面；　公分
譯自：Berkshire Beyond Buffett: The Enduring Value of Values
ISBN 978-986-91878-9-3（平裝）
1. 巴菲特 (Buffett,Warren)　2.Berkshire Hathaway Inc.
3. 組織文化　4. 組織管理　5. 投資
494.2　　104016269

金商道

The positive thinker sees the invisible, feels the intangible, and achieves the impossible.

惟正向思考者，能察於未見，感於無形，達於人所不能。 —— 佚名